道德乌托邦的

DAODE WUTUOBANG DE LISHI SHANBIAN

历史嬗变

沈慧芳◎著

中国社会科学出版社

图书在版编目(CIP)数据

道德乌托邦的历史嬗变/沈慧芳著.—北京：中国社会科学
出版社，2011.1
ISBN 978 - 7 - 5004 - 9268 - 9

Ⅰ.①道…　Ⅱ.①沈…　Ⅲ.①道德—思想史—研究—中国
Ⅳ.①B82 - 092

中国版本图书馆 CIP 数据核字(2010)第 211953 号

策划编辑　冯　斌
责任编辑　丁玉灵
责任校对　王兰馨
封面设计　人文在线
技术编辑　戴　宽

出版发行　中国社会科学出版社
社　　址　北京鼓楼西大街甲 158 号　　邮　编　100720
电　　话　010—84029450(邮购)
网　　址　http://www.csspw.cn
经　　销　新华书店
印　　刷　北京君升印刷有限公司　　装　订　广增装订厂
版　　次　2011 年 1 月第 1 版　　印　次　2011 年 1 月第 1 次印刷
开　　本　710×1000　1/16
印　　张　19　　插　页　2
字　　数　332 千字
定　　价　40.00 元

本书由武夷学院资助出版

序

　　乌托邦既是对美好社会的设计，又表达了对不合理现实的批判和超越。在中国思想史上，先秦时期的儒墨道各家在对现实批判中都体现了一种乌托邦精神。在长期的封建社会里，乌托邦精神又表现在不满于现实的士人的超世追求、主张改革的政治家和儒家学者的政治理想以及农民反对封建现实的追求中，然而乌托邦又常常体现为一种道德理想主义的情怀。

　　"乌托邦"一词出自 16 世纪英国思想家托马斯·莫尔的同名小说，本义是不存在的地方，即"乌有之邦"。后来乌托邦成为一个约定俗成的术语，一是指与现实社会不同的、消除了痛苦与邪恶的、充满公平与和谐的理想社会设计或描绘；二是指在对理想社会追求中体现出来的对现实社会批判的超越精神。在乌托邦中体现出来的批判精神有以下几个特点：它反映着主体对社会的判断和改变现实的历史使命感；它以理想为参照系对现实社会进行考量和批判；它以知识、智慧、洞察力、想象力构建美好的社会境界。美国学者乔·奥·赫茨勒在《乌托邦思想史》中说："历史上不时总会有一些天才、先知、新思想的宣扬者、真理的预言者、极其热情的理论家，他们是超越时代的人，独树一帜的杰出先锋。他们认识到有可能创造人类更美好的幸福，便要求扫除当前社会和道德的弊病，与他们的时代决裂，摈弃旧的传统与宗教、政治偏见，清除那些阻挠他们前进、使他们不得自由的种种遗产，摆脱'现行的'陈词滥调，超越他们所处的时代，宣讲一些为群众难以理解的东西，重新创造一个世界。"[①]

---

① ［美］乔·奥·赫茨勒著：《乌托邦思想史》，张兆麟等译，商务印书馆 1990 年版，第 249 页。

　　乌托邦在人类文明之初就出现了。但在以自然经济为基础的传统社会里，由于社会的封闭性和人们眼界的有限性，它往往是以"出世"的方式批判现实，追求解放；或是以直接的手段否定现存秩序，追求公平和正义；或是批判现存制度的不合理，并企图以理想规范现实。但是，乌托邦作为一种"早熟的真理"，不论以哪种方式出现，都有一种对人的关怀。贺来说：乌托邦的"重大使命不在于对未来世界作出面面俱到的细节上的设计与规划，而在于克服人的自然惰性对现存事实的消极默认，为人和社会走向新境界提供新的可能性。它启示人们不要放弃这样一种希望——去寻找一个先前不曾有过的世界，在那里'最有可能找到正义'。因此，乌托邦精神总是涉及人之为人、社会之为社会的最基本的原则和律令的追问，所要探究的是人之所以为人的可能性，即'人的价值'这一根本性的大问题。"[①] 乌托邦是一种不与现实共谋的边缘化思想。它往往是直接或间接地代表民众的意愿，对现存秩序采取批判的态度。在社会变革中，代表新的生产力发展要求的阶级在动员群众反对旧制度时，他们提出的纲领往往也带有乌托邦的色彩，但一旦新秩序确立以后，其中的有些内容就制度化了，转化为意识形态。所以，卡尔·曼海姆说："衡量什么可以被看作乌托邦，什么可以被看作意识形态似乎就有了一个相当恰当的标准，这个标准就是它们能否实现。"[②]在历史的不同时期，乌托邦有不同的特点，它作为与现实社会不同的社会理想，可以为生活在黑暗中的人们点燃希望之灯。它的意义是体现在精神上的，一旦把脱离现实的理想付诸实践，则意味着秩序的破坏和理想之灯的熄灭。从思想发展的角度讲，乌托邦可以使人们发现现存状况的缺陷和不足，进而在新的价值追求中从事改变现实的实践活动，寻求实践的意义。这就如乔·奥·赫茨勒所说："指南星并不因为永远不能达到而失去其指南的作用。理想是目标，也是向导。因此，现实和理想是有很大差距，但我们知道，除非有一个崇高的理想树在它的面前，现实是不会有长足进步的。"[③] 随着现代性的历史登场和资本主义的发展，乌托邦就形成了新的社会批判指向，获得了新的生命力。现代性是从传统社会向现代社会转化的推动力量，它以自由、平等、科学为旗帜，以理性主义与市场原则的合谋为途径，以突出主体的人的解放为

---

①　贺来：《现实生活——乌托邦精神的真实根基》，吉林教育出版社 1998 年版，第 6—7 页。

②　［德］卡尔·曼海姆：《意识形态与乌托邦》，姚仁权译，九州出版社 2007 年版，第 419 页。

③　［美］乔·奥·赫茨勒：《乌托邦思想史》，张兆麟等译，商务印书馆 1990 年版，第 266—267 页。

承诺，向传统社会发起了进攻，并且成为传统社会的瓦解力量。但艾森斯塔特说："现代性不仅预示了形形色色的解放景观，不仅带有不断自我纠正和扩张的伟大许诺，而且还包含着各种毁灭的可能性。"① 现代性既实现了人的创造性发挥，提高了效率，导致了社会开放，推进了自由平等，形成了社会繁荣，同时又引发了人们的短期行为，造成了社会分化、环境破坏、人际关系疏远、精神家园丧失和各种事实不平等的加剧。其原因之一就是市场原则与工具理性主义的合谋。"工具理性"的极大膨胀，的确带动了科学技术的进步，赢得了人类对自然的胜利，但是与此同时，在追求效率和实施技术的控制中，理性由解放的工具退化为统治自然和人的工具。② 现代性的种种悖论造成了现代社会中人的异化，形成了各种难以解脱的矛盾和冲突。这就导致了对现代社会的持续不断的批判性话语，同时，乌托邦也就在这一历史进程中形成了持久的生命力。

现代社会发展中的突出问题是经济发展与贫富分化共生，科技发展与环境破坏同在，个体自主与道德底线突破相伴，消费感性化与精神危机并行。乌托邦则以其博大的情怀，发现现实生活中的问题，在理想与现实的对照中形成对现实的超越和批判，从而展示了一种意义追求。它绝不是一种杞人忧天的另类，而是可以成为现代社会健康发展的精神力量。

中国是东方文明古国，在其几千年的文明史中也同样存在着经久不衰的乌托邦思想。春秋战国是中国古代社会深刻变革的时期，各派思想家"欲以其学易天下"，其中一些有影响的学派都有一种救世的情怀，在对现实社会的批判中形成了各具特色的乌托邦追求。这些批判现实的不同倾向和特色并带有乌托邦色彩的思想，形成了中华文化原创期的理想主义。

儒家学说创始人孔子以积极的"入世"精神提出了"仁者爱人"的主张，即"夫仁者，己欲立而立人；己欲达而达人"③，"己所不欲，勿施于人"④，并且把"老者安之，朋友信之，少者怀之"⑤ 作为自己的理想。孟子则不仅提出了"民为贵，社稷次之，君为轻"⑥ 的民本理想，而且提出了

---

① ［以色列］艾森斯塔特：《反思现代性》，旷新年、王爱松译，三联书店 2006 年版，第 67 页。
② 汪民安：《文化研究关键词》，江苏人民出版社 2007 年版，第 89 页。
③ 《论语·雍也》。
④ 《论语·颜渊》。
⑤ 《论语·公冶长》。
⑥ 《孟子·尽心下》。

"为民制产"的"王道仁政"方案。墨家视人民为国家之本，主张"以尚贤事能为政"①，人民"各从事其所能"②，对动乱的社会，"以兼相爱交相利之法易之"③，使"有力者疾以助人，有财者勉以分人"④，以实现社会安定和谐。道家则认为儒家的人伦之说本身就是社会不合理的现实反映，即"大道废，有仁义；智慧出，有大伪；六亲不和有孝慈，国家昏乱有忠臣"⑤。因此就要回归自然，形成"小国寡民"的社会。庄子在批判现实中追求无私无欲的"真人"，认为理想的社会是"上如标枝，民如野鹿"，"无欲而天下足，无为而万物化，渊静而百姓定"⑥。

应当说，儒墨道各家都有批判现实、追求理想的色彩，从而以不同方式，从不同角度表达了对理想社会的追求。到秦汉之际，在《礼记·礼运》中则出现了关于"大同社会"的描述：

> 大道之行也，天下为公，选贤与能，讲信修睦。故人不独亲其亲，不独子其子，使老有所终，壮有所用，幼有所长，矜寡孤独废疾者皆有所养。男有分，女有归。货恶其弃于地也，不必藏于己；力恶其不出于身也，不必为己。是故谋闭而不兴，盗窃乱贼而不作，故外户不闭，是谓大同。

这里的大同描述成为了中华文化原创期乌托邦的经典表述，并在两千多年的历史发展中形成了不竭的生命力。对于大同思想出自何家，近代以来的学者们有不同见解，康有为和梁启超认为出于儒家，吴虞认为出自道家，蔡尚思则认为出于墨家。《礼记》的成书年代是在秦汉之际，因而可以认为是集儒墨道各家社会理想之大成，对它们进行升华而形成的理想主义乌托邦。它的"大道之行"的追求精神，"天下为公"的超越性境界，"老安少怀"的民生关怀取向，都为此后特别是近代以来的理想社会追求提供了源于中国的文化资源。

---

① 《墨子·兼爱中》。
② 《墨子·非乐上》。
③ 《墨子·兼爱中》。
④ 《墨子·尚贤下》。
⑤ 《老子·十八章》。
⑥ 《庄子·天地》。

封建秩序确立以后，儒家思想经历代解释，被纳入封建体制中而成为官方意识形态，它在原创期的批判精神和理想主义追求被淡化了，墨家思想和道家思想也走向了边缘化。但是，儒家所推崇的"三代之治"、"井田"民生、大丈夫气节却成为历代改革家和志士仁人批判黑暗现实，追求国泰民安的根据。墨家思想在很大程度上转化成为反抗现实的农民起义的行动方案和下层人民勤勉自励、奋发自强的精神。道家思想则演变成为一些高风亮节、追求个性自由的人以"出世"求解放的完美人格追求，并在一些"世外桃源"式的理想社会描绘中表达了一种乌托邦情思。

明朝中叶以后，在长江下游的一些地方产生了早期商品经济，也出现了早期的市民阶层和平民阶层。这些处于封建体制外的新生力量，要求打破封建束缚，建立新的社会制度，作为思想文化上的反映，出现了早期启蒙。早期启蒙思想家以颂古非今的方式批判封建秩序，提出了"复井田"、"工商皆本"、"天理即在人欲中"等命题，以歌颂"三代之治"的方式形成了一个带有资本主义倾向的乌托邦。

19 世纪中叶以后，在西方资本主义的强势进攻下，中国社会发生了空前的深刻变革，封建文化也产生了危机。批判传统、借鉴西方、追求未来成为必然的选择。康有为把历史发展视为一个不断进步的过程，把对大同的追求从歌颂过去转向了放眼未来，创新传统、判断西方，把大同社会的实现建立在了人类文明发展趋势之上。然而，他又是以发挥儒家思想"微言大义"的方式进行的，他说："读至《礼运》，乃浩然叹曰：'孔子三世之变，大道之真，在是矣；大同小康之道，发之明而别之精，古今进化之故，神圣悯世之深，在是矣。'"堪称"孔氏之微言真传，万国之无上宝典"。① 《礼运》中的理想社会描述，经过康有为的发挥和阐释，成为近代中国最有魅力的大同乌托邦，并且对此后孙中山的三民主义和中国共产党人对社会主义的认识发生了重要的影响。

乌托邦精神表达了人们对理想社会的追求，也表达了人们对现实社会的批判。从理想社会追求的角度讲，它也许是永远不能实现的；但从批判的角度讲，它又是历史发展的动力。人们只有发现现实的黑暗和邪恶，才能对现实加以变革；只有把自己的希望理想化，才能追求自身的解放。所以，拉塞尔·雅各比说："我们并非只能在理性的建议和非理性的乌托邦思想两者之

---

① 康有为：《孟子微·中庸注·礼运注》，中华书局 1987 年版，第 236 页。

间作选择。乌托邦思想既不曾破坏也没有贬低真正的改革。事实上，情况正好相反：切实可行的改革有赖于乌托邦的梦想——或者至少可以说，乌托邦理想推动着与日俱增的进步。"① 人与社会的发展都有现实的和理想的两个维度，社会的任何变革都是在一定的理想导引下进行的，缺少理想主义的维度，人们的行为就失去了高尚和意义色彩，社会发展也不能持久和可持续。

乌托邦是在现代性成长中从传统走向现代的，也正是在对现代性悖论的批判中保持生命力的。在近代以来的中国现代化追求中，现代性已在西方社会出现了种种悖论，它在使资本主义取得巨大成就的同时，也"使人和人之间除了赤裸裸的利益关系，除了冷酷无情的'现金交易'，就再也没有任何别的联系了"②。贪婪、掠夺、侵略成为资产阶级的本性。这就使中国人在现代化追求中不容易认同资本主义，于是也就在西方社会主义思想的影响下，通过把大同理想与社会主义相贯通，以社会主义为目标和制度选择提出了现代化的任务。从康有为的大同小康论到孙中山的民生主义，就描绘出了近代以来这种追求的历史轨迹，并且揭示出了中国社会发展的要求。

新民主主义革命的胜利为中国现代化确立了政治前提，社会主义制度的建立又为中国社会发展奠定了制度基础。但是，计划经济体制却使现代化进程步履维艰，不能从传统社会向现代社会转型的深度和广度上展开。在改革开放中，市场经济的发展不仅使传统社会的基础发生了根本变革，也使经济市场化、政治民主化、文化理性化、社会开放化成为不可逆转的趋势，社会主义现代化全面启动了起来。

如前所述，现代化是在现代性成长中从传统社会向现代社会转型的过程，在现代性的推动下科学技术长足发展，效率观念普遍增强，个人创造性得到调动，权利意识不断形成，并由此造成了经济的迅速发展和国民收入的大幅度增长。但是，在人们注重现实，谋求发展的过程中，工具理性主义普遍张扬，消费主义得到了发展，社会分化不断加速，理想主义走向了失落，精神家园正在荒芜，现代性的悖论在中国已不是"隔岸观火"，而成为活生生的现实。在一片"告别乌托邦"的呼声中，现代性长驱直入，社会陷入了现实主义而缺乏理想主义维度的状况中。这样，就不仅造成了人的异化，而

---

① ［美］拉塞尔·雅各比：《不完美的图像——反乌托邦时代的乌托邦思想》，姚建彬译，新星出版社 2007 年版，第 2—3 页。

② 《马克思恩格斯选集》第 1 卷，人民出版社 1995 年版，第 275 页。

且造成了理想、信念的退场和传统道德的无能为力。

科学发展观既把以人为本提到了中国特色社会主义的核心地位，也要求正视现代性的悖论，在超越性批判中树立理想主义精神。这样，乌托邦精神也就成为一种健康的力量。历史的发展必须树立现实的理性主义精神，使人们能够面对现实以求发展；但是，也必须有一种理想主义精神，在发现现实生活的缺陷和不足中，追求崇高，展示人的善良本性和精神需求，实现人的全面自由发展。

首先，在传统乌托邦现代转化中寻求以人为本的民族文化资源。以人为本虽然是一个现代命题，但作为一个后发现代化国家，只有在传统文化的现代转化中才能发挥出内源优势，走出有民族特色的现代化道路。中国之所以走社会主义道路，不是自身生产社会化发展与资本主义私有制矛盾的产物，而是在传统乌托邦向现代转化中判断资本主义，并在此基础上对自身现代化道路选择的结果。正是因为传统乌托邦中包含了丰富的人学资源，各学派从不同的角度上表达了对人的关怀，才出现了《礼记·礼运》中的大同乌托邦。先秦儒墨道各学派虽然社会倾向不同，但不论儒家的"仁者爱人"、墨家的"兼爱尚同"，还是道家的"真人"追求都表达了传统乌托邦的人学意蕴，所以梁启超称之为"民本主义总根源"，对社会"如汤沃雪"。也许对人的自由的把握并不在某一学派思想之中，而是在它们的相互辉映中形成的人的命题。在这一命题中包含了小康、民生、和谐等各方面的内容。人的命题的破解并不在理论的争辩中，而在社会变革的实践中。面对近代以来中国社会发生的 2000 多年来未有之大变革，先进中国人批判封建主义，判断资本主义，把大同乌托邦与现代文明相贯通，才为中国选择社会主义提供了文化前提。中国特色社会主义是这一选择的继续，也只有从传统向现代的转变中，把握人的现代化与社会主义现代化的关系，把以人为本体现到中国特色社会主义实践中，并且以人的发展评判改革中的是非，才能在对现代性悖论的超越和批判中引导社会主义现代化的健康发展。

其次，在现代化追求中培育理想主义精神。现代性及其蕴涵的科技理性、个性自由、效率追求、市场原则、平等竞争、开放意识是现代化的内在要求，但理性主义的独断又使之成为控制人的外在力量，使人成为为追求财富而生存的"经济人"或"单向度的人"，并因此而导致社会的分化和民生问题的突出。在这种背景下，强调公平是必要的，但在现代性或理性主义的逻辑中，社会公平和人的自由全面发展又是一个无解的命题，或者说，人只能成为被外在理性控制的客体，从而失去全面发展的可能。为了摆脱理性主义的独断专行，就必须正视人与社会现实维度的一极强化，寻求理性与非理性之间的平衡。实际上，不论是社会变革还是人的发展，都有一个理想主义的维度和精神家园。在对现实的批判和超越中，形成理想主义的乌托邦精神，就体现了人的发展的要求，也是社会健康发展的体现。实然与应然、现实与理想、现在和未来的矛盾是人与社会发展必然遇到的问题。理想主义的乌托邦精神则可使人们发现现实中的问题，探寻它的根源，引导社会健康发展，并且通过以人为本的价值准则，在现代性与乌托邦之间保持必要张力，在实践中探索从现实走向理想的道路。社会主义现代化不是按照预先的理性设计进行的，而是一个在实践中不断探索的过程。我们现在还不能轻言"告别乌托邦"，而是必须求助于乌托邦理想主义精神。

再次，对各种不同类型的乌托邦加以引导。乌托邦有各种类型，复古主义色彩的乌托邦在现代化进程中已经退场，建立在未来主义之上的乌托邦正在彰显。按理想复制现实的乌托邦已受到了"报复式批判"，但带有民粹倾向的乌托邦却以新的形式出现。不论是着眼未来的理想主义乌托邦还是具有民粹色彩的乌托邦，都体现着对现代性悖论的否定和批判。前者是社会健康发展的需要；后者则是在一种"民意"外衣下的一种情绪化空想，它往往使民众在一种情绪激扬中失去个人的理性判断，成为被人左右的个体集合，他们的要求也往往与现代化相左。因此，就必须对各种不同类型的乌托邦加以区分和引导，使之成为在共产主义理想导引下判断现实，追求未来的精神力量。我们肯定乌托邦是就它的积极意义而言的，并非无保留地对它加以肯定。强调乌托邦是社会发展中不可缺少的维度，主要是就它面向未来的理想主义而论，并非对它进行全面肯定。没有马克思主义的引导或不能与中国特色社会主义现代化共生，讨论乌托邦就没有意义。

美国学者莫里斯·迈斯纳说："历史的动力（而且的确是一种历史必然的动力），不是乌托邦的实现，而是对它的奋力追求。正像韦伯曾经指出的：'人们必须一再为不可能的东西而奋斗，否则他就不可能达到可能的东西了。'也正像卡尔·曼海姆所警告的那样：'如果摒弃了乌托邦，人类将会失去塑造历史的愿望，从而也会失去理解它的能力。'"① 乌托邦不仅是理解中

① ［美］莫里斯·迈斯纳：《马克思主义、毛泽东主义与乌托邦主义》，张宁、陈铭康译，中国人民大学出版社 2006 年版，第 2 页。

国理想社会追求史和社会主义选择的钥匙，而且是中国特色社会主义发展的不可或缺的因素。

沈慧芳从乌托邦的视角探讨中国道德发展的历程，以第一手材料为根据，考察自古至今许多学者的相关论述，并对不同历史时代思想家的批判精神和社会理想进行了较全面的分析，为读者展示了一幅中国人对理想社会追求的历史画卷。我作为这本书的第一个读者，读后深受启发，感到这本书立意较新，资料丰富，分析视角和提出的一些观点也有独到之处，特著此文，是以为序。

董四代
2010 年仲夏

目　录

第一章

乌托邦精神与道德乌托邦

　　乌托邦，在当代是一个略显陌生的话语。在全面转型与急速流变的现代生活背景下，在残酷的竞争与生存压力下，人们将全部的精力投放到眼前的现实中，失去了仰望星空、畅叙理想的闲暇与心情。即便对未来有精心的规划与设计，也离不开汽车、房子、职称、头衔等牵动着现代人紧张神经的现实追求。从来最具浪漫气质的文学家也在孤独的呐喊之后走向了与市场的合作，并以其别样的智慧推动着当代人心灵的世俗化。另一方面，由于乌托邦与历史上的政治极权主义之间的关联或曾被欺骗性滥用，而被作为政治骗局保留在人们的记忆中，导致人们对乌托邦的恐惧与排斥。因此，在这样的背景下谈论乌托邦自然就有一些不合时宜。但正是这种不合时宜，展示了当代人单向度的生活特质与精神境界的缺失，也提醒我们在追逐世俗目标的同时有必要更多地关注超越层面的理想追求。我们探究乌托邦精神的意蕴尤其是乌托邦精神中内涵的道德理想主义，旨在一定程度上克服当代人伴随着理想缺失而来的心理焦虑，并在正确理解的基础上将乌托邦精神与人们记忆中的政治骗局划清界限，从而不带偏见地肯定作为超越向度的乌托邦精神之与当代人与当代社会的意义。

一　乌托邦与乌托邦精神

　　乌托邦作为一种面向未来的理想追求，在人类文明之初就已出现。美国思想家乔·奥·赫茨勒认为，早在柏拉图的《理想国》之前，已有古希腊时期（公元前 11 世纪至前 4 世纪）的希伯来先知在他们的著述中提出过不少乌托邦思想。他认为这些先知们"作为社会评论家和社会设计师，如果不是高于柏拉图的话，至少也可以和他相媲美"。① 在中国，被雅斯贝斯称之为"轴心时期"的先秦时期，刚刚觉醒的诸子各家面对动荡和灾难重重的社会现实，从不同角度对理想社会进行了种种构想与设计，"大同世界"便是各家乌托邦理想的集中体现。

乌托邦作为一个概念源于近代英国空想社会主义者托马斯·莫尔的同名小说。自该小说问世以来，乌托邦（Utopia）便成了关于理想社会设计与构想的专用名词，意指"没有场所"，即"不在场"的乌有之乡，是一个相对于现存世界，没有固定时间和地点的观念中的"所在"——某个"地方"，如"理想国"、"太阳城"、"大同世"。这个地方必定是一个涤荡了现存的污浊与邪恶，祛除了不幸与痛苦，充满正义、公平、和谐、快乐而臻于完美的"所在"。作为对理想社会的设计，乌托邦一出场便具有双重内涵：一是指脱离实际的空想；二是指永不放弃、勇于面向未来的追求。近代以来，政治极权主义、科学主义、理性主义由于过度自信，都试图以统摄历史与人类生活的主体自居，并企图将它们对社会的规划与设计付诸实践，结果却导致了对现存秩序的破坏和理想之灯的熄灭。受此影响，乌托邦空想的内涵被无限放大，而招致世人诟病，而其内涵的批判与超越精神以及"在荒野中看到乐园"的对未来的坚定信念，则被遮蔽了，由此导致了现实中物质主义、消费主义的盛行和理想主义的失落。因此，探讨乌托邦的基础内涵，挖掘其对现实的批判与超越精神，同时又保持其与现实社会实践的必要张力是我们对待乌托邦的应有态度，也是重塑乌托邦精神的现实依据。

什么是乌托邦精神呢？只要现实生活世界还不是完美的，人们就不会停止对理想的向往与追求。这种向往与追求的意向与冲动就是乌托邦精神。贺来借一位诗人和哲人的话，将这种精神概括为"'向天空瞄准'、'观看那更为高远的东西'的顽强意向与冲动……是立足于当下可感境界又超越当下现存状况的对真善美价值理想的不懈追求精神"。②

人类是一个永远不会满足的族群，迄今为止还不曾有过完美的"地方"和"国家"。乌托邦是一个永远无法由当代人真正兑现却又总是给人以希望的永恒梦想，它关闭于潘多拉之盒中，却召唤着一代又一代的人们去寻找开

① ［美］乔·奥·赫茨勒：《乌托邦思想史》，张兆麟等译，商务印书馆 1990 年版，第 8 页。
② 贺来：《现实生活——乌托邦精神的真实根基》，吉林教育出版社 1998 年版，第 6 页。

启的钥匙。正是这种探索希望之途的努力，为人类开辟了无数通往美好未来的通道。从这一层面上说，乌托邦精神是引领与推动人类追求真善美，以趋近理想王国的不竭动力。这正是本书选择乌托邦精神这一主题的历史与现实依据。

纵观人类乌托邦发展史，不难发现，这个完美的"所在"绝不是凭先验的理念或绝对意志"杜撰"出来的，而是源于现实生活而"构建"起来的，其产生的依据在于现实生活世界。处于不同时代不同境遇中的人，所设想的乌托邦一定是不一样的，其构建的方式、追求的路径也各异其趣。一个锦衣玉食的孩子的乌托邦世界肯定不同于"卖火柴的小女孩"。说到底，乌托邦是一个历史的概念，考察乌托邦精神应当遵循历史发展的逻辑。

任何一种观念或精神都必须有承载的主体。但并非一切时代的一切人都能成为某种观念或精神的承载者。乌托邦精神是一种批判精神，一个具备批判精神的人，必须是一个拥有社会责任感、能够以天下为己任的人；一个具有洞察力、能够透过现象洞察现实社会各种矛盾的人；一个富有人文情怀、时刻关注着人类命运与福祉的人。乌托邦精神是一种超越精神，一个具备超越精神的人，必须是一个永不满足现状、永远将目光朝向更高远的境界的人；一个勇于展望未来、为了能仰望星辰而不怕脚下失足的人（第欧根尼在《名哲言行录》中讲道："他（泰勒斯）在仰望和注视星辰时，曾经跌到一个坑里，因此人们就嘲笑他说：'当他能够认识天上的事物的时候，他就再也看不见他脚下的东西了。'"德国哲学家黑格尔在《哲学史讲演录》中引述了第欧根尼的这个传说，反过来嘲笑那些不理解哲学家的普通人说："他们不知道哲学家们也在嘲笑他们不能自由地跌入坑内，因为他们已永远躺在坑内出不来了——因为他们不能观看那更高远的东西"）；必须是一个对人生充满信心与希望、"面对一片荒野却看到乐园的人"。①

从历史发展的脉络看，只有具备了上述批判与超越精神的人，才能成为乌托邦精神的真正承载者。在人类历史的进程中，大千世界，芸芸众生，面对自身的苦难与无奈，有人选择了抗争，执著于解放与自由的追求，有人选择了顺从，屈服于"命运"的指认与安排；面对他人与社会的不幸，有人选择了责任与使命，执著于除弊救世，有人选择了麻木与冷漠，放任邪恶蔓延；面对物质世界的强力诱惑，有人执著于精神家园的构建，有人选择了对

---

① ［美］乔·奥·赫茨勒：《乌托邦思想史》，张兆麟等译，商务印书馆1990年版，第252页。

人生价值的遗忘……前者便是那具有乌托邦情怀与乌托邦精神意向的人，他们是乌托邦精神的承载者。当他们将这种情怀与精神意向用来反观现实或构建未来，并在当代群众中产生共鸣，成为一股集体意识时，便不可避免地形成一种批判现实的追求——除弊救世的激情。由此导致的乌托邦精神的高扬和力量的不断积累还可能对社会变革发生影响。而当这种力量在社会变革时期，还不足以影响和感染群众，或由于被淹没于俗世的尘埃或极端的物欲中时，可能导致一个时代乌托邦精神的失落与沉沦。乌托邦思想家们也可能会将他们的乌托邦情怀与精神意向转向自我精神世界的构建，如转向文学创作领域，这便可能导致浪漫主义文学思潮的形成。

当我们置身于历史的坐标，考察乌托邦精神的消长时，其中一个最重要的视角便是考察作为乌托邦精神承载者或乌托邦思想家的历史与人生境遇。这个群体在中国传统社会被称为"士"（当然并非所有的士都能成为乌托邦精神的承载者或是乌托邦思想家），在现代社会则以"知识分子"而面世（同样并非所有的知识分子都会成为乌托邦思想家）。

二 乌托邦精神的基本意蕴

批判与超越是构成乌托邦的两个基本要素。没有批判，就不会有超越的愿望与动力，没有超越，批判就会沦为肤浅的牢骚与抱怨。正如萧公权所说："乌托邦思想虽由不满现实而产生，然要其成熟尚需有开阔境界的思想家超脱现实作哲学的思考。不满现实可能促使改革；唯有对遥远未来作超越的观察始能有乌托邦的建立。"①

（一）乌托邦精神是一种批判精神

经历过"文化大革命"或是对"文化大革命"有着深刻记忆的人们，也许很难用一种褒扬的态度来接受"批判"这个词语。但就人类自身与社会历史的发展而言，批判精神是一种不可或缺的永恒动力。那么什么是批判精神呢？王成华认为：所谓的批判（当然是哲学意义上的），"就是主体将客体尺度和主体尺度统一起来，对客体对象进行理性的考察、审视、思考和分

---

① ［美］萧公权：《近代中国与新世界——康有为变法与大同思想研究》，江苏人民出版社2007年版，第329页。

析，对它的前提、根据、合理性及存在的意义等进行审视性的追问和考量，继而对其进行评价，在此基础上在思想观念中构造出优越于现存客体的理想的观念形态的客体模型，并意图通过实践活动将这种理想的客体模型物化为客观现实，欲求最终改善、发展和超越现存客体的一种自觉的主体性活动"。① 据此可以认为：第一，批判是一种自觉活动，需要主体具备较强的自我意识与责任意识；第二，批判不是对客体对象的简单否定，而是要对其进行理性的审视和分析，对其存在的根据、合理性及意义进行追问与考量，需要主体具备相应的知识、智慧与洞察力；第三，批判的目的是为了"构建"优于现存客体的理想形态的客观现实；第四，批判的结果是要引领人类超越现实的境遇，走向理想的未来。当这种理想的未来转化为观念形态的客观实体时，乌托邦就诞生了。因此，从逻辑上说，乌托邦的构建源于对现实的批判，而乌托邦一旦构建起来，又成为了考量与评价现实合理性的依据与价值参照系统。乔·奥·赫茨勒在评述莫尔的"乌托邦"批判意义时说："他描述这个理想共和国的目的是要把英国的习俗、现状和理想中的英国作一对比，倘若采取了适当的措施并设立了可取的制度的话。乌托邦的生活正好跟英国的生活相反……作者往往把这一对比留给读者自己去体会。读者可以从他自己对当时英国的政治与经济状况的了解中或者从他回想起书中第一卷所提的指控中得出自己的结论。"② 可见莫尔的"完美无缺、充满和谐"的"乌托邦"事实上是对当时英国现状的无声批判与控诉。再如，在中国传统社会备受推崇的"三皇五帝"，是否确实拥有近似纯粹完美化的品德与才能，实际上缺乏有力的史料依据，这在很大程度上是由于思想家们对现实中帝王德行的失望，进而产生的意欲塑造"哲学王"的期待在观念上的体现。为了有效地规范现实的君王，他们将这种"过去的可能存在"变成了一种毋庸置疑关于"古圣先贤"的集体记忆。这种集休记忆在两千多年的历史中，成为评价、规范与约束历代君王的道德参照系。乌托邦的构建源于对现实的批判，而乌托邦的存在则为批判现实提供了一个价值标准。可以确定地说，乌托邦精神就是一种批判的精神。正如贺来所说，乌托邦精神"总是提撕着一种批判的向度，为可感的现存世界悬设一个普遍性的价值尺度。它以其超越当下观点的立场和超越当下有限之物的应然状态，审视人和社会的现状并提

① 王成华：《马克思哲学的批判精神：孕育、生成及启示》，《哲学动态》2008 年第 5 期。
② ［美］乔·奥·赫茨勒：《乌托邦思想史》，张兆麟等译，商务印书馆 1990 年版，第 130 页。

醒人们回头检视其目的的合理性与行动的意义和根据。"为了充分肯定这种批判精神的价值，他进一步指出："真正的乌托邦精神就是'牛虻精神'，它表征着一种反省批判的姿态与目光，使社会与人生免于在'常人状态'之中沉沦，并能不断超越更新，创造更高远的生活境界。"[①]

在当下世俗化日渐盛行的世界中，人们越来越趋向于追求凡人的幸福，满足于现实中为权力与货币所操纵的"常人状态"，而有意或无意地忘记了反思与批判，甚至在这种"忘记"中丧失了反思与批判的能力。同时也就渐渐远离了乌托邦的精神。

（二）乌托邦精神是一种超越精神

"超越是理想之于现实的距离延伸和境界提升。"[②] 超越精神与批判精神是共生的。超越是批判的必然结果，一旦发现现实的生活是不值得过的，就可能或必定会产生去寻找一种更值得过的生活的欲念；没有平等，就会引发人们去探索导致不平等原因，并萌发消除这种原因、以期获得真正意义上的平等的欲念；没有自由，便会触动人们产生去找寻打破束缚自由枷锁的欲念。以此类推，当人们的合理需要得不到满足或最基本的权利被剥夺时，自然会产生一种渴望改变现状的愿望或努力。只不过一般民众这种欲念与愿望的表达方式是直接和现实的，有时甚至表现为一种缺乏理性的自我利益的计较，不会也不可能产生超越的精神。而乌托邦思想家们，却能在批判与反观现实的基础上，跳出个人的狭隘眼界，立足于时代的呼声与愿望，着眼于人类全面自由发展的永恒意向，为人们构建一个当下不可即却可望的理想精神家园，引领人们朝着希望之路迈进。

贺来借一位诗人和哲人的话，将这种超越精神概括为"'向天空瞄准'、'观看那更为高远的东西'的顽强意向与冲动"。他认为："乌托邦精神就是立足于当下可感境界又超越当下现存状况的对真善美价值理想的不懈追求精神。它的重大使命不在于对未来世界作出面面俱到的细节上的设计与规划，而在于克服人的自然惰性对现存事实的消极默认，为人和社会走向新境界提供新的可能性。它启示人们不要放弃这样一种希望——去寻找一个先前不曾有过的世界，在那里'最有可能找到正义'，因此，乌托邦精神总是涉及人

---

① 贺来：《现实生活——乌托邦精神的真实根基》，吉林教育出版社 1998 年版，第 7—8 页。
② 万俊人：《现代性的伦理话语》，黑龙江人民出版社 2002 年版，第 152 页。

之为人、社会之为社会的最基本的原则和律令的追问，所要探究的是人之所以为人的可能性，即'人的价值'这一根本性的大问题。"①

超越精神，是乌托邦精神中最富魅力的特征之一，也是乌托邦精神真正的生命力所在。纵观古今中外乌托邦思想家们构建的乌托邦理想，其中最能够感动人、鼓舞人的，正是那些超越可感世界，体现作者超常智慧与想象力的乌托邦图景。源起于秦汉之际的《礼记·礼运》所描述的"大同"理想，表达着一种社会制度设计上的超越，"大同"理想之所以成为中国历代乌托邦思想家构筑其理想的蓝本，在两千余年的历史进程中拥有着经久不衰的影响力，关键在于它所展示的是一个超越中国传统所有阶级社会常态的理想态。作者以平实的语言，恬淡的口气，描绘了一个财产公有、共同劳动、平等互助、公正无私、老安少怀、没有权谋欺诈和盗贼掠夺的富足、和谐、恬静的美好社会。虽然后世乌托邦思想家们也设计过种种乌托邦理想模式，如农民战争提出的"太平"、"等贵贱，均贫富"的社会思想；中世纪"异端"思想家提出的"无君无臣"的乌托邦图景；早期启蒙思想家构想的空想社会主义，直至近代太平天国和康有为的乌托邦社会主义，但他们都深刻地受到"大同"理想的影响。可以说，在传统社会，几乎每一个承受着现实痛苦的人们都可以在"大同"社会中找到解脱苦难的精神慰藉。"大同"的魅力正在于它对现实的超越，即在根本不可能平等的现实中追寻平等，在根本不可能和谐的社会中构筑和谐，并将这种观念上的平等与和谐以具象的方式展示给世人。它并没有谈及通向"大同"的路径，但却给后人无限想象的空间。

社会制度的设计如此，个人精神境界的超越也不例外。由先秦诸子构建的"君子"人格，特别是作为这种"君子"人格最高标准的以"三皇五帝"为代表的"圣贤"人格，也成为后世志士仁人持守不辍的精神追求。

在中国历史上，与不同时代社会经济、政治、文化和社会整体精神风貌密切相关，乌托邦精神可以有各种不同的表现形式：可以表现为对理想秩序的构建，如先秦诸子各家及宋儒群体；或对残酷现实的逃避，如道、释，以及魏晋南北朝的名士；或高举"义"旗，试图推翻现存制度，建立一个理想中的王国，如历代农民起义；或对现存制度进行内部变革，以期达到社会的良治，如王安石变法。但贯穿这种种不同表现形式并成为其观念支持的，始终是一种批判与超越的精神，即乌托邦精神。因此，从根本上说，乌托邦精

---

① 贺来：《现实生活——乌托邦精神的真实根基》，吉林教育出版社 1998 年版，第 6—7 页。

神就是批判的精神和超越的精神。

当然，这种批判与超越精神，并不是先验地存在于乌托邦思想家们的意识中，也不是他们脱离实际的主观玄思与冥想，而是直面现实，通过对活生生的现实世界的把握而产生的。"乌托邦精神的根基在于现实生活世界。真正的乌托邦精神就是一种基于现实又超越现实的内在超越精神，这种精神要求人们'在批判旧世界中发现新世界'，在现实与理想，在历史的确定性与终极的指向性之间，既保持一种'必要的张力，又不断打破这种微妙的平衡'……真正的乌托邦精神绝不是世界之外的遐想，它对现实的超越并不意味着与现实的隔绝，相反，其目的恰恰是欲立足于现实，在现实生活的基础上去提升现实，离开现实生活世界的对超越的价值理想的追求，只能是无所依傍、游谈无根的幻想，与真正的乌托邦精神是根本不相容的。"①

宗教也有批判精神，表现在以其神圣性、永恒性来反观现实的世俗性与有限性，以其纯粹的精神性与终极性来反观现实的物质性与暂时性。但其假设前提是现实不可改变的，人们只有进入彼岸世界，才能逃脱现实的不幸与苦难。因此，其批判性是以脱离现实而不是改造现实为前提的。它能以虚幻的彼岸世界给人们带来精神慰藉，却不能为人们改造现存世界提供动力。宗教也有超越精神，但这种超越是对现实的消极逃避。

（三）　乌托邦精神是一种理想主义精神

理想主义是乌托邦的基本特征。理想主义是一种对宇宙人生、对世界未来持积极乐观态度的心理倾向和思想观念。信奉与持守理想主义思想观念的人被称为理想主义者。理想主义者总是以理想主义的观念来看待社会人生，并将这种观念灌注与投射到对现实的评价上，进而确定自己的人生目标与努力方向。表现在对社会秩序的追求上，理想主义者总是渴望改变、超越现实中不合理的实然状态，并对可能达至的应然秩序充满信心（当然，对社会应然秩序的界定是一个历史的范畴，没有永恒的确定的标准）；表现在个体人生境界的追求上，理想主义者拒绝平庸，渴望崇高，崇尚精神的充溢与富足，并对人性达至这种精神境界的可能性充满信心；表现在对人类未来走向的预测上，理想主义者坚信，人类能够凭借自身的智慧、善良与责任，实现更高层次上的社会和谐，并执著于探索通向社会和谐的路径。理想主义及其

---

①　贺来：《现实生活——乌托邦精神的真实根基》，吉林教育出版社 1998 年版，第 8 页。

奉行者在不同时代，激励人们走出了灾难与困境，从而为人类文明的进步提供了持续的动力，也因此赢得了古今中外思想家的普遍赞颂。而乌托邦主义及其奉行者却往往没有这样的好运气，他们对未来社会的构建常常被指责为空想，是永远不可能实现的乌有之乡，他们自身也被界定为不切合实际的空想家。产生这种情况的原因在于，人们常常认为理想是立足于现实、基于对社会发展客观规律的认识确立的符合客观实际的对未来的向往与追求；乌托邦则是人们凭着主观冥想而构造出来的幻想图景，不具备实现的可能性。这种认识并没有错，乌托邦确实与理想有区别，但这是仅就二者设计的具体社会蓝图或模式而言的。如果我们撇开具体的形式，仅就二者内涵的最基本精神意蕴来看，并没有本质的区别。因此，为了更全面真切地理解乌托邦精神，必须将其精神追求与作为制度设计模型的"乌托邦"加以区别。

"乌托邦"是一个"不在场"的观念中的完美"所在"，对"乌托邦"的痴迷是一种不切实际的空想，强行兑现只能导致失败与绝望。"文化大革命"时期对"共产主义"的强行实践，最后导致了极权主义泛滥和道德专制主义盛行，等等。但乌托邦精神，作为一种对现存不完善社会的批判与超越精神，一种对未来更美好生活的向往与不懈追求精神，却是人类社会不可或缺的。因为，乌托邦精神实质上就是一种理想主义的精神：从对未来的指向上看，它追求一种比现实更完美、更符合人性的和谐社会秩序；从对现实的态度来看，它始终坚持一种批判的精神和超越的向度；从对社会的作用与功能看，它能不同程度地成为社会变革的动力；从对人生价值的追求看，它能超越单纯的物质追求而推崇精神的充足；从对人生态度的观照上，它体现了一种"在荒野中寻找乐园"的执著。总之，就乌托邦精神所具有的基本特征而言，始终内含着一种理想主义的精神旨趣，即它能够看到现实的不完善，发现改善现存世界的必要与可能，并且能为人们改造现实提供一个目标蓝图。与理想主义的契合，正是乌托邦精神特有的魅力所在。因此，我们虽主张谨慎地对待乌托邦式的理想，但是从历史的经验看，我们仍然主张在任何时代都必须保持一种必要的乌托邦精神，尤其是在当前物质主义盛行的时代，追寻并高扬乌托邦精神更具必要性与紧迫性。有必要再次澄清，当人们以积极的态度肯定"乌托邦"的时候，通常指的是作为乌托邦基本内核的乌托邦精神，而不是指某一个乌托邦社会模型本身。

三　乌托邦精神的核心是道德理想主义

作为一种观念形态的乌托邦精神，要为世人知晓、理解并接受，必须要有一现实可感的方式——现实的载体。因此，乌托邦思想家们要么以著书立说的方式，构建一个"不在场"的"地方"。如中国轴心时代的"大同世界"，两晋时的"世外桃源"；要么直面时代的征候为人们提供一个解决问题的理想目标，如两宋士大夫"得君行道"与"匡扶社稷"的政治理想，近代康有为"君主立宪"目标的设计，孙中山"三民主义"的制度架构等。但无论是政治家遥远记忆中的"大同世界"，还是失意名士亦幻亦真的"世外桃源"，无论是纳入当下变革的政治目标，还是付诸实践的社会规划，乌托邦思想家与实践者们总要向人们传递一个明确的价值导向——对真善美的趋近，否则他们所设计的乌托邦便不具备应有的感染力与吸引力。因为，乌托邦既然是对现实的批判与超越，就必定是一个优于现实、比当下生活更值得过的"所在"，这个美好的"所在"绝不能仅仅是能满足人们物质生活的需要，更为关键或至关重要的是能让人们享受到公平、正义的阳光。

在作为西方乌托邦思想重要源头的"理想国"的设计中，人们应具备的美德被作为"理想国"的标志性特征。柏拉图力图苦心塑造的"哲学王"，事实上是一个品德高尚的"至善王"，因为按其老师苏格拉底"知识即是美德"的思维逻辑，"哲学王"即包含了品德高尚的意蕴。正如贺来所说："柏拉图的《理想国》虽以知识论性质的'理念'为逻辑出发点，但其思想本质上是道德性、伦理性的，'至善'是理想国所有要素环绕的拱心石，整个理想国都是由神圣的'至善'衍化而来，哲学王实质上是'至善王'、'道德王'，它是道德的化身并负有醇化世风、教养众生的使命。"① 即便是后来成为西方政治历史主流的法治主义，其理论假设也是作为社会治理的法必须是良法，否则公民将被赋予不服从的权利。这就可见西方政治家们在设计政治理想时，对道德的推崇。

美国思想家乔·奥·赫茨勒在《乌托邦思想史》一书中记载了阿莫斯、霍齐亚、艾赛亚、杰里迈亚、伊齐基尔和艾赛亚第二等六位最重要的先知者的乌托邦理想，从中发现几乎每一位乌托邦思想家在设计理想社会时，都将

---

①　贺来：《现实生活——乌托邦精神的真实根基》，吉林教育出版社 1998 年版，第 116 页。

自己的道德理想赋予了它。在他们所构想的理想社会里，道德状况始终是衡量社会合理与否的一个标志性准则。如：阿莫斯热切期求的是一个充满了"公正与公平相待气氛"的秩序井然的社会，而要实现这么个完美的社会就"必须重新塑造社会的伦理道德，加强人们固有的是非感和正义感"；霍齐亚描述的乌托邦更是一个拥有"正直与公道、仁慈与怜悯、爱情与忠诚"的社会，在这个社会里，"弓与剑将束之高阁，以往长期折磨以色列的战争将告结束，大地将奉献丰硕的果实。正直与爱好和平的人民和耶和华和谐地生活在一起，享受着丰盛的物质财富……"①

在素以道德本位著称的中国，更是自然地将其乌托邦的设计纳入道德理想主义的理路，道德理想主义是中国乌托邦思想家们一以贯之的核心价值追求。让中国人痴迷了两千余年的"三代之治"，事实上是一个充满了仁爱、诚信与公正的"圣人之治"。"三代之治"是否真实存在过，并不重要，重要的是历代思想家们将自己对德治社会的期待，即自己的道德理想赋予了它。对"三代之治"的追求，说到底是历代思想家们对理想道德秩序的追求。贺来认为，中国传统哲学和文化都是以道德理想主义为最基本的价值内核，自先秦孔孟，经宋明儒学，至"当代新儒学"，一直延续着由仁义内在而体认道德终极价值的"道统"。他引用牟宗三对道德理想主义的阐述，即将"道德理想主义概括为是一种以理想笼罩文化形态、以道德笼罩理想观念的主义"的观点，肯定认为道德理想主义是中国文化最原初、最根源的生命所在，是中国传统哲学的基本特点。他进而认为，中国传统中的道德理想主义远远超出学理的范围，渗透到了政治和人们日常生活的思想观念中。② 这应该也可以作为将中国传统社会定位为以道德为本位的德治国家的文化哲学依据。对传统乌托邦的道德内核，龚群有过精辟的评价："从中国的大同理想、老子的小国寡民社会，到柏拉图的理想国、莫尔的乌托邦等等，这些未来社会的诸多理想虚构或理性设计，其道德价值的设计从来就是中心性的，它是这类完美存在的价值中心，价值之源或衡量一切的价值标准。"③

---

　　① 参见［美］乔·奥·赫茨勒《乌托邦思想史》，张兆麟等译，商务印书馆1990年版，第14—19页。

　　② 参见贺来《现实生活——乌托邦精神的真实根基》，吉林教育出版社1998年版，第117页。

　　③ 龚群：《道德乌托邦的重构——哈贝马斯交往伦理思想研究》，商务印书馆2005年版，第2页。

在构建社会主义和谐社会的时代目标中，我们仍可以从中发现明确的道德要求。"民主法治、公平正义、诚信友爱、充满活力、安定有序、人与自然和谐相处"是构成社会主义和谐社会的六大特征，其中"公平正义"、"诚信友爱"是古今中外思想家在对理想社会秩序的追求中，一以贯之的伦理目标与道德追求；"人与自然和谐相处"是当前全球普遍关注的伦理问题，隐含着对宇宙生命关爱的伦理情怀；而"民主法治、充满活力、安定有序"虽然表面上看没有明显的道德价值特征，但实际上恰恰体现了对广大民众最基本权利的尊重和保障，是符合道德要求的良好社会秩序的体现。

总之，任何一个乌托邦的设计都不可能没有道德的内涵与要求，甚至可以说，任何一个乌托邦理想都是某个道德理想的具体展示。"大同世"是先秦诸子各家道德理想的集中体现；"理想国"则是柏拉图道德理想的含蓄表达。从这一意义上说，我们追寻道德理想主义的历史也就是追寻乌托邦思想史，研究道德乌托邦的历史嬗变也就是探索乌托邦思想嬗变的历史轨迹。

四　追寻乌托邦精神的历史与现实依据

"不管什么样的乌托邦都不同程度地有它不现实的方面。讨论乌托邦的意义并不在于能够实现乌托邦，而在于有可能获得一种比较明确的理念……或者说，我们至少能够因此知道离理想有多远。"①

对乌托邦精神基本意蕴的阐述，旨在表明乌托邦精神作为一种批判精神、超越精神和道德理想主义精神，确实是人类不可或缺的精神财富。事实上，乌托邦精神的不可或缺性已为人类的历史进程所证明。正如刘象愚所说："从时间的维度说，乌托邦理想在人类繁衍的早期就已经存在了……从空间的角度说，乌托邦的理想又不仅是西方的，而是全世界、全人类共有的……"他在列举了大量乌托邦思想家的事例后得出以下结论："乌托邦理想是一种普世情怀、一种人类共有的精神财富……'乌托邦'不仅是人类追求社会理想的象征，也是人类批判现实黑暗与罪恶的一种模式。"② 无论是陶渊明的"桃花源"，还是莫尔的"乌托邦"，作者在向人们展示一个公平正

---

① 赵汀阳：《天下体系：世界制度哲学导论》，江苏教育出版社 2005 年版，第 39—40 页。
② ［美］拉塞尔·雅各比：《乌托邦之死——冷漠时代的政治与文化·代译序》，姚建彬译，新星出版社 2007 年版，第 2—3 页。

义、恬静幽美、和谐友爱、安居乐业的美好社会的同时，也对他们生活的社会现实发出了无声却有力的批判。只是这种批判是通过理想与现实的对比来表达的。"桃花源"的和平、恬静、安适与秩序井然，与陶渊明生活时代百姓生活动荡、流离失所形成了鲜明的对比；而莫尔《乌托邦》中的美好社会也恰成了当时英国现实的黑暗、邪恶与其他种种暴政的反衬。

　　或许乌托邦思想家们在构建他们的乌托邦理想时，只是想给生活在苦难中的人们也包括他们自己一点安慰，一点继续走向未来的力量与勇气，但其产生的效应大概是他们始料不及的。前述中国古代的"大同"理想在中国历史上产生的作用也源于同样的道理，从历次农民起义直至近代康有为的变法维新无不受其影响，这大概也是《礼运》的作者无论如何也没想到的。拉塞尔·雅各比说过："乌托邦思想既不曾破坏也没有贬低真正的改革。事实上，情况正好相反，切实可行的改革有赖于乌托邦的梦想——或者至少可以说，乌托邦理想推动着与日俱增的进步。"[1]

　　当然，为社会变革提供目标与动力，只是乌托邦思想的一个方面。乌托邦思想之于社会进步更本质的意义在于它给了人类一颗永不满足的心灵。它告诉人们未来一定比现在更美好，未来永远值得人们去追求；它使人们确信社会是可以不断改进的，通过改进可以使我们生活的世界日臻完善，日益趋近我们的理想。只要永不放弃，人类就可能创建一个比当下更美好的社会秩序。在漫长的历史进程中，如果没有乌托邦精神的鼓舞，如果不相信未来会比当下现实更美好，人类就不会有勇气追求未来；如果不相信可以通过努力来构建一个秩序更良好的社会，人类就不会有力量去战胜面临的困难，更不会冒着付出生命代价的危险去探索变革社会的道路。从这一角度来看，我们可以说，乌托邦精神的丧失，也就是人类理想的丧失，是人类对未来信心的丧失。这也是我们追寻乌托邦精神的首要依据。

　　追寻乌托邦精神的另一个理由是，乌托邦精神是人类摆脱平庸、走向崇高的内在力量源泉。贺来从哲学的高度阐述了乌托邦精神之于人类的不可或缺性，他认为："乌托邦精神——对超越价值理想的不懈追求精神，乃是人之为人、人区别于动物的重大标志，正是它体现了人的高贵、尊严和勇气，表明了人在宇宙中不同凡响的地位。""人独特的存在方式就是具有一种二重

---

　　① ［美］拉塞尔·雅各比：《不完美的图像——反乌托邦时代的乌托邦思想》，姚建彬译，新星出版社2007年版，第2—3页。

化的存在结构，生活在'双向度世界'充满张力的否定性统一之中。……人无时无刻不在为超越动物地位、超越其生存的偶然性和受动性以及成为一个'创造者'的愿望所驱使，无时无刻不在内心激荡着一种趋向自由的力量，热情与憧憬。……人能够通过自身创造性的实践活动打破肉体存在的束缚，使自己的存在获得开放的、应然的和生成的性质，从而彻底超越了自然物的那种预成的、单调的、封闭的和宿命的存在方式。……人是一种必须通过自身创造性活动，不断向未来开辟可能性并塑造自我的自由存在物。"①

乌托邦精神也就是人的根本精神，即人的本质中内涵着的对超越价值理想不懈追求的意向与潜能。如果人的本质中没有这样一种意向与潜能，或者这种意向和潜能没有被有效地培育与挖掘，那么人类就不可能有崇高和美德，就可能在欲望与罪恶中沉沦，在苦难与不幸中放弃；也就不可能有照耀千秋的英雄与圣贤先哲。中国的春秋战国时期，是一个战争频仍、动荡无序，统治者横征暴敛、百姓颠沛流离的时代，残酷的现实使人性中的丑恶、残忍暴露无遗，但正是在这样一种社会背景下，当时各派思想家怀抱救世的理想，向人的有限性挑战，提出了"人性本善"的大胆假设，并身体力行，朝着塑造圣贤人格的方向不懈努力，为后人展示一幅人性光辉的形象。尤其是孟子倡导的大丈夫气节和浩然之气，为后人开拓了一个在人伦世界中无法充分体现的精神世界。这样的境界终究可以使人类超越肉体存在的有限性，而超拔成为宇宙间顶天立地的精灵。杜维明对先秦时期思想家尤其是儒家哲人追求圣贤人格的思想给予高度评价，认为"儒家是在实存的人性充满下堕的境况中发现了人性的光辉"，认为他们是在"一个根本无法做人或做人相当困难的环境里，去做一个堂堂正正的人"。② 在中国历史上有许多这样的人，他们恰恰就是在做人很难甚至根本无法做人的情况下，持守着做一个堂堂正正的人的理想，并努力去实现这一理想。他们的行为重复证明一个真理：那就是人应该并可以超越有限的存在，去追求无限，即人应当努力开拓一个在实存的世界中无法充分体现的精神世界。这是儒家的超越思想给予后世的精神财富，也是我们所要探讨的乌托邦精神中内涵的超越精神的要求。人可以也应当超越实存的有限性，去追求精神上的无限性，但并非所有的人

① 贺来：《现实生活——乌托邦精神的真实根基》，吉林教育出版社1998年版，第9页。
② [美]杜维明、东方朔：《杜维明学术专题访谈录——宗周哲学之精神与儒家文化之未来》，复旦大学出版社2001年版，第35页。

都能意识到自己作为人的独特的存在方式，更不是所有的人都必然拥有这样的理想和智慧，能够发挥自己的本性，完成自己的人格。很多时候的大多数人在纷繁的世界中，或者囿于现实环境的束缚，选择了放弃理想的持守；或者本来就缺乏远大的理想，只想过平凡的生活；或者难以抵挡各种诱惑，而放弃了原本的志向与气节。我们追寻乌托邦精神，就是希望人们在面对各种诱惑时能坚守一份超越的精神向度，并以这种精神来影响与感召同时代人，以此提升社会的整体精神气象。

我们追寻乌托邦精神的第三个理由，是当前我们正面临着一个乌托邦精神日渐消沉的时代：在我们这个时代，人类在取得了巨大物质成就的同时，精神上却走向了贫乏、浮躁，形成了精神危机、信仰失落和理想缺位，功利主义成了至上的命令，利益原则成了衡量一切的标准，科学的星光也只能在黑暗的幕布下闪烁，人类似乎失去了自己的精神家园。在一个物质主义、消费主义盛行的时代；一个大众文化牢固占据中心舞台并不断蔓延，精英文化不断退守并日渐边缘化的时代；一个普遍崇尚当下享受，拒绝崇高，逃避理想的时代……不仅如此，更为严重的是我们还处在一个对未来普遍缺乏信心的全球化环境中。人们逐步"失去了想象力，失去了想象一种与当今世界完全不同的未来的能力"。① 如果说，乌托邦精神是人的根本精神，那么当下世界正面临着人的根本精神日渐丧失的危机。这并非危言耸听，乌托邦精神的衰竭以及与此相关的理想主义尤其是道德理想主义的消沉，已经成为当下时代的重症。当然，导致这种时代症结的原因是复杂的。

从现实生活看，20世纪以来的世界，先后经历两次世界大战，局部战争持续不断，种族分裂与种族屠杀此起彼伏，恐怖主义、自然灾害、疾病与饥饿层出不穷，还有蔓延全球的生态危机，等等，使全球范围内的人们都不敢对未来抱太乐观的期待，甚至走向悲观与绝望。"人自身对于创造一种'属于人类自身的生活'已经没有信心。他们宁愿把自己托付给无聊、沉沦与堕落：无论是社会主义者、激进分子，还是左派，如今都不再，也没有能力梦想一个迥异于现在，而且远较现在优越、完美、自由、幸福的未来"，"整个社会，乃至整个世界都已经丧失了想象未来的能力……没有了想象力，自然也就没有了洞察力，这两者的丧失，恰好证明了人类自身的迷惘、困惑与沉

<hr>

① ［美］拉塞尔·雅各比：《不完美的图像——反乌托邦时代的乌托邦思想》，姚建彬译，新星出版社2007年版，第218页。

沦。畏畏缩缩的人类，搔首弄姿地向实用主义、物质主义、实利主义谄媚，同它们调情，像个淫荡的妇人周旋于功利与物质的胯下"。①

从思想领域看，反乌托邦思想家们携带着他们的作品相继登场，赫胥黎的《美丽新世界》、奥威尔的《一九八四》、扎米亚京的《我们》、丹尼尔·贝尔的《意识形态的终结》、朱迪斯·N.施克莱尔的《乌托邦之后：政治信仰的衰落》、弗朗西斯·福山的《历史的终结及最后之人》等一批反乌托邦作品相继出现。《美丽新世界》展示的是一个可能失去个人情感、爱情、痛苦、激情甚至将失去了思考的权利和创造力的世界；《一九八四》则预言一个人性将遭到扼杀，自由遭到剥夺，思想受到钳制，生活极度贫乏、单调，人性堕落的可怕未来；《我们》描述的是一个完全由数字控制的社会。虽然这些作品并没有一出场就对中国民众产生影响（这些作品在出版后的很长时间并没有翻译和介绍到中国），但它们在西方社会却产生了极大的影响，并最终以文化思潮的方式通过各种途径贩运到中国社会。而20世纪80年代末期，东欧剧变以及随之而来的世界范围内的社会主义遭遇的挫折，恰好为各种反乌托邦思潮提供了注脚。

从人类的生存环境看，全球性的生态危机通过各种会议、数据、小说与影视作品不断向人们展示。人类深知自己对地球犯下的错误，却仍然继续重复着相同的错误且越走越远，面对现代科技这列行驶在快车道上无法停止的列车束手无策。好莱坞大片《阿凡达》将人类与自然对立的信息带到世界各地，而走出电影院的人们，摘下眼镜后仍然心安理得地走进饭店享受着动物的美味。

现实的灾难、生存环境的危机加上意识形态的挫折，使当代人对未来和人类自身失去了应有的信心。这便是导致乌托邦思想深度危机的综合因素，也是当代人呼吁追寻乌托邦精神的现实依据。

"人类不可能没有乌托邦，尤其是不可能没有道德乌托邦。"②纵观人类的文明史，每一个难题的攻克，每一个障碍的清除，每一个奥秘的破解，每一项成果的产生，都源于对未来的信心，源于对人类自身的信心。如果人类不相信自己应当且可能创建一个更加美好的未来秩序，不相信自己应当且可

---

① ［美］拉塞尔·雅各比：《乌托邦之死——冷漠时代的政治与文化》，姚建彬译，新星出版社2007年版，第303页。

② 龚群：《道德乌托邦的重构——哈贝马斯交往伦理思想研究》，商务印书馆2005年版，第4页。

能塑造一个更能体现人之为人的高尚人格，将如何可能从容地走向未来？

"乌托邦的消失带来事物的静态，在静态中，人本身将变得与物没有两样。于是我们将会面临可以想象的最大的自相矛盾状态，也就是说，达到了理性支配存在的最高程度的人已没有任何理想，变成了不过是有冲动的生物而已。这样，在经过长期曲折的，但亦是英雄般的发展之后，在意识形态的最高阶段，当历史不再是盲目的命运，而越来越成为人本身的创造物，同时当乌托邦已被摒弃时，人便可能丧失其塑造历史的意志，从而丧失其理解历史的能力。"①

揭示乌托邦精神日渐消弭的事实，找寻导致乌托邦精神日渐衰竭的原因，旨在为重构当代乌托邦精神尤其是作为其价值核心的道德理想主义提供一份建立在相关事实基础上的合理化建议，以期一定程度上回应当下由于物质主义、消费主义盛行而导致的人类物质世界不断膨胀而精神领域特别是道德领域日渐萎缩的尴尬。

---

① ［德］卡尔·曼海姆：《意识形态与乌托邦》，姚仁权译，九州出版社 2007 年版，第 539 页。

第二章

中国轴心时代高扬的乌托邦
精神与士阶层的兴起

春秋战国时期，是中国文明史上的重要时期，也是世界文明史上的一个重要时期。在这期间，古老中华帝国的大动荡、大变革与社会文明的勃兴和文化的繁荣并行不悖，伴随着"礼崩乐坏"的是各种文化思潮和学术流派的纷纷登场。在"百家争鸣"的文化盛况与学术自由氛围中，产生了一批足以影响中国文化基质与文明走向的思想巨匠，他们的智慧与文化遗产成了中华民族文化的源头。一个具有独特精神气质的社会阶层——"士"也在那时脱颖而出，并在此后 2000 余年的历史进程中，承担着传承文明与延续道统的神圣职责。这个时期被雅斯贝尔斯称为"轴心时期"。

一　轴心时代与动荡中的文明突破

德国哲学家雅斯贝斯在《历史的起源与目标》中提出了关于人类文明历史的"轴心时期"的概念（Axial period）。雅斯贝斯将以往的人类历史发展分为四个阶段。这四个阶段分别为：（1）史前时代；（2）古代高度文明时代；（3）轴心时代；（4）科技时代。雅斯贝斯认为，在这四个文明发展的阶段之中，轴心时代具有非凡的意义，他把这一时期称之为"突破期"，而将这之前的"史前时代"、"古代高度文明时代"及其之后的"科技时代"统称为"间歇期"。前一个间歇期为轴心时代的突破积聚了必要的能量，轴心时代则为人类以后的发展奠定了基础并树立了标准。而科技时代则一方面是对轴心时代所取得成就的进一步发展，另一方面又为新的轴心时代的突破进行了必要的准备。

他在书中着重论述了轴心时代的意义及其特征。他认为，应当在公元前500 年左右的时期内和在公元前 800 年至前 200 年的精神过程中，找到这个时期。他所说的这个时期恰好是中国的春秋战国时期（公元前 770—前221）。雅斯贝斯认为，正是在那个时期，"我们同最深刻的历史分界线相遇，我们今天所了解的人开始出现"。① 他认为："最不平常的事件集中在这一时期。在中国，孔子和老子非常活跃，中国所有的哲学流派，包括墨子、庄子、列子在内的诸子百家都出现了。像中国一样，印度出现了《奥义书》（Upanishads）和佛陀（Buddha），探究了一直到怀疑主义、唯物主义、诡辩派和虚无主义的全部范围的哲学可能性。在巴勒斯坦，从以利亚（Elijah）经由以赛亚（Isaiah）和耶利米（Jeremiah）到以赛亚第二（Deutero-Isaiah），先知们纷纷涌现。希腊贤哲如云，其中有诗人荷马，哲学家巴门尼德、赫拉克利特和柏拉图，许多悲剧作者，以及修昔底德和阿基米德。在这数世纪内，这些名字所包含的一切，几乎同时在中国、印度和西方这三个互不知晓的地区发展起来。""这个时代的新特点是，世界上所有三个地区的人类全都开始意识到整体的存在、自身和自身的限度。人类体验到世界的恐怖和自身的软弱。他探询根本性的问题。面对空无，他力求解放和拯救。通过在意识上认识自己的限度，他为自己树立了最高目标。"②

雅斯贝斯对这个时期对于人类文明发展之重要性给予了高度的评价："直至今日，人类一直靠轴心期所产生、思考和创造的一切而生存。每一新的飞跃都回顾这一时期，并被它重新点燃。……轴心期潜力的苏醒和对轴心期潜力的回忆，或曰复兴，总是提供了精神动力。对这一开端的复归，是中国、印度和西方不断发生的事情。"③

"在'轴心时代'光辉人性的照射下，它之前的所有时代都向它而趋赴，似乎都在为它的到来做一种准备；它之后的所有时代又都一次次地回味于它"④

对于轴心时代的中国、印度、西方世界三大文明同时发展现象及其对于

---

① ［德］卡尔·雅斯贝斯：《历史的起源与目标》，魏楚雄、俞新天译，华夏出版社 1989 年版，第 7—8 页。

② 同上书，第 8 页。

③ 同上书，第 14 页。

④ 同上。

人类文明进程意义的关注，并非始于雅斯贝尔斯。在他发表其观点之前，中国近代史上许多思想家都注意到这一现象，并对之进行了描述，只是他们没有提出"轴心时代"这一概念而已。梁启超对这一时期人类的文明发展及其意义给予了特别的关注，他说："当春秋战国之交，岂特中国民智为全盛时代而已，盖征诸全球，莫不尔焉。自孔子、老子以迄韩非、李斯，凡三百余年，九流十家皆起于是，前空往劫，后绝来尘，尚矣。……由是观之，此前后一千年间，实为全地球有生以来空前绝后之盛运。兹三土者，地理之相去如此其辽远，人种之差别如此其淆异，而其菁英之磅礴发泄，如铜山崩而洛钟应，伶伦吹而凤凰鸣。於戏！其偶然耶，其有主之者耶，姑勿具论。要之此诸贤者，同时以其精神相接构、相补助、相战驳于一世界遥遥万里之间，既壮既剧，既热既切。"① 闻一多先生在其《文学的历史动向》中写道："人类在进化的途程中蹒跚了多少万年，忽然这对近世文明影响最深的四个古老民族——中国、印度、以色列、希腊却差不多同时猛抬头，迈开了大步。约当纪元前一千年左右，在这四个国度里，人们都唱起来，并将他们的歌记录在文字里，流传到后代。"②

虽然对为什么几乎在同一时期，中国、印度和西方这三个互不知晓的地区发展起来的原因，学者们没有给出一致较具说服力的解答，但对这一时期人类文明发展的意义则都给予高度的赞颂。

可以肯定地说，就轴心时代出现的世界三大文明现象，对于人类文明发展与历史进程的意义而言，无论怎样赞颂都不为过。按照雅斯贝斯的观点，轴心时代不仅"突破"了人类以往的文明，而且开启了各自文明后来的发展方向——世界三大文明的源头。此外，就轴心时代世界三大文明体系中不约而同地出现那批伟大人物对自己的文明所产生的深刻影响而言，也是至今无人能望其项背的，他们基本奠定了这三大文化的精神脊梁。站在今天的时代背景下来反观这一段历史，我们似乎仍能深刻地体会到这一点。

轴心时期文明突破对世界文明进程的积极影响没有人会怀疑，但值得今人思考的是为什么政治的动荡反而带来了文化的繁荣？许倬云对此的论述应该算是一种合理的答案。他说："文化的发展不必一定在统一时有长足的进步。在政治分裂的局面下，思想方面反而会出现对后世具有长远影响的新学

---

① 梁启超：《论中国学术思想变迁之大势》，上海古籍出版社 2006 年版，第 40 页。
② 凡尼、郁苇编：《闻一多作品精编》，漓江出版社 2004 年版，第 314 页。

说与新理论。……何以在政治分裂的局面下，反而文化的动力会出现？我以为，至少有一部分原因是由于战乱造成的不安，驱使一些有识之士去思考人生的许多大问题：生死、天人、古今，各项永恒的关怀，都因为犹疑恐惧而呈现为直接而又具体的经验。人为此而思想，也经此刺激而提出新的解答。另一方面，在政治分裂的局面下，政治不定于一尊，思想也不定于一尊，思想的正统，更不能凭借政治的权威，排斥异端。为此，在统一的局面下，异端只能出现于边陲，在分裂的局面下，争鸣的百家可以在各地茁生。"①

二 士阶层的形成及其独立意识的觉醒

就中国的轴心时代而言，它出现的意义不仅在于开启了中华文明的源头，形成了文化相对独立于政治发展的轨迹，更为重要的是它还导致了"士"这一文化阶层的产生，并将批判与超越的精神赋予了他们。

（一）士阶层的形成

我们说"士"是乌托邦精神的承载主体，即在"士"的身上我们看到了或说体现了作为乌托邦基本内涵的批判精神与超越精神。在此，我们要讨论的是"士"这一阶层是如何兴起的，为什么"士"能成为乌托邦精神的承载主体。

只要对中国传统文化有基本了解的人，一般不会忽略传统社会中"士"这一群体及其所代表的文化现象，但当进一步追问什么是"士"，并希望对"士"这一概念进行科学界定时，就并不那么容易了。

关于"士"之起源，有人从文字训诂入手，有人从文献着眼，得出了许多完全不同的解释：有人认为"士"原本是周代的"官"，有人认为是从事耕作的农夫，也有人认为士最初是武士。这些解释都有各自的理由，因为"士"在作为一个阶层出现之前确乎可以是散落于不同行业不同环境中的人。但这并没有说明分散于不同行业中的这些人是如何在特定的背景下形成一个具有共同特征的社会阶层的。冯友兰先生采用刘歆关于诸子各家缘起的理论，认为在周朝前期，吏师不分，政府各个部门官吏负有传授相关知识的责任（分管礼乐的传授礼乐，分管武艺的传授武艺，等等），官吏和贵族诸侯

---

① 许倬云：《历史分光镜》，上海文艺出版社 1998 年版，第 282 页。

一样是世袭的，因此，当时只有"官学"，没有"私学"。即当时没有私人教师，担任教师的都是政府官吏。后来，周朝皇室失去权力，官吏们也失去原有的优裕地位，而散落民间，他们便以私人身份招收学生，传授知识，由"吏"变为"师"，即出现了官吏与教师的分化。正是在这种分化的过程中出现了诸子百家。各种知识的官方代表散落民间后，发挥各自专长，有的以讲授经书、礼乐见长，成为"儒士"；有的精通兵法或武艺，成为"侠士"；有的擅长辩论，成为"辩士"；另一些以巫医、星相、占卜术数见长，成为"方士"；还有一些凭借对政治的实际知识，献纵捭阖之策，成为诸侯王公的顾问或官员，成为"法术之士"；还有一些人，具有学识才干，而对当时的政治失望，遁入山林，成为"隐士"。① 表面上得出的是诸子各家的起源，实际上这些散落民间的各家"士人"正是构成早期士阶层的基础。这也同时传递给我们一个信息，即早期的"士"包含各派各家的人，意指专门从事教授各类文化知识与技艺的私人教师或官家顾问等，与后世人们通常说起的"士"是很不一样的。但其中也透露出"士"阶层与文化事业联系在一起，早期以武士解士的说法已成为历史，"士"多指文士。余英时先生在考证大量文献的基础上，也就"士"的起源进行了论述，他认为构成"士"阶层的主体应来自两个群体，一是古代贵族中最低的一个集团（分为上士、中士、下士），这集团中最低的一层即"下士"，与庶人相衔接，其职掌的是政府各部门的基层事务。另一部分是庶民中的佼佼者，因为有文献资料表明，春秋战国之际，"农民之秀出者可上升为士"。"由于贵族分子不断地下降为士，特别是庶民阶级大量地上升为士，士阶层扩大了，性质也起了变化。……士已从固定的封建关系中游离出来而进入了一种'士无定主'的状态。这时社会上出现了大批有学问有知识的士人。……"②

李青春认为，春秋战国时期，西周宗法制土崩瓦解，社会的分化、改组使原来许多有文化知识的贵族沦为庶民，他们将文化带到民间，并促进了私学的兴起，于是许多庶民的子弟也通过私学而获得文化知识。这样由来自这上下两个方面的人员就构成了一个新的社会阶层。这个阶层就是"士"。这一说法基本上采纳余英时的观点。应该说关于中国"士"阶层的起源似乎没

① 参见冯友兰《中国哲学简史》，新世界出版社 2004 年版，第 28—31 页。
② 余英时：《士与中国文化》，上海人民出版社 2003 年版，第 15 页。

有太大的疑义。①

那么"士"作为一个阶层，在中国历史舞台的出现，对中国后来的历史发展，尤其是文化历史的发展产生怎样的作用与影响呢？士阶层本身又在历史的进程中发生了怎样的变化与转型呢？李青春认为："士人阶层的出现，标志着中国古代文化系统与政治系统的第一次分离，自此之后，精神文化的传承、发展、创造的重任就由士人阶层来承担了。""尽管后代不少统治者曾极力恢复学术文化系统与政治系统的统一，但士人阶层作为文化的主要承担者这一事实，是再也无法改变了。正是由于有共同的文化遗产，共同的文化传播与创造任务，才使士人形成一个具有共同特征的社会阶层。"②

（二）士的主体意识的觉醒及其对后世的影响

综合中国传统士人的整体风貌，最能代表其精神特质的，莫过于批判精神、超越精神及其道德理想主义。而这一切的文化源头，则可归结为士人自我意识的觉醒。而人类自我意识的觉醒似乎又必须从轴心时代"文明的突破"（余英时称为"哲学的突破"）中寻找依据。

雅斯贝尔斯认为，轴心时代"文明的突破"带给这些地区的人类的意义是不可估量的。"一旦产生轴心期的突破，在突破中成熟起来的精神一旦被思想、著作和解释传送给所有能倾听和理解的人，突破的无限可能性一旦变得可以察觉，由于掌握了突破所具有的强烈和感受到了突破所表达的深度，而跟在轴心期后面的所有民族，都是历史的民族。伟大的突破就像是人性的开始，后来同它的每一次接触就像是新的开始。在它之后，只有开始展现人性的个人和民族才是在正史的进程之内。不过这种人性的发端不是藏匿的、精心谨守的秘方，而是迈入到光天化日之下。它充满了对交往的无限渴望，将自己展示给一切人，把自己暴露在任何检验与核实面前。然而，只有为它准备就绪的人才能了解它。在此范围内，它是个'公开的秘密'。凡是被它改造的人都苏醒过来了。在理解和吸收过程中，新的开端产生了。意识的传递，可信的著作和研究成了必不可少的生活要素。"③

---

① 李青春：《乌托邦与诗——中国古代士人文化与文学价值观》，北京师范大学出版社1995年版，第1页。

② 同上书，第2页。

③ ［德］卡尔·雅斯贝斯：《历史的起源与目标》，魏楚雄、俞新天译，华夏出版社1989年版，第66—67页。

　　雅氏所揭示的人类的这种觉醒既是伟大的，同时也是痛苦的。伟大之处在于人类从此不再无意识、顺从地接受一切思想、习惯和环境，而是有意识地不断探究自身和外部世界，并以此开创人类意识的文明史；痛苦的是人类认识到自身的有限性，并且要在直面自身的有限性中寻找解脱与超越之途。

　　从雅氏的论述中，我们还可以看出，并不是所有处在轴心时代的人们都有能力感受、察觉这种时代的突破，并在突破中觉醒，更不是所有的人都能够将在突破中成熟起来的精神以适当的方式传送给他人，而且被传送者也未必都有倾听和理解的能力。

　　在中国，首先承担起这份伟大与痛苦，并肩负起传送时代精神使命的就只能是形成于那个时代的士阶层。因为，只有他们——形成于并经历了轴心时代的突破——尤其是他们中的佼佼者才能直接感受到这种文明的突破，也只有他们才能把"在突破中成熟起来的精神"以思想、著作和解释的方式"传送给所有有能力倾听和理解的人"。从出场的那天起，他们就只能面对这个觉醒了但却充满了灾难与不幸的时代。面对礼崩乐坏、战争频仍、生灵涂炭……他们立志于重建良好的社会秩序，他们或奔走呼号于诸侯列国，苦口婆心地劝说国君们推行仁政，以此再现"三代之治"（遗憾的是当时真正愿意或能够倾听他们的当政者确实不多）；或以自己的智慧和才能促使战争的发动者不敢轻易出战而被迫停止战争，以此救百姓于水火中（如著名的"班墨之争"中墨子的壮举）。面对臣弑君、子弑父的人伦悲剧和战乱中暴露的人性丑恶，他们或高举人性本善的旗帜，并以身示范，向世人展示人性的光辉；或设坛讲学、著书立言，以此宣扬推广其道德理想。"士人阶层有明确的主体意识，他们承担着文化，文化又赋予他们伟大的使命感。他们的主体意识表现在重新建构社会价值系统的企图上：向上规范君主，塑造理想的统治者形象；向下教化百姓，建立理想的人伦关系与社会风俗。"① 李青春对士人主体意识的概括，即"向上规范君主，塑造理想的统治者形象；向下教化百姓，建立理想的人伦关系与社会风俗"，基本上体现了形成于轴心时代并持续影响了中国历史2000余年的士阶层尤其是儒家士人的主体意识。致力于规范君主，塑造理想的圣贤明君是中国士人根深蒂固的心理情结，因为在专制体制下，士人要实现"重构社会价值系统"——变无道社会为有道社会

---

　　① 李青春：《乌托邦与诗——中国古代士人文化与文学价值观》，北京师范大学出版社1995年版，第2页。

的理想，就必须让社会接受他们的价值观念，首先当然也必须是先向最高统治者灌输他们的价值观念，使之接受并通过其政治权力全力推行，这也是轴心时期诸子各家奔走各国游说君主接受其观点的原因所在。基于这种认识，中国传统士人把忠心辅佐明主，或者把自己辅佐的人培养成明主就成了他们念兹在兹的梦想。于是，只要他们遇到自己理想中的明君或他们认为可以塑造成明君的服务对象，就会为之肝脑涂地、鞠躬尽瘁，管仲、乐毅、霍光、诸葛亮，概莫能外。但他们辅佐君主有自己的底线原则，即坚持"以道事君"，如果君主违背了他们持守的基本道德原则，他们绝不会为了所谓的官位而迁就，而是选择退出庙堂，专注于修身齐家，即所谓"独善其身"。但他们绝不会因此就完全放弃对社会、政治、民生的关注，他们仍会观察、分析，一旦有机会，就要干预社会生活，去实现治国平天下的抱负。

士人渴望塑造"理想统治者形象"并不是最终目的，其最终目的是要借助理想统治者（中国式的"哲学王"）的统治，实现理想的社会秩序。因此，从根本上说，中国传统士人的理想最后都落实到构建良好的社会秩序上，即构建有道社会的努力上，这也是中国士人心系天下道德情怀与主体意识的体现。可以说，正是士人觉醒于轴心时代的自我意识，以及基于这种自我意识的"以天下为己任"的道德理想主义和社会担当精神，使之成为中华文明传承的主体和乌托邦精神的承载者。

三 士与轴心时代高扬的乌托邦精神

形成于轴心时代的士人秉承了那个时代赋予他们的自我意识，以及基于这种自我意识而形成的批判与超越精神和它集中体现的道德理想主义。

（一）士人的批判精神及其表达

在中国历史上延续了两千多年之久的士阶层，无论其社会地位、个人际遇如何，始终以不同的方式执著地表达着对现实社会的关注与批判，并在此基础上不断构建其理想中的社会秩序；始终执著于对宇宙人生的思考，并在此基础上追寻着个体人格的完善与精神的超越。具体而言，士的乌托邦精神或情怀主要表现在以下几个方面：一是对现实的批判精神。与特定时代社会背景及其身份和专长相适应，士人批判现实的方式是多种多样的。在政治相对清明的时期，常常以较直接的方式表达自己的思想，如在朝士大夫对皇帝的劝诫、上言，在野士人对朝政和时局的评价议论等；在政治环境险恶的情况下，则不得不以曲折的方式表达，借助"春秋笔法"。即使在同一时代，士人对社会的批判也因其不同的哲学观念而表现得完全不同。崇尚儒家思想的士人可能会选择直接批判或讽喻而达到干预现实的目的，而崇尚道家思想的士人则可能以逃避的方式来表示对现实政治的不合作，以此表达其对现实的不满和批判。他们还可以通过直接构建一个"乌托邦"来表达对现实的批判。

很显然，士人对社会现实的批判只是手段，其目的在于诊治社会，最终是要实现其"变无道社会为有道社会"的理想。纵观中国历代士人，不管是体制内的士大夫，还是在野的一般读书人，不管其干预社会的能力有多大，无不表现出对社会现实与世态人情的关注。尽管表达的方式和产生的效果很不一样，但其宗旨都是希望并努力以自己的价值观念和道德理想去影响与规范社会。

应该说士人批判意识的形成，是与其特定的社会角色相关的。从士的起源看，他们来自贵族中的下层和庶人中的优秀者，正处在贵族与平民的交接点上。他们了解政治的规则，深知其中的黑暗与腐败，也了解并能切身体验到百姓的疾苦和需求。

他们也向往仕途，并希望通过主动介入政治，在一定程度上推进政治的清明和社会秩序的改进。但"又不甘心仅仅成为统治者的工具，而是努力按自己的价值观去干预社会政治"。① 正是这种既渴望进入现行政治体制又不愿失去自我的原则去迎合现行政治的矛盾与无奈，激发了他们强烈的批判意识。

（二）士人的超越精神及其表达

士的超越精神表现在"他们不仅要改造社会，而且追问自然宇宙、社会人生的最高价值本原"，"他们超越意识的外在表现是高悬一个形上范畴（道、天理等）在客观世界之上；其内在表现是标举一个人格境界（道家的"清静无为"与儒家的"君子圣贤"等）在自己心中。前者使他们以卫道者自居，获得与君权抗衡的精神依托，后者让他们坚持自我修持，进行人格的自我提升。孔子的'人能弘道，非道弘人'，孟子的'存心养性'与'养

---

① 李青春：《乌托邦与诗——中国古代士人文化与文学价值观》，北京师范大学出版社 1995 年版，第 2 页。

气'是儒家士人这两种超越意识的概括。老子的'人法地、地法天、天法道、道法自然'与庄子的'逍遥'是道家士人这两种超越意识的体现"。①

在两千多年的历史发展中，士人阶层尽管始终是文化的主要承担者，具有独立性、主体性与超越性，但他们在不同历史时期又有不同表现。先秦是士人阶层产生的时期，也是士人阶层总体特征最为突出的时期。此时由于社会动荡和多元化的政治格局，因而"士无定主"，他们被称为"游士"——可以自由选择自己的居住地与服务对象。"危邦不入，乱邦不居"是他们选择自由的证明。先秦诸子是这一时期士人阶层的精神代表，他们几乎人人怀有重建社会价值体系的宏图大志，人人具有独立思考、特立独行的品格。他们创立的思想学说在两千多年中国文化学术的发展史上起到了基本范型的伟大作用。②

"无论是伏羲的'仰观俯察'还是周公的'制礼作乐'，均表明思想精英是精神文化最主要的创造者。东周虽然'礼崩乐坏'，但社会控制的瓦解和列国竞争的需要却激发了社会的活力和思想的解放，催生了独立的精英阶层与多元的价值取向，创造出绚丽多彩的诸子文化。这表明在百家争鸣的'轴心时代'，中华民族的文化自觉曾率先在思想精英身上迸发。"③

四 士的文化传统及其道德属性

士作为一个阶层在中国历史上存在的时间，按余英时先生的分析，大约起自春秋、战国之交的孔子时代（约公元前551—前479），结束于19世纪与20世纪交替之际，准确地说止于光绪三十一年（1905）科举制度的废止，历经两千余年，在中国历史上形成了一个源远流长的传统。余英时认为，在这个传统内部虽出现过"断裂"，但都是内部的断裂，是局部而不是全面的。而且每经过一次"断裂"，士的传统也随着推陈出新一次，在一个接一个的内部"断裂"中更新自身。余先生还借用杜牧《注孙子序》关于"盘之走丸"的论说来说明两千余年士的传统之连续性。他将士的传统比之于

① 李青春：《乌托邦与诗——中国古代士人文化与文学价值观》，北京师范大学出版社1995年版，第2页。

② 同上书，第3页。

③ 王四达：《从"文化幻觉"到"文化自觉"——鸦片战争前后精英思想的嬗变及其启示》，《社会科学》2002年第4期。

"盘"，把士在各个阶段的活动，特别是那些"断裂"性的发展，比之于"丸"，认为在两千多年源远流长的士的传统中，士的种种思想与活动，尽管"横斜圆直，计于临时，不可尽知"，但并没有越出"传统"的大范围，正如丸之走盘一样。而到晚清这一传统终于走到"丸已出盘"，在中西文化的撞击中，原有传统架构已不足以统摄士的新"断裂"活动了。①

那么余先生所说的这个士的传统是什么呢？应该是士人所推崇并终身追求的价值系统，这个价值系统在不同时代会有不同的表现和取向，但其中仍有一条一以贯之的主线，即希望通过参与"治天下"，实现变"无道社会"为"有道社会"的理想，其源头是孔子为士所下的"志于道"的规定（确切地说，孔子的"志于道"只是儒士价值体系的源头，但其涵括的意旨确实又可成为整个传统士林共同的价值系统的核心）。因此，士这一概念从一开始便被赋予了明显的道德属性。这一道德属性经世代士人的社会实践，被不断强化，成为士的身份之重要特征。特别是儒学定为一尊后，士的道德特征更加凸显，以至于在民间的价值观念中，通常讲到"士"时，人们自然会想到古代读书人中那些学富五斗、充满智慧、忧国忧民、为民请命的仁人志士，想到那些出口成章、潇洒脱俗、傲视权贵、崇尚自由的名士。而有些虽然智慧过人、富有才华，但因为在道德品质上有污点，如和珅、严嵩等，则基本上被"排除"在"士"的范围之外。人们甚至因为过于厌恶其为人而有意识地"忘记"他们的才学，在许多文艺作品中他们常常被描绘成不学无术、专营溜须拍马之辈。这从一个层面折射出人们对"士"这一概念的基本观点和对士的道德期待。从高标准来看，士（其中较杰出的代表）必须具备以下几个基本条件：第一是富有才学——拥有传承文化、教化风俗的能力；第二是品德高尚——拥有传承道统、引领世风的资格；第三也是最重要的是必须具有高度的社会责任意识——拥有以天下为己任的救世情怀与构建良好社会秩序的主体自觉。当然，如果不是太苛求的话，只要具备上述条件之一的也就基本可以算是"士"了。但总体而言，人们期待中的"士"，必须一定是受过良好教育有知识有文化的读书人，但并不是所有读书人都能成为"士"。我们很难按照一个特定群体的概念来简单地界定"士"。就像现代以来一直没有一个准确的关于"知识分子"的概念一样，常常代之以"代表社会良心"等表述。余英时先生认为，"士"是随着中国历史各阶段的发展

① 余英时：《士与中国文化》，上海人民出版社2003年版，第5页。

而以不同的面貌出现于世的。在先秦是"游士"，秦汉以后则是"士大夫"。而在秦汉以后的两千多年中，士又可以更进一步划分成好几个阶段，与每一时代的政治、经济、社会文化、思想各方面的变化密切呼应。秦汉时期，"士"的活动集中表现在以儒教为中心的"吏"与"师"两个方面。魏晋南北朝时期，"教化"的大任已从儒家转入释氏的手中。隋、唐时期除了佛教徒之外，诗人、文士如杜甫、韩愈、柳宗元、白居易等人更足以代表当时"社会的良心"。宋代儒家复兴，范仲淹所倡导的"以天下为己任"和"先天下之忧而忧，后天下之乐而乐"的风范，成为后世"士"的新标准。①

　　从余英时先生的观点看，"士"的最基本特征应是社会责任感——以天下为己任，即能代表他所生活的那个时代的"社会良心"。尽管他们所谓的社会责任感或是"良心"，未必能够经得起社会发展道德普遍性标准的考量，但作为其社会责任感的支撑的批判与超越精神，则是确定存在的。这就注定了"士"必然成为乌托邦精神的承载主体。

---

　　① 余英时：《士与中国文化》，上海人民出版社2003年版，第7页。

第三章

轴心时代的道德乌托邦：
变无道社会为有道社会

　　春秋战国时期，是一个"礼崩乐坏"的动荡、无序的时代。生活在那时的人们是痛苦的，他们历经了"易子而食，析骸而炊"的人生悲剧；目睹了"老弱转于沟壑，壮者散而之四方"①和"殊死者相枕"、"桁杨者相推"、"刑戮者相望"②的现实惨状；同时还不得不面对"子弑父、臣弑君"的人伦丑剧……然而恰恰是在这样一个动荡、无序乃至无道的社会里，刚刚觉醒的士人群体从各自不同的理想和愿望出发，自觉担当起"救世"的重任。他们抱着变无道社会为有道社会、使无序社会成有序社会的理想，并将其理想转化为对社会秩序的构建和个体道德人格与人生境界的追求，为之殚精竭虑、皓首穷经，最终以他们的智慧才华、人格力量和理想主义精神，照亮了那个动荡无序的时代并将其推进了世界文明的核心，赢得世界轴心期三大文明中心之一的殊荣。而他们自身也成为了闪耀在中华民族历史天空中的璀璨群星，永远照耀着后世。活跃在轴心时期的诸子百家在文献中留下记载的有儒家、道家、墨家、法家、农家、阴阳家、纵横家、兵家、名家、杂家、小说家等。其中的儒、墨、道等家思想家们在创立其学术流派的同时，以其高度的主体意识和道德自觉、深切的救世情怀与超越境界，为后世谱写了一曲道德理想主义的赞歌。

---

① 《孟子·梁惠王下》。
② 《庄子·在宥》。

一 儒家的救世理想与个体人格追求

儒家思想是对中华文明，包括中国人的政治生活和普通百姓的日常生活影响最深广的理论体系，以至于在中国人的日常观念和认识中，儒家思想几乎成了中国传统文化的同义词。在两千余年的历史时空中，儒家思想可谓命运多舛，各时代的统治阶级根据各自的需要，时而将其推上巅峰，时而弃之如敝帚。而儒家创始人及其主要代表人的命运也跟着跌宕起伏，时而被推上圣坛顶礼膜拜，时而踏在脚下成为射击场上的靶子。而儒学本身却超越跌宕多舛的命运，顽强地走向现代，并在行进的过程中汲取各家之源，丰富充盈着自身，最终以其坚实的理论内涵和执著的现实关怀占据了中国传统文化的主流地位。正如梁启超所说："我们这个社会，无论识字的人与不识字的人，都生长在儒家哲学空气之中。""自孔子以来，直至于今，继续不断的，还是儒家势力最大。自士大夫以至台舆皂隶普遍崇敬的，还是儒家信仰最深……研究儒家哲学，就是研究中国文化"、"中华民族之所以存在，因为中国文化存在；而中国文化，离不了儒家"。①

（一）儒家救世济民的主体意识及其表现

先秦是中国士阶层形成时期，也是士的主体意识表现得最充分的时期。如冯天瑜所说："春秋以降，礼崩乐坏的社会变动，使士大夫从沉重的宗法枷锁中解脱出来，他们不再像巫吏那样全然依附王室，而赢得了相对人格的独立。"② 儒家士人积极奉行入世原则，因此他们的主体意识较之其他诸子各家又表现得更加突出：一是坚持"以道进退"的基本原则；二是传承先王道统的自觉意识；三是关注民生的人道情怀。

"以道进退"是原始儒家恪守的基本原则。儒家的"道"是一个内涵丰富的道德概念，基本涵盖了儒家所推崇的一切道德原则和规范，是代表儒家伦理思想的一个综合概念。孔子的"士志于道"③ 基本上确定了儒家士人的价值取向。他说："天下有道则见，无道则隐。邦有道，贫且贱焉，耻也，

---

① 梁启超：《清代学术概论·儒家哲学》，天津古籍出版社 2003 年版，第 106 页。
② 冯天瑜：《中国文化人的三个发展阶段》，《中国文化研究》1995 年（春之卷）。
③ 《论语·述而》。

邦无道，富且贵焉，耻也"①，将道作为个人出处（儒家关于出世入世的哲学观）和处世为人、择业谋生的基本依据。儒家还主张安贫乐道，坚持以道为取舍，即所谓的"富与贵，是人之所欲也；不以其道得之，不处也。贫与贱，是人之所恶也；不以其道得之，不去也"。②"君子谋道不谋食……忧道不忧贫。"③ 孔子盛赞颜回的道德境界，即是因为颜回已达到了他所崇尚的超越外界客观物质环境、完全进入体道境界的人格修为。后来孔子所倡导的这一境界被宋代周敦颐提炼为"孔颜乐处"，成为了后世儒家向往的最高道德修为境界。在处理"道与势"的关系上，儒家坚持"道重于势"，以道抗势，绝不向势低头的原则，如孔子所说："所谓大臣者，以道事君，不可则止。"④

恪守"以道进退"的原则，使得先秦儒家士人获得了精神上的自由。虽然他们必须面对自我意识觉醒后所看到的人类的有限性，甚至要面对那个很难做人的现实环境。但他们却有"危邦不入，乱邦不居"的选择自由。虽然他们没有恒产也不富有，但却能够很有尊严地生活着，这种尊严来源于他们"重道轻势"的价值取向，因为有道在手，便有尊严。面对强权和利益，他们可以进退自如，卫灵公向孔子问军队列阵之法，孔子反对战争，于是婉言回答说："祭祀礼仪方面的事情，我还听说过；用兵打仗的事，从来没有学过。"第二天，孔子便主动离开了卫国，放弃了卫灵公给予他的"粟六万"的待遇。因为"道不同，不相为谋"。⑤ 原始儒家"以道进退"原则的持守和身体力行的努力，不仅为自己赢得了人格尊严，同时也一定程度上形成了"重道轻势"的世风。从文献看，当时国君们却经常用"可得闻与？""可得闻乎？"的咨询口气与士人们说话，而士人们则可以毫不保留地阐说自己的政见，虽然他们的许多观点，可能不被接受，但也绝不会给他们带来太大的麻烦，每次都能全身而退。从中可见当时社会风俗对士人的尊崇，也可见那些士人们精神上的自由与言行上的率性。

传承先王道统是原始儒家自觉的神圣使命。孔子坦言"吾从周"，表达了他对周朝道德秩序与礼乐制度的推崇。儒家从创立时起，直承上古德治与

---

① 《论语·泰伯》。
② 《论语·里仁》。
③ 《论语·卫灵公》。
④ 《论语·先进》。
⑤ 《论语·卫灵公》。

三代尤其是周朝礼乐制度，试图构建一个由具有尧舜之德的帝王治理、全社会都能自觉遵循周礼的等级分明、秩序井然的理想社会。儒家代表人物对上古圣王尧、舜、禹、汤、文、武，以及传统品性高洁的圣贤，如许由、伯夷、叔齐等推崇备至，他们抱着救世的理想，以"先觉者"的主体意识和自信主动承担起传承道统、塑造圣贤、教化百姓的责任。孔孟都坚信自己负有上天赋予的传承道统的使命。孔子说："文王既没，文不在兹乎。天之将丧斯文也。后死者不得与於斯文也。天之未丧斯文也，匡人其如予何？"① 孟子说："天之生斯民也，使先知觉后知，使先觉觉后觉；予，天民之先觉者也，予将以此道觉此民也。"② 传承道德的责任意识、"先觉者"的自信加上"志于道"的理想，原始儒家士人面对手握大权的君主，常常以"王者师"的身份自居。孟子就经常在国君们面前慷慨陈词，有时甚至把王者逼得进退维谷，那个可爱的齐宣王一口一个"寡人有疾"、"寡人好色"、"寡人好货"③，坦诚暴露自己的缺点，最后还被孟子逼问得"顾左右而言他"。孟子的老师子思拒绝与鲁缪公交友，说："以位，则子君也，我臣也，何敢与君友也？以德，则子事我者也，奚可以与我友？"④

民生关怀是原始儒家仁爱思想的集中体现。原始儒家士人是自由的，富有尊严的，但内心也是痛苦的。他们面对的是一个"礼崩乐坏"、"邪说暴行"不断发生的动荡、无序的时代。他们历经了"老弱转于沟壑，壮者散而之四方"⑤ 和"殊死者相枕"、"桁杨者相推"、"刑戮者相望"⑥ 的现实惨状。儒家士人并非苦一己之苦，而是苦天下之所苦，苦先王礼乐之不存，苦天下百姓之流离失所，时代的苦难激发了他们强烈的民生意识和人道情怀。并将民生关怀上升到政治的高度，作为对统治者的根本要求和评价政治优劣的标准。《尚书》言"民可近，不可下。民惟邦本，本固邦宁"。劝说统治者要亲民不能轻民，认为民众的安居乐业是国家稳定的根本。孔子强调把人民的利益放在最高的位置，要求统治者要施仁政于民，并把"博施于民而能

---

① 《论语·子罕》。
② 《孟子·万章下》。
③ 《孟子·梁惠王上》。
④ 《孟子·万章下》。
⑤ 《孟子·梁惠王下》。
⑥ 《庄子·在宥》。

济众"① 看做是圣人的行为。孟子大胆提出"民为贵，社稷次之，君为轻"②的"民贵君轻"思想。荀子告诫统治者要重视人民的力量，认为民众的力量足以推翻一切暴君。他说："君者，舟也；庶人者，水也。水则载舟，水则覆舟。"③ 总之，原始儒家建立在"民贵君轻"基础上的民生关怀与民本主义思想对中国传统政治思想产生了深远的影响，成为了历代有识之士批判统治暴政的有力武器，同时也彰显了原始儒家深厚的民本思想和主体意识。

（二）"三代之治"的社会道德理想及其对后世的影响

所谓"三代之治"是被历代儒家极力推崇的所谓"以仁人之心行仁政而王天下"的理想社会政治，是儒家由"内圣"而"外王"道德追求的集中体现。"三代"，是指夏、商、周三代，《论语》和《孟子》中都有提及，如："斯民也，三代之所以直道而行也。"④ 朱子《四书集注》解："三代，夏、商、周也"；"三代之得天下也以仁，其失天下也以不仁"。⑤ 朱子《四书集注》解："三代，谓夏、商、周也。禹、汤、文、武，以仁得之；桀、纣、幽、厉，以不仁失之"；"不仁而得国者，有之矣；不仁而得天下，未之有也"。⑥ 朱子《四书集注》解："言不仁之人，骋其私智，可以盗千乘之国，而不可以得丘民之心。自秦以来，不仁而得天下者有矣；然皆一再传而失之，犹不得也。所谓得天下者，必如三代而后可。"

虽然孔孟都没有明确提出"三代之治"的概念，但从《论语》与《孟子》中对尧舜之德的推崇和对三代仁治良好状况的追述可知，所谓的"三代之治"是指被儒家奉为仁治楷模的由禹、汤、文、武统治下的夏、商、周三代，即以仁人之心行仁政的时代。司马迁在为孟子作传时，概括了孟子作《孟子》一书的意图在于当时"天下各方务于合从连衡，以攻伐为贤"，不施仁政。"当是之时，秦用商君，富国强兵；楚、魏用吴起，战胜弱敌；齐威王、宣王用孙子、田忌之徒，而诸侯东面朝齐。天下方务于合从连衡，以攻伐为贤，而孟轲乃述唐、虞、三代之德，是以所如者不合。退而与万章之

---

① 《论语·雍也》。
② 《孟子·尽心下》。
③ 《荀子·强国》。
④ 《论语·为政》。
⑤ 《孟子·离娄上》。
⑥ 《孟子·尽心上》。

徒序诗书，述仲尼之意，作孟子七篇。"① 从中可见孟子试图通过述唐、虞、三代之德，来匡正人心，改变当时"以攻伐为贤"的乱世思想，恢复三代仁治的良苦用心。这一思想对后世影响很大，在中国历史上，每遇政治黑暗、政局动荡，总会出现"回向三代"的呼吁与努力。到了宋代已出现大量使用"三代之治"的概念，"三代之治"也逐渐演变为"仁治、德治、良治"的代名词，同时也内涵着历代统治者意欲振兴纲纪的希望。

对"三代之治"的执著，很大程度上源于原始儒家的人性假设。人性本善的假设，是原始儒家构建其道德思想体系的基本理论前提。正是基于对人性的乐观假设，儒家在设置其道德目标时，常常不自觉地走向高远的境界，张扬着一种乌托邦的精神。表现在社会道德理想方面，期待并坚信"圣王"及其统治下的王道政治"三代之治"的出现；在个体道德理想方面，期待并坚信通过不断的自我修持可达至"内圣"的境界。而儒家的社会道德理想与个体道德理想常常是纠结在一起，无法截然分开的，因为无论是对圣王还是圣王统治下的仁政社会的期待，实际上都是对个体道德品质的期待。对圣王治理下的仁政社会的执著追求，彰显着对人之善性的肯定与信心。而个体修齐治平的道德进路及其内涵的由"内圣"而"外王"的逻辑，更是将个体道德境界与社会道德理想融为一体。

在实现道德理想境界的路径上，表现出对主体道德能力的充分信任与肯定，认为只要主体坚持自我修持，努力发扬人之为人的本性，就可以超越外在客观条件的限制，达至理想的境界，即"人皆可以为尧舜"②，"涂之人可以为禹"③。正是在这样一种思维逻辑的影响下，传统儒家在表达其治国理念时，自然选择了德治，并把实现德治的理想建筑在君王个体的品德上，着力塑造"圣王"，而忽视或有意淡化了外在的物质条件与制度环境。在儒家看来，人天生具有善端，即："恻隐之心，人皆有之；羞恶之心，人皆有之；恭敬之心，人皆有之；是非之心，人皆有之。""仁义礼智，非由外铄我也，我固有之也。"④ 每个人都有向善的潜能，因此圣王的塑造不仅可能而且必要。从可能性来看，因为"人皆可为尧舜"；从必要性来说，因为圣王推行仁政与人性相契合。可以说德治或仁政，是儒家性善论在政治领域的体现与

---

① 《史记·孟子荀卿列传》。
② 《孟子·告子下》。
③ 《荀子·性恶》。
④ 《孟子·告子》。

扩充。

"三代之治"，即"以仁人之心行仁政而王天下"的理想社会政治，是儒家由"内圣"而"外王"道德目标的体现。暂且不考证"三代之治"到底是出于历史事实，还仅仅是根据儒家内在的价值理想而构建起来的某种观念形态。但可以确定的是"三代之治"实际上是"圣王"之治。在儒家看来，只要最高统治者能正心诚意，持之以恒地以圣贤人格塑造自我、垂范百姓，在全社会形成人人皆以道德之是非为是非，那么，社会的政治理想即外王的事业就能顺利达成。儒家的这一信念在孟子的思想中体现得最为明显，他曾经说过："惟大人能格君心之非。君仁莫不仁，君义莫不义，君正莫不正，一正君而国定矣。"① 在孟子看来，一个不讲道德的人根本不配为君，即使坐在皇位上也不能称为君，只是一"独夫"而已。齐宣王问曰："汤放桀，武王伐纣，有诸？"孟子对曰："于传有之。"曰："臣弑其君，可乎？"曰："贼仁者，谓之贼；贼义者，谓之残。残贼之人，谓之一夫。闻诛一夫纣矣，未闻弑君也。"②

正是由于对"圣王"在达至理想社会治理中的作用过于乐观的估计，致使中国传统社会的主流价值导向始终逃脱不出道德本位的思维。尽管中国历史的走向实际遵循着"胜者为王败者寇"的霸道逻辑，但恪守儒家道统的中国士人从来拒绝以成败论英雄，这就是历代儒者坚持将汉唐盛世排除在道统之外的最根本原因。

纵观中国的历史，自先秦直至明末，虽有个别思想家曾提出过"无君论"（如东晋的鲍敬言）的设想，但终究只是漫漫历史长河中转瞬即逝的微光。总体而言，帝王的作用尤其是其道德统率作用始终被不断强调。南宋时，面对山河破碎的残局，以理学家为代表的士大夫们日思夜想的不是如何富国强兵，而是幻想着如何"回向三代"，如何通过"格君心之非"，塑造出一个理想中的圣王，并坚信只要这样，就能很快改变现状。这就是为什么当宋孝宗稍露收复之意，便令以朱熹为首的理学家激动不已，以为期待中的圣王即将出现，而一切问题终将迎刃而解。在此，圣王的力量实际上是道德的力量被无限放大，其结果必然是走向道德专制主义。

显然，对"三代之治"的追求就是对道德理想的追求，对圣王的推崇就

① 《孟子·离娄上》。
② 《孟子·梁惠王下》。

是对道德的推崇。在构建并传承这一道德理想的过程中，中国传统士人尤其是其中的儒士发挥着重要的作用，他们积极主动地将自己放置到构建这一道德理想的主体位置上。面对春秋战国时期社会的动荡不安，士人们以主体的自信和以天下为己任的道德情怀，自觉承担起塑造"圣王"的使命。他们以"王者师"的身份自居，期望能以自己的知识（主要是道德知识）和品德，去影响、规范君王，并通过规范君王以规范天下，最终实现社会由"乱"到"治"的救世理想。在实践其道德理想的过程中，士人们略带"傲慢"的自信，既是对"道尊于势"的坚持，更是对自身道德品性的肯定。带着这份毋庸置疑的自信，孟子的老师子思拒绝接受"王者之友"这个令后世士人深感荣耀的称号，坚持以王者之师自居。史载："缪公亟见于子思曰：'古千乘之国以友士，何如？'子思不悦，曰：'古之人有言曰：事之云乎？岂曰友之云乎？'子思之不悦也，岂不曰：'以位，则子君也，我臣也，何敢与君友也？以德，则子事我者也，奚可以与我友？'"[①]《孟子》一书中处处充溢着"王者师"的理想与志向，他对诸侯们的"道德教诲"或是"训导"无不透露出一种毋庸置疑的威严，处处展示着高扬的道德乌托邦精神。两宋的士大夫们直承孟子的道德理想主义，渴望自己能在实现"回向三代"和塑造现实"圣王"的神圣事业中有所作为。但残酷的现实使他们不得不退而求其次，将做"王者师"的理想降为"与君王共商国是"或"共治天下"。正因为如此，他们虽不愿接受王安石的"熙宁变法"，因为变法本身尤其是王安石的改革名言"天命不足畏，祖宗不足法，人言不足恤"触动了他们所极力维护的传统价值观念，但对王安石与宋神宗之间所形成的良好君臣关系却称羡不已。因为那正是士大夫渴望与君王共治天下的理想境界，虽短暂却极大地鼓舞了后来宋代的士大夫们。而当这一理想也无法实现时，便只有希望王者能接受劝诫，做个"近贤臣、远小人"的明君了（较之圣王，明君更倾向于事功而非修德），至于王者能否再尊奉"圣王之德"已是只可遇而不可求的境界了。尽管如此，历代士人都没有放弃这个极其渺茫的希望，他们仍然执著地做着遇上圣王的美梦，哪怕现实的君主已劣迹斑斑，他们还是等待着奇迹的降临。

　　总之，无论是对"三代之治"理想社会状况的不懈追求，还是对"圣王"、"明君"的期待，无论是对自我为"王者师"、"君王友"抑或为忠臣

---

　　① 《孟子·万章下》。

的努力，其中都包含着士人们永不放弃的道德乌托邦。那么他们的道德乌托邦在多大程度上得到了实现呢？

纵观春秋战国几百年历史，王者们虽然表现出对士人应有的尊崇和礼遇，但他们这样做大多只是为了装点门面，赢得一个爱才惜才的好名声，其根本目的却在于富国强兵，称霸天下。他们基本不相信"以仁人之心行仁政"能达到"王天下"的目标，因此也不愿面对具有"虎狼之心"的他国而冒险去实践仁政。从孔子及其弟子们周游列国的遭遇可见一斑，而孟子对诸王的"道德教诲"也只是得到表面的称颂与接受。他们欲以"王者师"的身份去实现其救世理想的愿望便成了永久的道德乌托邦，但他们并没有气馁，鼓舞他们最根本的信心源于历史上曾经出现过的"三代之治"。

对圣人治理下的"三代之治"的热切期待与不懈追求及其由此高扬的道德乌托邦精神，经过明末思想家颠覆性的批判，日渐式微，最终在列强的炮声和五四运动的呐喊中走向了终结。伴随着最后一个封建王朝清朝的覆灭，作为传统道德乌托邦精神承载者的士人也永远退出历史的舞台。然而延续了两千余年的思想观念却不会像一个王朝的覆灭一样简单，它会以各种方式存在于人们的思维中，影响着人们的现实生活。新中国建立初期高扬的共产主义理想以及由这种理想所激发的建设社会主义的热情，"文化大革命"期间将毛泽东推上神坛的大众激情以及为这种激情所点燃的非理智行为，从正反两方面显示着道德乌托邦精神的力量，同时也唤醒了人们沉睡已久的理性意识。这种理性的觉醒，昭示着一个理想主义时代的终结和一个民主时代的来临。

（三）"内圣外王"的人格理想及其对历代士人的影响

轴心时期是士阶层的兴起及其主体意识觉醒的时期。士的主体意识主要表现在两个方面：一是"以天下为己任"的社会责任感的形成和与此相应的"变无道社会为有道社会"的社会道德理想的构建与实践；二是内圣外王的人格理想与追求。因此就要讨论从儒家士人的人生理想与人格境界，以期从中挖掘出影响中国传统文化精神实质的士人人格境界及其超越价值。

"内圣外王"的概念，最初源于《庄子·天下篇》："犹百家众技也，皆有所长，时有所用。虽然，不该不遍，一曲之士也。判天地之美，析万物之理，察古今之全。寡能备于天地之美，称神明之容。是故内圣外王之道，暗而不明，郁而不发，天下之人各为其所欲焉，以自为方……后世之学者，不幸不见天地之纯，古人之大体。道术将为天下裂。"① 马晓乐将这段话解释为:"各家学说、各种技艺都有各自的长处，但是各家都不能包容全体，都有一叶障目，不见泰山之嫌。各家都自以为是，以他为非，把万物的道理搞得支离破碎，分裂了天地的整体之美，因此，内圣外王之道被掩蔽起来而得不到阐明，被堵塞起来而得不到发挥。"② 在此，庄子并未明确其"内圣外王"的真意，但从他对违背"内圣外王"之道术的批判，同时结合他关于圣人、真人、神人、至人的有关论述可知，庄子所追求的"内圣外王"境界，是指在内心按照道——化生万物的精神本体、宇宙运行的自然法则的要求，做到"观于天而不助，成于德而不累，出于道而不谋，会于仁而不恃，薄于义而不积，应于礼而不讳，接于事而不辞，齐于法而不乱，恃于民而不轻，因于物而不去"。③ 一切顺任万物的自然本性，在内心超越外在的拘束与现实的樊篱，达至"无待"和"逍遥"境界，实现个体生命向宇宙生命的升华;在外是通过使万事万物包括百姓在没有外界干扰的条件下独立、自然地发展，最终达到人与自然万物和谐融通，实现"至德之世"的理想境界。

原始儒家并没有提出"内圣外王"的概念，但对内圣外王理论却在《大学》中进行了系统的阐述。《大学》开篇即强调:"古之欲明明德于天下者，先治其国。欲治其国者，先齐其家。欲齐其家者，先修其身。欲修其身者，先正其心。欲正其心者，先诚其意。欲诚其意者，先致其知。致知在格物。物格而后知至，知至而后意诚，意诚而后心正，心正而后身修，身修而后家齐，家齐而后国治，国治而后天下平。自天子以至于庶人，一是皆以修身为本。"后人将这段话概括为八条目，其中，"修身、齐家、治国、平天下"，是外王的事业;正心、诚意、格物、致知，是内圣的境界。

仅从字面上看，儒道两家关于"内圣外王"的路径并无天壤之别，甚至有相通之处，"内圣"皆指通过自我道德修持达到或近于"道"的要求，"外王"是指将获得的"道"显露于外，造福于百姓社会，实现理想的社会秩序。

但由于道家之"道"与儒家之"道"的内涵特别是体认方式不同——正像道家也强调圣人，而其关于圣人的内涵与儒家推崇的圣人品德截然相反

---

① 《庄子·天下篇》。

② 马晓乐:《庄子、郭象圣人观之比较》，《齐鲁学刊》2004 年第 4 期。

③ 《庄子·在宥》。

一样，导致了他们所说的"内圣外王"目标与境界也是不同的。

道家之"道"是最高的形上范畴，是化生天地万物的精神本体；儒家之"道"则是指以仁为核心的最高道德法则，即孔子所说的"士志于道"之道①。

道家眼中的圣人并不具有固定的现成的道德标准与行为准则，并不以主观之心去判别善恶是非。圣人抛弃自己的私欲和期望，仅把无所偏执、无所关联之心敞开到百姓之中去，随顺天下万物百姓的本真存在，因而百姓的耳目专注于圣人。圣人不去搅扰百姓，让他们回归到婴儿般的纯真状态。圣人以敞开自由之心胸对待善者与不善者，信者与不信者，让其按照最本己的能在去存在。② 因此，道家的内圣外王追求的是遵循道之"自然"与"无为"，对内体悟并达至"无待"、"逍遥"的人格境界，对外追求"无为而无不为"的社会政治理想。

而儒家眼中的圣人是积极有为的，在内心执著于仁的目标与要求，全方位塑造自我；在日常行为上做到视、听、言、动完全合于礼，在人伦关系中，坚守以孝为根本的亲亲人伦秩序；在人际交往中，自觉遵守忠恕之道；在人生价值与境界上，追求参与天地化育万物的天人境界。在外在事功方面，能以天下为己任，积极主动地承担起弘道的责任，并且能根据时势需要调整自己的路径，即在政治清明时，将提升自身内在修养与维护现有秩序有机统一，做到"修己以敬，修己以安人，修己以安百姓"③；而在政治黑暗时，则能做到舍生取义，义无反顾地承担起批判现实，重新构建有道社会的神圣责任。

如果目前理论界关于《大学》为曾子所作的说法能得到确证，那么显然《大学》成书的年代要早于《庄子》，因此道家只是先提出"内圣外王"的概念，而有关内圣外王的人格理想追求应该源于儒家。大概后世儒家借用了道家"内圣外王"这一概念，来表达与传承儒家内圣外王的人格理想与价值观，以至于后世"内圣外王"成了儒家的专用概念，也成为了传统士人尤其是儒家士大夫永恒追求的人生目标和人格理想。这也是后世儒道两家相互援引，互渗融通的例证。

----

① 《论语·述而》。

② 参见娜薇《神圣在于寻常——道家的圣人在世与海德格尔的诸神在场》，《社会科学战线》2003 年第 2 期。

③ 《论语·宪问》。

　　儒家内圣外王价值目标与人格理想的确立,也源于对人性的乐观估计,即相信人性本善,即便像荀子那样主张人性恶的儒家也坚信,可以通过教化、化性起伪,引导人性向善的方向转化。对人性本善或人性可向善的信心,是原始儒家极具理想主义色彩的一个方面,也是儒家道统中最感人的一面。儒家创始人生活的轴心时代,是人类的有限性乃至恶性充分暴露的时代,人类的贪婪、残暴、冷酷、嫉妒、狂妄、虚伪、卑鄙,在"老弱转于沟壑、壮者散而之四方"①和"殊死者相枕"、"刑戮者相望"②的动荡与残酷现实中,不加掩饰地充分展露。正是在这样的现实中,觉醒于动荡中的儒家士人们尤其是其中的思想家们,提撕着超越的向度,面对人类暴露的阴暗面,却从中挖掘出人性的光辉,坚信人性是至善的,人人都有成圣的基础与可能,并通过自身的实践来证明人性的高善与尊贵。面对人类的有限性,他们鼓励世人透过有限的人生追求无限的境界。这便是杜维明所说的,是"在忧患中照察人性",以此发现人性的光辉。杜先生充分肯定了轴心时期以儒家为代表的这种可贵的理想主义精神与道德乌托邦情怀。他认为,孔孟生活的时代,是在人性面临严峻考验或者说是在最动乱、最悲愤、忧患意识最强的情况下对人进行的反思。他们(孔孟)所做的是在人最阴暗、最无可奈何、最糟糕的环境里,他们发现并借此来证明人性的光辉。是在人性阴暗面充分暴露的情况下来看人的。③

　　为了实现"内圣外王"的人格理想,儒家为全社会——"自天子以至庶人"的道德修持设定了最高标准,即"仁"。"仁"是儒家道德思想中的一个核心概念,也是一个理想主义色彩极浓的道德境界——常人难以完全到达却又始终向常人开放的境界。说常人难以到达,是因为孔子赋予仁的一个重要特点就是必须在视、听、言、动各方面全面符合礼的要求,做到"非礼勿视,非礼勿听,非礼勿言,非礼勿动"。④说始终向常人开放,是因为儒家将追求仁的主动性交给了个人,又赋予了每个人成仁的潜力与可能。儒家还为人们设计出了通向仁的最简单的方法——行"忠恕"之道,即努力做到

---

① 《孟子·梁惠王下》。

② 《庄子·在宥》。

③ 参见〔美〕杜维明、东方朔《宗周哲学之精神与儒家文化之未来》,复旦大学出版社2001年版,第18页。

④ 《论语·颜渊》。

"己欲立而立人，己欲达而达人"①，"己所不欲，勿施于人"②。儒家代表人物尤其是孟子出于对人性本善的乐观假设，认为只要全社会每一个体，从统治者到普通百姓都能按照"仁"的道德标准，遵循忠恕之道，持续不断地努力，就能完成自己的人格，并将这种人格品质外化为社会政治实践，从而实现理想的社会道德秩序，即实现外王。当然儒家也赋予了统治者和普通百姓不同的道德使命，作为普通百姓着重于朝着仁的境界不断加强自我道德修养，以趋近于仁；而作为统治者尤其是帝王，除了要按照仁的标准完成自己的人格塑造外，还必须推行仁政，以实现仁治社会，不仅要教化百姓使之好仁好义，还要以身示范，"率之以德"。

儒家的理想人格范型。与"三代之治"的社会理想和"内圣外王"的人格追求密切相关的是儒家设定的理想人格范型，包括士、君子、圣人三个逐步递进的层次。"内圣外王"的一个很高的标准，大概儒家本身也意识到这样的要求非常人所能达到。因此，虽然有"人皆可以为尧舜"的道德自信，却还是相对实际地把成圣的目标重点放在了士以上的群体，《论语》、《孟子》分别对士、君子、圣人提出了依次提升的道德要求，却没有对一般庶人的要求。

士是原始儒家人格范型的基础，也是儒家培养君子与圣人的人才基础。士本身并不必然与高尚的品德相联系，而士人中的君子和圣人才是儒家追求的理想人格范型。所以《论语》讲到士时，前面往往冠以定语，如"志士仁人，无求生以害仁，有杀身以成仁"③ 中的"志士"指有志之士，"仁人"指成德之人，其中的"士"与"人"都是一个中性的概念，只是因为加上了"志"与"人"的定语，才使之富有了道德的意味；还有子贡问为仁，孔子回答说："工欲善其事，必先利其器。居是邦也，事其大夫之贤者，友其士之仁者。"④ 其中的"大夫之贤者"和"士之仁者"更说明士的原本含义只是与大夫一样属于一个社会阶层。所以孔子在讲到"士"时，基本上是在强调士应当如何，而不说士已经达到什么境界。因此，后世所推崇的士风士德包括作为中国士文化传统的价值规定都是针对士人中的佼佼者即君子圣贤而言的。当然，为了在士中培养君子人格，孔子对士作为一个阶层应具有

---

① 《论语·雍也》。
② 《论语·颜渊》。
③ 《论语·卫灵公》。
④ 同上。

的品德也提出了具体的要求，他说："士志于道，而耻恶衣恶食者，未足与议也。"① 作为士要想求道，就不能因为口体之奉不如人而感到羞耻，如果士的见识只限于对物质的追求，那么根本没有资格求道。又说："士而怀居，不足以为士矣。"② 也是同样的要求。曾子也说："士不可以不弘毅，任重而道远。"③

君子是原始儒家论述最多、寄予最大希望的人格范型。因为君子既符合儒家的理想要求，又不像圣人那样可遇不可求，而是可以通过努力塑造和培养的。君子最基本的品格特征是"仁"和"义"。孔子曰："君子去仁，恶乎成名？君子无终食之间违仁，造次必于是，颠沛必于是。"④ 又曰："君子之于天下也，无适也，无莫也，义之与比。"⑤ 孟子眼中的君子常以"大丈夫"、"古之人"等名称出现，他认为大丈夫应当"居天下之广居，立天下之正位，行天下之大道，得志与民由之，不得志独行其道。富贵不能淫，贫贱不能移，威武不能屈"。⑥

孔孟都分别对君子的道德修养提出了具体要求。孔子认为君子应当做到"三戒"，即："少之时，血气未定，戒之在色；及其壮也，血气方刚，戒之在斗；及其老也，血气既衰，戒之在得。"要有"三畏"，即："畏天命，畏大人，畏圣人之言。"要九思，即："视思明，听思聪，色思温，貌思恭，言思忠，事思敬，疑思问，忿思难，见得思义。"⑦

孟子则提出君子有三乐之说，即："父母俱存，兄弟无故，一乐也；仰不愧于天，俯不怍于人，二乐也；得天下英才而教育之，三乐也。"⑧

圣人原是最高层次的人格理想，是儒家极力推崇却可望而难即的人格理想目标。对此孔孟自身也有清醒的认识，所以孔子说："圣人，吾不得而见之矣；得见君子者，斯可矣。"⑨ 孟子也说圣人是"人伦之至也"。⑩ 但儒家

① 《论语·八佾》。
② 《论语·宪问》。
③ 《论语·泰伯》。
④ 《论语·里仁》。
⑤ 同上。
⑥ 《孟子·滕文公下》。
⑦ 《论语·季氏》。
⑧ 《孟子·尽心上》。
⑨ 《论语·述而》。
⑩ 《孟子·离娄上》。

又充满信心地认为圣人境界是可以通过努力达到的。因为"圣人与我同类者"、"人皆可以为尧舜",① "涂之人可以为禹"。② 在孟子看来,圣人的标准虽然很高,但上天赋予了人成圣的潜能,只要人伦道德修养到极致,只要言行堪称百世之师,便是圣人。

孔孟的君子与圣人理想人格范型虽然在实践中难以践履,但却为中国士人确立了一个高远的道德理想目标,成为了后世志士仁人追寻理想、坚持操守的精神支柱和处世立身的楷模。

总之,原始儒家思想,在两千多年的漫长历史进程中,经历代统治者功利主义的改造,其中一些闪光点包括民贵君轻的民本思想、重道轻势的人格尊严日渐暗淡,而其维护专制等级秩序的一面却被后世统治者放大了,儒家思想也因此遭到今人的诟病。儒家思想的被歪曲,既与儒学本身的特质相关,也与统治者的功利驱动相关。"儒家思想,乃从人类现实生活的正面来对人类负责的思想。他不能逃避向自然,他不能逃避向虚无空寂,也不能逃避向观念的游戏,更无租界外国可逃,而只能硬挺挺地站在人类的现实生活中以担当人类现实生存发展的命运。在此种长期专制政治之下,其势必发生某程度的适应性,或因受现实政治趋向的压力而渐被歪曲;歪曲既久,遂有时忘记其本来面目,如忘记其'天下为公'、'民贵君轻'等类之本来面目,这可以说是历史中的无可奈何之事。"③ "如果说儒家向着专制政治的适应是其被斥为专制政治'维护拥戴者'的主观方面原因,那么专制政治对于儒家的利用便是儒家背负这一恶名的客观原因。"④

二　墨家的兼爱尚同理想与非攻的和谐追求

墨学是在轴心时期影响力可与儒学相比拟的显学。关于墨家的起源,根据现有的资料大概可以确定为,源于小生产者,即前述"士"阶层的兴起中描述的士是由没落贵族中的下士和庶人中的优秀者组成的,墨家大概就是属

---

① 《孟子·告子下》。

② 《荀子·性恶》。

③ 徐复观:《研究中国思想史的方法与态度问题》,载《徐复观文集》第二卷,湖北人民出版社 2002 年版,第 10—11 页。

④ 徐复观:《中国文化的伏流》,载《徐复观文集》第一卷,湖北人民出版社 2002 年版,第 42—43 页。

于"庶人中的优秀者"之列。墨家创始人墨子本人就是一个非常出色的木匠，关于他这方面的才华在他为阻止楚国攻打宋国时与公输般的较量中体现得淋漓尽致，但他同时还是一个精通古籍经典的学者，所以他能成为一个士。关于墨家的学术起源，据《淮南子·要略》记载，则是起源于儒家。"墨子学儒者之业，受孔子之术，以为其礼烦扰而不悦，厚葬靡财而贫民，久服伤生而害事，故背周礼而用夏政。"① 这段记载大致可算是墨家学术渊源的一个证明，但并不能说明墨家另立门户，是源于儒家的繁文缛节。因为，这些繁文缛节只是儒家礼制思想的外在表现形式，其实质是儒家倡导的等级秩序，这才是墨家要极力反对的。这可以从《墨子》一书的许多言论中得到反映。我们交代墨家的起源及其学术渊源，旨在为其"兼爱尚同和非攻和谐"的社会理想提供一个背景依据。墨家的道德理想主要表现在以下几个方面：

（一）"兼相爱、交相利"的社会道德理想

"兼爱"借用现代的语言来说，就是主张"人类之爱"，或者也可以说是一种类似基督教式的博爱思想。这在封建专制社会里显然是一种极富乌托邦色彩的社会理想。墨家倡导的兼爱思想是在批判"交相恶"的社会现状中展开的。墨子深恶痛绝地揭露了当时"国之与国相攻，家之与家相篡，人之与人相贼；君臣不惠忠，父子不兹孝，兄弟不和调"的残酷现实。认为这种"交相恶"现象的产生，源于彼此间的"不相爱"，即"诸侯独知爱其国，不爱人之国……家主独知爱其家，而不爱人之家……人独爱其身，不爱人之身"。而天下之人彼此皆不相爱是导致全社会"强必执弱，富必侮贫，贵必傲贱，诈必欺愚"的最大祸害。他认为，解决这个最大祸害的根本办法就是要倡导并推行"兼相爱、交相利"，即要努力做到"视人之国若视其国，视人之家若视其家，视人之身若视其身"。以此达到"天下之人皆相爱，强不执弱，众不劫寡，富不侮贫，贵不敖贱，诈不欺愚"的良治状态。② 墨子的兼爱思想还表现在他的民生关怀上，他主张"有力者疾以助人，有财者勉以分人，有道者劝以教人。若此，则饥者得食，寒者得衣，乱者得治。若饥则

---

① 《淮南子·要略》。
② 《墨子·兼爱中》。

得食，寒则得衣，乱则得治，此安生生"。① 他认为只要大家都抱有一颗博爱之心，就能实现"老而无妻子者，有所侍养以终其寿；幼弱孤童之无父母者，有所放依以长其身"② 的社会理想。

墨子的兼爱思想是他整个社会理想的核心，他的"尚同"、"非攻"等主张都只是其兼爱思想的拓展，或是为实现兼爱理想而采取的手段。墨子的兼爱思想体现了战国时期普通百姓对构建平等和谐社会秩序的理想追求与向往，尽管他主张的这种不分人我、不别亲疏、没有差等的爱在专制等级社会是不可能实现的，但仍不失为一幅极具吸引力的社会蓝图。"如果现代社会中人与人、国与国之间的交往都能遵循'兼相爱、交相利'的普遍伦理理则，世界将变得更加安宁、祥和与美好。"③

（二）"尚贤"与"尚同"的政治道德理想

墨子认为，贤良之士是国家治理的根基，统治者的主要任务就是要聚集贤良之士。他借"古者圣王为政"之名强调要"列德而尚贤"，即在用人上要做到"虽在农与工肆之人，有能则举之。高予之爵，重予之禄，任之以事，断予之令"。以此建立"官无常贵，民无终贱。有能则举之，无能则下之"的用人机制④，这是一种极富现代意识的政治思想。墨子还对他的尚贤理论进行了系统的论述，他认为如果要聚集善于射箭和驾车的人，一定要使他们富裕、使他们显贵、尊敬他们、赞誉他们。同样的道理，要聚集贤良之士，也应使他们富裕、显贵，使他们受到尊敬与赞誉，更何况，贤良之士本来就是国家的珍宝，社稷的良佐，理应受到善待。为了增强说服力，他还引用了古代圣王用人的故事，以资论证，告诫当时的统治者：如果想继承尧、舜、禹、汤的治国之道，就不能不崇尚贤士。"故古者尧举舜于服泽之阳，授之政，天下平。禹举益于阴方之中，授之政，九州成。汤举伊尹于庖厨之中，授之政，其谋得。文王举闳夭、泰颠于罝罔之中，授之政，西土服。故当是时，虽在于厚禄尊位之臣，莫不敬惧而施；虽在农与工肆之人，莫不竞劝而尚意。"⑤ 墨子的尚贤理想说到底是幻想通过尚贤，使整个统治阶层都由

---

① 《墨子·尚贤下》。
② 《墨子·兼爱下》。
③ 陈道德：《墨家"兼相爱、交相利"伦理原则的现代价值》，《哲学研究》2004 年第 11 期。
④ 《墨子·尚贤上》。
⑤ 同上。

具有高尚品德和杰出才能的贤良之士组成，而最高统治者国君更应是一位具有完美道德情操的人。墨子的政治理想实际上与儒家致力追求的圣人治理下"三代之治"的理想有共同之处。所不同的是儒家的举贤良，是服从于"亲亲有术、尊贤有等"原则的；而墨家则将举贤良放到中心的位置，已经摒弃了儒家等级观念的选人用人标准，内含着一种朴素的民主平等思想，这是非常可贵的。张永义认为，墨子尚贤学"破天荒地第一次道出了平民要求参政的呼声"。① 程有为认为墨子的尚贤思想完全打破了旧的贵贱等级观念和传统的亲亲观念。②

　　作为尚贤政治理想的发展，墨子还提出了"尚同"的思想。他幻想建立一种下级服从上级、以上级的规范为规范、以上级的是非为是非的纲纪整肃、是非统一、政令畅通的理想政治秩序，即所谓"上之所是，必皆是之；上之所非，必皆非之"。③ 当然，墨子尚同的前提是尚贤，即作为下级表率的上级必定是一个品德高尚的贤良之士，其是非一定是正确的是非。有人指责墨子的尚同似乎又回到他反对的等级秩序上去了，因而认为其思想是内在矛盾的。其实这种指责是没有道理的，因为即使在当代民主法制社会也主张政令畅通，现代管理学的原则也要求下级服从上级。这是行政秩序的要求。关键在于上级制定的规范是否合理，上级的是非观是否正确，是否符合"兴天下之利，除天下之害"的根本标准。而这标准是墨子在尚贤中已经预设了的，即预设了统治者都是贤良之士，都能以天下之利为利，以天下之害为害。从墨子的一贯主张看，他崇尚和平和谐（这在后面的"非攻"思想中体现得更为明显），反对战争与动乱，因此不可能主张下级对上级的不服从，因为那将是导致社会动荡的重要原因。根据史料记载，在墨家组织内部就是严格执行下级服从上级的纪律的，而且墨子及其继承者们也确实能够处处以身示范，出色地履行了贤良领袖的职责。

（三）"非攻"的天下和平理想

　　墨子的"非攻"思想在他的全部思想理论中显得相当突出。他的非攻思想也是从兼爱思想发展出来的，是兼爱之"树"上长出来的一枝树杈，也是

---

① 张永义：《墨——苦行与救世》，广东人民出版社 1996 年版，第 75 页。
② 参见程有为《墨子尚贤思想简论》，载萧鲁阳、李玉凯主编《中原墨学研究》，中州古籍出版社 2001 年版。
③ 《墨子·尚贤上》。

兼爱理想在国与国关系中的体现。冯友兰说:"'兼爱'与'非攻'是一种思想的两面,这种思想就是非暴力论。'兼爱'是非暴力论在内政方面的表现,'非攻'是非暴力论在外交方面的表现。"① 在诸侯混战的背景下,反对暴力,积极倡导并致力于国与国之间的和平关系,体现了一种渴望天下和平的美好理想。墨子对战争特别是"攻伐无罪之国"战争给人民与社会带来的灾难与后果深恶痛绝,给予了严厉的谴责与批判,对攻伐兼并战争的危害进行了深入的分析,认为:一是战争不仅造成了"饥寒冻馁而死者不可胜数"、"疾病而死者不可胜数",② 还造成了男女久不相见,影响了人口的增长;二是战争不仅导致了社会财富的巨大消耗,而且严重影响了农业生产的正常进行,造成了"废民耕稼树艺"和"废民获敛"③;三是战争对攻伐国本身也不利,墨子在劝诫楚王不要去攻打宋国时,从功利角度出发深刻地阐述了这一思想。他认为楚国有土地方圆五千里,有云梦泽、犀牛麋鹿,有丰富的鱼鳖鼋鼍,却还要去攻打方圆只有五百里的贫瘠宋国,这种行为就好比是舍弃自己华丽的彩车去偷邻居的破车,舍弃自己的锦绣衣服去偷邻居的粗布衣服,是得了"亏不足而重有余"、"争有余而杀不足"的"好战病",其结果完全是得不偿失。④ 墨子还就当时人们对战争行为的"不义"缺乏认识,特别是对统治者在小事(如一般的偷盗行为)上讲仁义,而在大事(攻伐无罪之国造成大量杀伤)上不讲仁义的行为给予了无情的揭露和批判。他指责公输般为了兑现承诺、不愿放弃帮助楚王攻打宋国的行为是"义不杀少而杀众",是"不知类"。

　　墨子不仅在理论上极力反对攻伐战争,而且以实际行动努力阻止战争的爆发。在《公输》这一故事中,他最终以其坚决维护和平的凛然正气、超凡的智慧和卓越的战争防御才能,阻止了楚国攻打宋国。他虽取得了成功,但故事也清楚地告诉我们,楚王最后放弃攻打宋国并非被墨子的理论说服和感动,而是因为他预计到不可能打赢。楚王和公输般对战争的态度,特别是故事结尾,墨子在回国路上想入宋国躲雨而被宋人拒之门外是极具反讽意味的情节,暗示了墨子倾力追求的和平理想在当时的社会环境下终究只是一个乌托邦。但尽管如此,墨子及其流派,为争取和平社会秩序的理想而殚精竭虑

---

① 冯友兰:《中国哲学史新编》第一册,人民出版社 1982 年版,第 220 页。
② 《墨子·非攻》。
③ 同上。
④ 《墨子·公输》。

的感人形象却跨越两千多年的历史时空而经久不衰。

如果我们对墨家的社会理想用现代的语言进行概括，似乎可以作如下描述，即他们要努力构建的是一个政治清明、唯德是举，统治者品德高尚、致力于"兴天下之利，除天下之害"的政令畅通、秩序良好的社会；一个人人平等、互助友爱，没有剥削、欺诈，讲求节俭的公平正义的社会；一个没有战争、彼此之间和平相处的和谐社会。这样的社会活脱脱就是一个"大同世界"，难怪侯外庐先生将墨家的社会理想看成是后来"大同"理想的张本。侯外庐认为墨家的实际政纲是"主张建立古代民主政治"、"墨家所提出的'兼相爱、交相利'、共同劳动、有财相分、互赡不足的崇高理想，已经洞察到没有等级制度、没有剥削、没有阶级的理想社会"。[①]

墨家的社会理想及其主张较全面地反映了当时普通百姓的理想与期待，即便在两千多年后的今天仍不乏合理与闪光之处。汤因比等认为墨子的学说"对现代社会来说更是恰当的主张"。[②]

但由于其核心思想和主张"兼相爱、交相利"，在那个时代是根本"不合时宜"的，甚至可以说在整个专制等级社会都是"不合时宜"的，因此其命运也可想而知。墨家的主张不仅没有被当时的统治者采纳而转化为现实的施政纲领，而且还受到同时代儒家的激烈批判。孟子甚至把墨家"兼相爱，交相利"的主张斥之为"无君无父"的禽兽行为。[③] 随着儒家思想逐渐成为传统社会的主流意识形态，墨家及其学术思想也自然退出了历史舞台而被边缘化了。然而也恰恰是墨家思想的这种"不合时宜"，从反面衬托出了它对当时不合理社会现实的深度批判与超越，由此彰显了其理想的浓厚乌托邦色彩。墨子及其创立的学派也因此成为了闪耀在轴心时代天空中最璀璨的星座之一。

三　道家无为的社会理想和逍遥的人格境界

道家也是轴心时期重要的并对后世中国文化传统产生重要影响的思想流派。道家的社会理想与道德境界尤其是其超越的人格追求和人生境界，撼人

---

　①　侯外庐主编:《中国历代大同理想》，科学出版社 1959 年版，第 6—7 页。

　②　［英］汤因比、［日］池田大作:《展望二十一世纪——汤因比与池田大作对话录》，荀春生等译，国际文化出版公司 1985 年版，第 425 页。

　③　《孟子·滕文公下》。

心弦，独具特色，在中国传统文化中影响深远。关于道家创立的时间及起源一直是一个有争议的话题：汉刘歆认为道家源于周朝的史官，"道家者流，盖出于史官。历记成败、存亡、祸福、古今之道，然后知秉要执本，清虚以自守，卑弱以自持"。[①] 刘歆这一说法不仅简要叙述了道家的起源，还大致反映了道家的基本特点，在历史上影响较大。而梁启超先生则认为，道家和墨家都应该起于孔子死后数十年乃至百年。他从《老子》一书的许多言论中找到质疑"老子先于孔子"这一说法的论据，他认为《老子》一书讲仁的地方很多，如"失德而后仁，失仁而后义"、"天地不仁，以万物为刍狗"、"大道废有仁义"等，都是针对孔子而发的，由此证明老子之作应在孔子的"仁"字盛行以后，他还认为，孟子辟异端，竟然未引《老子》一言一句，由此他大胆假设，《老子》甚至可能在孟子之后成书。作为该假设论据的还有，老子书中有"不尚贤使民不争"之句，所以也应在墨子之后。他由此认为，道家应和墨家一样是从儒家分化出来的，只是由于思想观念上的分歧、最终演变成为对儒家思想的反动。[②] 事实上，从中国历史思想文化的发展看，儒道两家确实有着许多"剪不断"的瓜葛，尤其是各时代的统治者和士人常常彷徨于儒道之间，既实践着儒家的理论，又以道家的精神来滋养心灵。

道家对现实的批判是以阐述其"无为"思想来体现的，即在对儒家倡导的礼制道德规范和墨家尚贤等思想的否定中来表达其批判意识。而其人格理想的追求也是通过对"无待"与"逍遥"等境界的描述来表达的。因为儒家继承的是上古时期的德治思想，道家在批判儒家时便常常借批判儒家极力推崇的古代道德楷模，如传说中的黄帝、尧、舜、禹、汤、文、武等，借此从根本上否定儒家的道统。如《庄子·秋水》篇中，就有黄帝求道于广成子，而备受广成子奚落并自认弗如的寓言故事。对尧舜等的批判更是通篇都有，如《庄子·在宥》篇，就认为尧舜之治违背恒常之德，而背离恒常之德而能够长久维持的，天下没有这样的事。当然道家并不是为了批判而批判，而是通过批判来表达自己的社会道德理想，来建构自己的理想社会模式与人格境界。

（一）老子"小国寡民"的社会理想

《老子》八十章中记载了"小国寡民"的理想社会："使有什伯之器而

---

① 转引自冯友兰《中国哲学简史》，新世界出版社 2004 年版，第 31 页。
② 参见梁启超《清代学术概论·儒家哲学》，天津古籍出版社 2003 年版，第 120 页。

不用，使民重死而不远徙；虽有舟舆，无所乘之；虽有甲兵，无所陈之；使复结绳而用之。甘其食，美其服，安其居，乐其俗。邻国相望，鸡犬之声相闻，民至老死不相往来。"

"小国寡民"是道家理想社会的缩影。意思是："国家小，人民少，即使有各种器具，也不使用；使人民着重生命，而不往远处迁徙；虽然有船和车，但没有人乘用；虽然有盔甲兵器，但没有地方陈列；使人民回复到结绳以记事。使人民吃得香甜，穿得美好，住得安适，习俗和乐。邻国之间可以互相望见，鸡鸣狗吠的声音可以互相听到，而人民直到老死也不互相往来。"①

仅从文字上，人们普遍认为，"小国寡民"反映的是上古原始共产主义社会的生活景象，由此得出以老子为代表的道家意欲恢复原始共产主义社会的梦想，因而是腐朽反动的观点。侯外庐先生就认为，道家的小国寡民理想是："战国中叶，正在没落的公社农民憧憬着已经逝去的'黄金时代'，他们幻想着回复到过去没有阶级、没有剥削的所谓'太上不知有之'的社会，企图用不抵抗主义来摆脱当前现实的社会矛盾……他们认为要消除灾祸动乱，首先不是加强斗争，而是消解矛盾对立。他们描绘的理想社会图景是'小国寡民'，这种空想的'未来'社会，其实正是过去的原始共产主义社会。"②"老子对伴随文明社会而来的人民的痛苦、灾难，人性的扭曲、异化等种种现象有着切身的感受，但又认识不到这种种现象出现的社会历史根源，于是，带着时代的创伤，他试图逃向原始的乐园。所谓甘食美服、安居乐俗、结绳而记、无为而治的小国寡民社会就是这种原始乐园的形象化、具体化和理想化。"③

陈鼓应指出："'小国寡民'乃是激于对现实的不满而在当时散落农村生活基础上所构幻出来的'桃花源'式的乌托邦。在这小天地里，社会秩序无须镇制力量来维持，单凭各人纯良的本能就可相安无事。在这小天地里，没有兵战的祸难，没有重赋的逼迫，没有暴虐的空气，没有凶悍的作风，民风淳朴真挚，文明的污染被隔绝。故而人们没有焦虑、不安的情绪，也没有恐惧、失落的感受。这单纯朴质的社区，实为古代农村生活理想化的描绘。

① 李存山注译：《老子》，中州古籍出版社 2004 年版，第 105—106 页。
② 侯外庐主编：《中国历代大同理想》，科学出版社 1959 年版，第 9 页。
③ 邵汉明：《儒家人生哲学》，吉林教育出版社 1992 年版，第 47 页。

中国古代农业社会，是由无数自治自尚的村落所形成。各个村落间，由于交通的不便，经济上乃求自足自给，所以这乌托邦亦为当时封建经济生活分散性的反映。"① 虽不能排除当时社会中确实有些老百姓向往回到过去，但从道家一贯的风格看，其表达思想的方式常常是非常隐逸的，不可能将其理想那么直白地表露，而是借此表达其对当时社会不道德现象和各种在道德外衣遮蔽下的伪道德行为的强烈不满与批判，同时也是通过倡导的"无为而治"政治理想来表达对现实"有为政治"的否定。而"小国寡民"社会正是"无为而治"理想的现实模板。公木认为，"无论是老子的'小国寡民'，还是庄子的'至德之世'，都是一种非古非今、亦古亦今的乌托邦，是他们针对现实社会所存在的种种弊端而提出来的一种救世方案，它的真意恐非向往人类物质生活的原始和野蛮，而是彰显和憧憬一个没有剥削压迫，没有人与自然、人与社会、人与人之对立的素朴而平等的社会。"② 本书认为，这种见解是很有道理的。

（二）庄子"至德之世"的社会理想

"至德之世"源出《庄子》一书。"至德之世，其行填填，其视颠颠。当是时也，山无蹊隧，泽无舟梁；万物群生，连属其乡；禽兽成群，草木遂长。是故禽兽可系羁而游，鸟鹊之巢可攀援而窥。夫至德之世，同与禽兽居，族与万物并。恶乎知君子小人哉？"③ 在此，庄子描绘了一个未经人力改造、没有人为痕迹的万物合群而生、比邻而居，人群与万物浑然无别的自然社会。在这个社会里自然不会有所谓的道德规范，更不会有君子与小人的区别。也许是为了让世人更明了并确信"至德之世"的存在，庄子在《山木》篇中又借市南宜僚向正在为世事烦恼的鲁侯描绘了一个与"至德之世"相类似的"建德之国"——"南越有邑焉，名为建德之国。其民愚而朴，少私而寡欲，知作而不知藏；与而不求其报；不知义之所适，不知礼之所将；猖狂妄行，乃蹈乎大方；其生可乐，其死可葬。"④ 关于如何才能到达"建德之国"，庄子认为应该放弃俗务，不留恋世俗的生活，减少费用和欲望，不役使别人，也不被人役使，直至远离世俗，只有这样才能摆脱忧患，独自与

① 陈鼓应：《老子注译及评介》，中华书局 1984 年版，第 360 页。
② 公木、邵汉明：《道家哲学》，长春出版社 2007 年版，第 13 页。
③ 《庄子·马蹄》。
④ 《庄子·山木》。

道遨游于广漠空虚之境。

庄子反对儒家式的建功立业,认为尧舜拥有天下,而其子孙却没有立锥之地;汤武立为天子,而其后代却遭灭绝,这都是他们贪图功利的缘故。他认为最好的社会应是上古神农的时代,那时人们睡的时候很安静,起的时候很自得,人只知道母亲,不知道父亲,与麋鹿等相处在一起,耕地而食,织布而衣,人与人之间没有相害的邪念,那是道德状况最好的时代。庄子还借盗跖之口,痛斥孔子所极力倡导和推行的文武之道,认为自尧舜兴起,设立群臣,汤放逐他的君主,武王杀纣。自此以后,以强大欺凌弱小,以势众欺侮寡少。汤武以来,皆属祸乱之徒。现在你(指孔子)修习文王、武王之道,掌握天下的言辩,以教化后世,宽衣浅带,矫揉的言语,虚伪的行为,以迷惑天下的君主,而图求富贵,强盗之中没有比你更大的了。①

庄子借一个当时公认的强盗盗跖之口来指责被世人尊为圣人的孔子,认为孔子才是最大的强盗。这实际上是对孔子倡导的仁义思想和礼制社会的批判。

总之,无论是老子的"小国寡民",还是庄子的"至德之世"抑或"建德之国",都只是一个乌有的心灵之国,是一个摆脱世俗羁绊和烦扰的精神自由之国。也是道家借以批判并超越现实的精神武器,是道家在乱世为人们开出的一副摆脱现实苦难的心灵药方。

(三)"无待"与"逍遥"的人生境界追求

与"无为而治"的社会理想相衔接,道家在个体人生境界与人格理想方面,追求"观于天而不助,成于德而不累,出于道而不谋,会于仁而不恃,薄于义而不积,应于礼而不讳,接于事而不辞,齐于法而不乱,恃于民而不轻,因于物而不去"②的圣人境界,也是"独与天地精神往来"的精神自由境界。

"无待"与"逍遥"是庄子表达其精神自由境界的两个重要概念。"无待"意指无所凭藉、无须凭藉,庄子认为有待是导致人生不自由的主要原因,只有做到"无待",才能真正摆脱外在客观条件和各种人为秩序以及人类自身种种欲望包括功名、利禄的羁绊,达到"乘天地之正,而御六气(指

---

① 《庄子·盗跖》。
② 《庄子·在宥》。

阴、阳、风、雨、晦、明）之辩，以游无穷"的心灵自适与自得。而所谓
"逍遥"是指通过从"有待"到"无待"的功夫过程，而达到的"独与天地
精神往来"的自由境界。因此，在庄子那里，"无待"与"逍遥"是同一境
界，当一个人的精神达到"无待"时，也就"逍遥"了。"所谓逍遥无待，
即摆脱了世俗的一切条件束缚，无牵无碍……不仅仅是指肉体不受物理世界
的条件限制，而且是指精神上打破了知性的遮蔽，不再受心灵的限制。"①

那么，如何才能做到"无待"和"逍遥"呢？庄子在《逍遥游》中借
鲲化鹏飞，扶摇而上九万里，绝云气，负青天，由北冥而至南冥（天池）的
过程："北冥有鱼，其名为鲲。鲲之大，不知其几千里也。化而为鸟，其名
为鹏。鹏之背，不知其几千里也；怒而飞，其翼若垂天之云。是鸟也，海运
则将徙于南冥。南冥者，天池也"，② 以浪漫主义的手笔向世人展示了大鹏那
俯仰天地的博大胸襟和自由精神，并且通过将遨游宇宙的大鹏鸟与自鸣得意
于小树枝头的蜩与学鸠进行了对比，引导人们摆脱俗世狭隘眼界的束缚，走
向心灵天地的广阔无垠，将生命放置于无限的宇宙空间去体验，以此实现
"无待"与"逍遥"。

陈鼓应认为，《逍遥游》以寓言文学的体裁，借由各种物形的巨大，以
衬托人心的宽广；借大鹏之高举，写开放心灵所开启的新视阈；并借神人
"磅礴万物"的广大格局，写至人游心于无穷的精神境界。③

庄子又通过对"知效一官，行比一乡，德合一君，而征一国者"的优秀
人才，到"举世而誉之而不加劝，举世而非之而不加沮，定乎内外之分，辩
乎荣辱之境"的宋荣子，再到"御风而行，泠然善也"的列子，最后到
"乘天地之正，而御六气之辩，以游无穷"的"无己、无功、无名"的至人、
神人和圣人的不同层次与境界的描绘，层层递进地引导人们逐步放弃功名利
禄等俗世的诱惑，摆脱俗世各种价值观的束缚，进入"无己、无功、无名"
的"无待与逍遥"境界。

在庄子看来，第一种境界中的人是俗世眼中的优秀人才，也是为世俗道
德观、价值观、荣辱观所束缚的最不自由的人，即是在他人脸上为自己画像

---

①　樊恬静：《实现逍遥：由有待到无待——庄子〈逍遥游〉的自由与超脱》，《湖南医科大学
学报》（社会科学版）2009 年第 7 期。

②　《庄子·逍遥游》。

③　陈鼓应：《〈庄子〉内篇的心学（上）——开放的心灵与审美的心境》，《哲学研究》2009
年第 2 期。

的人;第二种境界中的人如宋荣子,是一定程度上摆脱了世俗价值观限制,能够做到超越毁誉、宠辱不惊的比较自由的人,即能自己为自己画像的人,但对世界仍有所待;第三种境界中的人是像列子那样,能"御风而行"的人,他虽做到常人所不能,但还须借助风,因此仍是"有所待";第四种境界是至人、神人、圣人们才能达到的最高境界,即完全摆脱外在的依凭,做到"乘天地之正,而御六气之辩,以游无穷"的"独与天地精神往来"的境界,这就是"逍遥"。这四重境界便是由有我之境到无我之境,由"有待"到"无待"的过程。

陈鼓应认为,庄子借由宋荣子破除名,再借由列子破除功,来说明在社会中俗化的人总是有待于别人所给予的外在功名来装饰自己,而至人则无心邀功、无意求名,能够摒弃小我,突破世俗价值的羁绊桎梏,而经由体认宇宙的广大,使自己的心思开广,以与构成他的最高的美好的宇宙合而为一,而成为宇宙的公民。①

"世人要想超脱,实现身心的自由无碍,只有拥有一颗空灵通透的心,顺应自然,才能够容纳百川,与物为一。只有静心地体会生命的自然状态,以个体的主动性去参悟生命灵动与自由,就能够实现精神的飞跃和理想的张扬。逍遥之境是并不虚幻抽象的想象,而是真实地存在于我们每个人的心里,它让我们在物质充裕的今天,在被世俗功利欲望极度异化的世界中,在精神与心灵神游的海洋里,仍然保留一方净土,让我们能够自由而从容地活着。"②

(四) 至人、神人、真人的人格理想

在庄子眼中,真正能达到"逍遥"的,有时叫真人,有时叫神人、圣人、至人。《庄子》一书中有大量篇幅在描写这类人的状态境界。这大概是庄子表达其追求精神自由的一种巧妙方式,也是他追求人格理想的写照。

那么,什么是至人呢?庄子借老子之口说,真正的至人应是像婴儿般,"行动不知要做什么,行走不知去往何处,身体如同枯木,而心灵如同死

---

① 陈鼓应:《〈庄子〉内篇的心学(上)——开放的心灵与审美的心境》,《哲学研究》2009年第2期。

② 樊恬静:《实现逍遥:由有待到无待——庄子〈逍遥游〉的自由与超脱》,《湖南医科大学学报》(社会科学版) 2009 年第 7 期。

灰"①，认为像这样的人是能超越祸福和人为的灾害的。

接着，庄子又借接舆之口描绘了藐姑射山上"肌肤若冰雪，绰约若处子；不食五谷，吸风饮露；乘云气，御飞龙，而游乎四海之外"的神人。再借连叔之口说出了神人"万物没法伤害他，大水滔天不能陷溺于他；大旱使金石烤化、土山烧焦，而他却不会感到热"的超越品性。②

关于真人，《大宗师》连续用了四个段落来描写所谓"古之真人"。那是"登高不栗，入水不濡，入火不热"，其认识能达到与道合一的人；是"其寝不梦，其觉无忧，其食不甘，其息深深……息以踵（用脚跟呼吸）"的自适恬静的人；是"不知说生，不知恶死。其出不䜣，其入不距。悠然而往，悠然而来而已矣。不忘其所始，不求其所终"的超越生死和喜怒哀乐、顺应自然的人；是旷然无怀、精神辽阔、忘言无语的人。③

无论是至人、神人还是真人，其共同的特点是：摆脱了现实物欲羁绊与外在条件限制；超越了物质世界、人为秩序与生老病死，无忧无惧、怡然自适、与自然万物和谐统一；达到了精神的完全自由，真正实现了"无待"与"超越"。

如果说"小国寡民"和"至德之世"是老庄为动荡无序的"无道社会"开出的一副药方，那么"无待"与"逍遥"就是他们在无道的现实中痛苦挣扎后灵魂渴望超越与提升的努力；而至人、神人、真人则是他们实现自我救助的精神寄托。

道家为世人构建的没有剥削、没有阶级、没有压迫的平等和谐的理想社会"小国寡民"与"至德之世"，在春秋战国时期动荡无序的社会里，注定是不可能实现的。而他们所倡导的对人类文明的否弃与向自然的完全回归，他们建立在对传统道德秩序和现实统治秩序否定基础上的理论体系，自然也得不到现行统治者的肯定与接纳，特别是其理论体系的抽象与玄虚也非一般民众所能体悟与接受。因此，在漫长的人类历史进程中，虽然有很多王朝的统治者出于个人喜好或是养生长寿的愿望而推崇老庄学说，却很少真正领悟其精神实质，而且为了政治统治的需要和个人欲望的满足，更不可能将老庄学说真正落实到治国理念中而上升为意识形态。但老庄为世人开拓的那个神

---

① 《庄子·庚桑楚》。
② 《庄子·逍遥游》。
③ 《庄子·大宗师》。

妙莫测、亦真亦幻的超越的精神世界，特别是他们那充满智慧、卓尔不群、特立独行的乌托邦情怀和精神品质，却历经几千年，始终充满着神奇的魅力，令人向往，引人追寻，甚至成了后人摆脱现实痛苦、寻找慰藉的精神避风港。魏晋时期，鲍敬言"无君论"的社会理想，阮籍"大人先生"的理想人格，都是对道家思想的直接继承。而后世历代士人尤其是身居庙堂的士大夫们，当他们在现实中不得志或遇政治黑暗而又不愿意放弃原则而同流合污时，往往能从老庄理论中寻找到精神的安顿处。

老庄学说内涵思想的精深广博，构成了中华民族优秀文化传统的深厚底蕴，增强了中华文化的世界影响力。老庄思想中包含的生态伦理思想更是中华文明奉献给世界的一笔珍贵文化遗产，庄子"至德之世"中描绘的那个"禽兽可系羁而游，鸟鹊之巢可攀援而窥"① 的"同与禽兽居，族与万物并"的世界，不正与当今西方"大地伦理学派"等非人类中心主义者所极力倡导的道德理想有异曲同工之妙吗?

四　"大同"社会理想及其对后世的影响

对上古"理想社会"进行较系统表达的，是《礼记·礼运》篇所叙述的"大同"社会。《礼记·礼运》传说是战国末期或秦汉之际的儒家所作，且书中关于"大同"与"小康"的描述也是借儒家创始人孔子之口来表达的。因此，理论界通常认为"大同"理想是儒家的思想。其实大同理想固然出自儒家经典，但其内容已远远超出儒家的范围，其中很多思想内容既可从墨家、也可从道家的著作中找到根由。如"选贤与能"正是墨家关于"尚贤"思想的体现;而"人不独亲其亲，不独子其子"则一定程度上是对墨家"兼爱"思想与儒家"推恩"思想的综合;"老有所终，壮有所用，幼有所长;矜、寡、孤、独、废疾者皆有所养"与道家的"甘其食，美其服，安其居，乐其俗"和墨家"强不执弱，众不劫寡，富不侮贫，贵不敖贱，诈不欺愚"也有异曲同工之趣。因此，笔者认为"大同"理想应是对轴心时代各家关于社会理想理论进行综合的成果，反映的是战国末期或秦汉时期人们对理想社会追求的普遍愿望。正是因为大同思想的巨大包容性，其中有些思想是可以跨越时空限制、具有永恒价值的，也正因为如此，大同思想才会对

---

① 《庄子·马蹄》。

后期中国产生那么大的影响，在封建社会长达 2000 多年的发展史中，发挥了重要作用。

（一）大同理想的基本内涵

《礼运》为我们描绘的大同社会，是一个没有私产，人人劳动，人人能过和平、幸福生活的美妙理想社会：

> 大道之行也，天下为公，选贤与能，讲信修睦。故人不独亲其亲，不独子其子；使老有所终，壮有所用，幼有所长；矜、寡、孤、独、废疾者皆有所养；男有分，女有归。货，恶其弃于地也，不必藏于己；力，恶其不出于身也，不必为己。是故谋闭而不兴，盗窃乱贼而不作，故外户而不闭。是谓大同。①

侯外庐对大同理想的基本原则进行了如下概括：（1）"大同"社会以"天下为公"为最高准绳，完全不同于"大道既隐"的"天下为家"的社会。（2）在"大同"社会中，社会财富（货）不是私人所藏有的，而是为大家所共同享有的。（3）在"大同"社会中，人人都要为了全体的利益而进行劳动（力），而反对自恃劳动的成果为一己享受。（4）在"大同"社会中，每个成员不论育幼、养老都有很好的安排，能劳动的人劳动，失去劳动条件的人也由集体所供养。（5）在"大同"社会中，人与人超出了形式平等的权利和义务关系，大家相助相爱，因而整个社会没有权谋欺诈和贼盗掠夺，和平地生活而没有战争。（6）在"大同"社会中，公共的事业由大家来办理，在分工上可以选出人们所依赖的人担任必要的工作。②

《礼运》成书时间虽晚于轴心时代其他经典，但它所描绘的"大同"社会却是最早时代社会的状况。侯外庐先生认为，中国古代哲人的空想是顺着神话传说的方向来描绘的。最初"发现"的远古理想世界是所谓的尧舜时代，体现在孔子、墨子的思想中；接着"发现"了前于尧舜的所谓黄帝时代，以道家为代表；继而"发现"了前于黄帝的所谓神农时代，以农家许行为代表；最后"发现"了前于神农的美妙世界，以晚期儒家的"大同"为

---

① 《礼记·礼运》。
② 侯外庐主编：《中国历代大同理想》，科学出版社 1959 年版，第 11 页。

代表。这种崇古追远的思维方式对中国文化传统形成的影响是非常巨大的，大概后世托古改制的传统也源于此。中国人自古尊崇祖先，《礼运》的作者大概也是出于这种考虑，认为越是远古就越有神圣性，越有说服力；另一方面大概也是出于安全的考虑，对远古的赞美不至于会引起现实中统治者的反感，也就不会给自己招惹麻烦，特别是在政治黑暗的时代，借古抒情确实是一种既安全又有效的方式。

大同理想是一个包容性很大，而且也极富超越性的社会理想。表现在它是对一个理想社会的多方面综合表达，包括政治、经济、民生、治安、生态等方面。如"选贤与能"是政治上选人用人的理想，也暗示着对贤良治理社会的向往；"货，恶其弃于地也，不必藏于己"，体现了财产公有的理想；"谋闭而不兴，盗窃乱贼而不作，故外户而不闭"，是关于社会和谐秩序的理想；"人不独亲其亲，不独子其子"是关于人际和谐的博爱思想；"使老有所终，壮有所用，幼有所长；矜、寡、孤、独、废疾者皆有所养"体现的是民生关怀；当然最重要也是作为整个大同社会基础的是"大道之行也，天下为公"的平等思想。大同理想包含的这些独特见解和超越思想，放到任何一个时代都具有其合理性和感召力，既便从当代构建和谐社会的立场来看也不失其合理性和可供借鉴之处。

(二) 天下为公及其平等理想追求

天下为公是相对"天下为家"的概念提出的，体现了对公有制社会的向往，为了凸显对天下为公理想的推崇，《礼运》还同时提出了一个在私有制体制下即"天下为家"体制下治理良好的"小康"社会：

> 今大道既隐，天下为家。各亲其亲，各子其子，货力为己。大人世及以为礼，城郭沟池以为固。礼义以为纪，以正君臣，以睦兄弟，以和夫妇。以设制度，以立田里，以贤勇知，以功为己。故谋用是作，而兵由是起。禹、汤、文、武、成王、周公，由此其选也。此六君子者，未有不谨于礼者也。以著其义，以考其信，著有过，刑仁讲让，示民有常。如有不由此者，在执者去，众以为殃。是谓小康。①

---

① 《礼记·礼运》。

从中可见，小康社会虽然也很美好，但这种美好并不是制度本身带来的，而是因为有了禹、汤、文、武、成王、周公，如果没有他们的仁德以及他们实行的仁治和礼制的保障，那么机诈取巧的奸谋就会发生，争夺流血的惨剧也就在所难免。而"三代"的历史也确实证明了这一点。因此，大同理想之所以高出于小康，就在于前者是以"天下为公"，而后者是"天下为家"。在此，作者对私有制社会及其引发的社会问题特别是人与人之间的不平等表达了强烈不满与批判。在作者看来，如果财产公有，就不会引发私欲，也就不会为了一己之私而引发争夺，人与人之间就能平等相处，也就不需要礼乐制度，但是现实已经是"天下为家"了，所以必须加强礼制。在《礼运》作者看来，小康社会是在"大同"社会已经逝去的情况下退而求其次的理想追求。文章开篇以"大道之行也"与"大道既隐"的区别表述，明显表达了"大同"才是真正的理想社会的观点。

"天下为公"的实质是财产共有、人人劳动、人人平等，而最关键的是人人平等。这种思想在先秦其他思想家和后世学者的著作中都是作为重要内容来强调的：如前述道家描绘的"小国寡民"和"至德之世"理想社会中，平等是其最突出的理想特征；许行的"贤者与民并耕而食，饔飧而治"[①] 也体现了平等的要求；墨子通过对"强必执弱，富必侮贫，贵必敖贱，诈必欺愚"[②] 等不平等现象的批判来表达他的平等思想；孔子认为："有国有家者，不患寡而患不均，不患贫而患不安；盖均无贫，和无寡，安无倾。"[③] 均平思想在此后中国两千余年的专制社会中影响深远，不仅成为各代思想家变革社会的目标，也是历代农民起义者用以号召民众反抗暴政的思想武器。共产主义思想传入中国后，产生了前所未有的影响，除了其自身的理论魅力外，与中国传统均平理想的契合也是一个重要的因素。

"天下为公"在作为一种社会理想目标的同时，也被引申为表达大公无私的思想道德境界。吕不韦就曾论述了公与治的关系，他说："昔圣王之治天下也，必先公之，公则天下平矣。平得于公。"又说"尝试观上志，有得天下者众矣，其得之以之公，其失之以偏"。[④] 近代资产阶级革命家孙中山先生把"天下为公"作为自己终生奋斗的理想与社会实践。新中国成立后，

---

① 《孟子·滕文公上》。
② 《墨子·兼爱中》。
③ 《论语·季氏》。
④ 《吕氏春秋·贵公》。

"大公无私"一度成为社会主义道德建设的主旋律，并被雷锋等一代道德楷模所身体力行。

（三）老安少怀的民生关怀与社会保障理想

"老有所终，壮有所用，幼有所长；矜、寡、孤、独、废疾者皆有所养；男有分，女有归。"是大同社会展示的一幅民生图景。

生老病死、婚嫁丧葬、养老育幼、衣食保障，是人类生活的最基本内容，也是任何一个社会都存在和必须解决的问题。用当代的话来说，是最基本的民生。或许正是轴心时代动荡不安的社会现实和现实苦难，使人们备感生活保障的重要性，当时的思想家急民之所急，想民之所想，将民生问题提到一个很高的高度来认识。各派思想家都对之进行了论述，提出了美好的构想。

孔子视"老安少怀"为其人生理想。《论语》记载，孔子要颜渊和子路各谈其理想（志向），当子路问及孔子的理想时，他回答："老者安之，朋友信之，少者怀之。"[①] 孟子更是将百姓的生养病老和基本生活保障提高到实施王道的高度来认识，他说："养生丧死无憾，王道之始也。"他设计的理想社会是："五亩之宅，树之以桑，五十者可以衣帛矣；鸡豚狗彘之畜，无失其时，七十者可以食肉矣；百亩之田，勿夺于时，数口之家可以无饥矣；谨庠序之教，申之以孝悌之义，颁白者不负戴于道路矣；七十者衣帛食肉，黎民不饥不寒；然而不王者，未之有也！"[②]

老子希望他"小国寡民"中的人民能"甘其食，美其服，安其居，乐其俗"。[③] 庄子"建德之国"的百姓"其生可乐，其死可葬"。[④] 可见道家对民生的关怀。

墨子站在兼爱的立场上，希望人与人之间能互相帮助，"有力者疾以助人，有财者勉以分人，有道者劝以教人"。以实现"则饥者得食，寒者得衣，乱者得治"[⑤] 的社会理想。他认为真正贤明的富有兼爱之心的统治者对人民应该做到"饥即食之，寒即衣之，疾病侍养之，死丧葬埋之"。以此实现

---

① 《论语·公冶长》。
② 《孟子·梁惠王上》。
③ 《老子》第八十章。
④ 《庄子·山木》。
⑤ 《墨子·尚贤下》。

"老而无妻子者，有所侍养以终其寿；幼弱孤童之无父母者，有所放依以长其身"。①

　　总之，大同社会思想是传统社会道德乌托邦的总纲，是研究我国古代空想社会主义思想极其珍贵的材料，也是轴心时期思想家们留给后世的宝贵精神财富。大同社会所展示的美好理想，在经过两千多年后，仍一再成为社会改革家们追求的理想目标。

---

① 《墨子·兼爱下》。

第四章

魏晋士人的道德理想追求与
乌托邦精神的另样表达

　　魏晋南北朝是指从公元 220 年曹丕强迫汉献帝禅位开始，到公元 589 年杨坚灭南朝陈政权建立隋朝的这段近 400 年的历史。有人认为这是中国历史上政治最黑暗、道德秩序最混乱的时期。但景蜀慧等则认为，"就历史的长河而言，没有哪一段曲折是不具价值的，在（魏晋南北朝）四百年的分裂动乱之中，不仅蕴涵着历史进步的种种深层动因，而且历史发展的进程也从未停止过。它既是一个大破坏的时期，又是一个大建设的时期，在此期间，社会从东汉末年的动乱局面，一变而到隋唐时期经济、政治、文化、中外关系的极盛，开始了从中古到近古的社会转化"。① 历史的结局及其对整个文明史的影响是处于历史进程中的人们无法预计也无法把握的。从人生的常态看，人人都希望自己生逢和平盛世，远离战乱与纷争。但人类文明的进步尤其是思想文化的发展却有自己特殊的逻辑，和平并不必然推动文化的发展，有时动荡与灾难也可能是思想解放和创新的动因。这大概就是"恶"在历史进程中的作用。客观地说，魏晋南北朝时期社会动荡、政权林立、政治黑暗，那段时期，除了曹魏和司马氏两个统一的王朝外，先后有北方的五胡十六国和南方的宋、齐、梁、陈等政权存在。政权的频繁更迭，导致了政治斗争的极端残酷，引发世人的生存忧患，但同时也激发了士人们对生命意义的认识和对生命本真问题的思考，促进了玄学思想的产生并为释道等宗教的发展创造

---

　　① 景蜀慧、孔毅：《中国古代思想史·魏晋南北朝卷》，朱大渭主编，广西人民出版社 2006 年版，第 3 页。

了条件。汉初定于一尊的儒学地位日渐衰败，儒家的纲常名教逐渐异化，并丧失了对社会人心的整合功能，但这也激发了士人阶层积极寻求儒学之外的思想文化资源，导致了文化思想的繁荣与多元化。五胡乱汉导致百姓的流离失所，但也带来了多民族的交流融合；为躲避战争，北方大量士族南移，促进了南方广大地区经济文化的开发与繁荣。对这段历史，美学家宗白华在《论〈世说新语〉与晋人的美》一文中有个综合评价："汉末魏晋六朝是中国政治上最混乱、社会上最苦痛的时代，然而却是精神史上极自由、极解放，最富于智慧、最浓于热情的一个时代。因此也就是最富有艺术精神的一个时代。"①

李泽厚则从中看到了那个时代导致的"人的觉醒"。"魏晋恰好是一个哲学重新解放，思想非常活跃，问题提出很多，收获甚为丰硕的时期。虽然在时间、广度、规模、流派上比不上先秦，但思辨哲学所达到的纯粹性和深度上，却是空前的。"他认为，从东汉末年到魏晋时期意识形态领域内出现的新思潮实际上体现的是"人的觉醒"，并且认为这种觉醒是在人的活动和观念完全屈从于神学目的论和谶纬宿命论支配控制下的两汉时代不可能出现的。② 总体而言，魏晋南北朝时期，无论在哲学思想，还是文学、艺术（包括绘画、音乐、书法、雕刻）方面都取得了突出的成就，涌现出了一批天才式的人物，如何晏、王弼、嵇康、阮籍、谢灵运、王羲之、陶渊明等，他们清雅俊逸的风情神貌与天马行空般的个人魅力，令后人追怀不已。然而这种历史现象客观两面性中积极正面的因素是后人看历史时才能体验到，对于生活于那个时代的人们来说更多感受到的是痛苦、无奈与恐惧。尤其是自命引领社会思潮的士人们，这种感受更是刻骨铭心，同时也必然将内心的感受表现于他们的日常言行中，从而成就了那个时代特殊的士风。

一　特殊时代的特殊士风

较之于先秦与两宋时期，虽然都是乱世，但魏晋南北朝时期士人的命运、处世方式和人生态度却迥异于其他两个时期。自然他们对理想社会的构建和理想人格的追求也别具个性。

---

① 宗白华：《美学与意境》，人民出版社 1987 年版，第 183 页。
② 李泽厚：《美的历程》，中国社会科学出版社 1989 年版，第 106 页。

　　仅就士人的社会地位、角色与自我意识而言，先秦时的士人们是自由的，虽然他们也必须面对自我意识觉醒后所看到的人类的有限性，甚至面对那个很难做人的现实环节。但他们却有"危邦不入，乱邦不居，天下有道则见，无道则隐"①的选择自由。各诸侯国君主们可能未必会接受他们的政治理念，却也能给予他们应有的礼遇。士人们虽然不能很富有但却基本能够很有尊严地生活着，他们坚信"道尊于势"，因此常常拥有"王者师"的自信与傲然。因此，纵观先秦时期的整个历史，士人中几乎没人因为获罪国君而招致杀身之祸的，最多只是因为话不投机而不能被重用。虽然他们的许多观点，可能不被接受，但也绝不会给他带来太大的麻烦，每次都能全身而退。从中可见当时社会风俗对士人的尊崇，也可见当时士人们精神上的自由与言行上的率性。他们基本上可以做到言行一致、心口如一。

　　两宋时期，重文抑武和不杀士大夫的开国祖制，使得士大夫的为人处世有了一个最基本的保障——没有了生命之忧。因此，在两宋时期，士大夫中有因为党争等原因而被流放或贬谪的，却没有被杀害的。如自身能淡泊名利，当时的士大夫们基本也可以做到进退由己。如能"得君行道"他们皆能以国家和人民利益为重，针砭时弊、建言献策，敢于得罪权贵、甚至皇帝。《朱子语类》中便处处体现出对皇帝的批评与指责。当他们的政治主张与合理建议不被采纳，报国无门时，就毅然回归村野山林，传道授业、著书立说，传播圣贤的经典妙义，将忧国忧民的满腔激情投入到讲学论道的学术追求中去。宋代理学家罗从彦、李侗、"武夷三先生"[指南宋时隐居武夷山的籍溪胡宪（原仲）、白水刘勉之（致中）、屏山刘子翚（彦冲）]等一生筑室山中，绝意仕进。朱熹19岁中进士，到71岁去世，一生任地方官9年，到朝廷任侍讲官仅40余天，其余时间大部分在福建北部武夷山一带开办书院讲学。正是以朱熹为代表的两宋理学团体，在政治上失意的情况下，在闽北各地创办书院、讲学论道，终使闽北成就"道南理窟"的美名。

　　宋朝士大夫们对皇帝的征召，也可根据自己对政治形势的判断，包括皇帝的政治主张是否与自己一致或自己的主张是否能得到皇帝的认可等实际情况，来决定自己是否应召，这在中国历史上大概也是较为罕见的。如宋神宗欲召见司马光时，曾问程颢："朕召司马光，卿度光来否？"程颢答："陛下

_____

① 《论语·泰伯》。

能用其言，光必来；不能用其言，光必不来。"① 这样的君臣关系及交往方式在皇权至上的专制社会实在令人惊叹！由此我们会很自然想到晋朝大名鼎鼎的嵇康因为拒绝与司马氏的合作而被杀的故事。总体上说，两宋虽处乱世，但士大夫所关注的不是个人在乱世的安危，也不是个人的政治前途命运，而更多的是"哀民生之多艰"、"恐皇舆之败绩"② 的社会忧患。

总之，无论是先秦还是两宋，士人们基本可以按照"达则兼济天下，穷则独善其身"的人生目标去决定自己的生活方式，他们虽然也充满忧患，但其忧患主要表现在对国事、天下事的关心。这也就决定了他们在塑造理想人格时，注重内圣外王，而较少表现出对自身生存的关注。

相较而言，魏晋南北朝时，士人们的生存环境要险恶得多。自东汉末年起，先是军阀混乱，三国鼎立，后虽有西晋政权的统一，但由于曹魏和司马两个统治政权（尤其是后者）的获得都是通过非正常途径，靠的不是得民心者得天下，而是刀光剑影下的杀伐与强取，其统治的合法性缺乏传统文化和社会民心的有力支持。因而，由这些统治合法性遭到质疑的政权所标榜和倡导的社会价值体系，无论是曹魏集团的"唯才是举"还是司马集团的"以孝治天下"，在现实中都缺乏应有的感召力和社会整合功能：曹魏集团唯才是举的功利主义思想，虽然为士人们提供了展示才智的平台，但同时也对传统的纲常名教思想形成了直接的冲击；司马集团试图借助儒家"以孝治天下"的价值观重塑社会秩序，但他们公然弑君的行为和内部的明争暗斗行为则使其倡导的伦理道德沦为虚伪与形式化。所有这些都导致了全社会在价值观上的混乱。

而自东汉末期以来，残酷的政治斗争和战争动乱导致的大批士人死于非命则更使士人们深感命运无常：在东汉末年宦官与外戚之间的党锢之祸中，李膺、范滂等百余名士人死于狱中；建安七子中的徐干、陈琳、刘桢等一批才子则死于战乱疾疫，孔融则为曹操所杀；此后曹魏集团和司马氏集团之间，司马氏集团内部之间的斗争，又有一大批士人被迫卷入，并惨遭杀害。特别是西晋王朝时，先有统治集团内部的"八王之乱"，后有五胡乱汉导致的"永嘉之祸"，无辜百姓惨遭杀戮，仅"永嘉之祸"中遇害的百姓就达三万余人。因此，当时士人们面对社会的动荡和无法预测的政权更迭以及可能

① （宋）邵伯温：《邵氏闻见录》，李剑雄、刘德权点校，中华书局 1983 年版，第 114 页。
② 《离骚》。

由此带来的同样无法预测的灾难，面对百姓的流离失所和悲惨命运，面对自身性命朝不保夕的生存危机和心理恐惧，他们内在的心理矛盾与痛苦可想而知。更为重要的是现实的客观环境，决定了他们既不可能有先秦时期士人那种"乱邦不入、危邦不居"的选择自由，也不可能有两宋时士大夫"达则兼济天下，穷则独善其身"的进退自如。

士人有自己的文化传统，修身、齐家、治国、平天下或说"内圣外王"，是轴心时期士人留给后世的传统，也是中国历代士人始终如一的人生理想。魏晋士人同样怀抱这样的理想，但是现实的残酷使他们不得不将治国安邦的理想"束之高阁"。因为，如何在那个乱世中保全自己的生命，如何最大限度地释放自己被压抑的精神需求与安放自己痛苦的灵魂，是他们必须首先面对的人生问题。正是这种内心的冲突，导致了魏晋士人在行为上的种种怪异表现。"魏晋人的生活与理想又是如此的不协调。他们的清言隽语与其实际的行为举止有着种种的矛盾偏差。他们生活在一个丑恶的时代，却表现出了对于美的热烈向往与追求。他们的世界充满了机诈、权谋与险恶，却极力要保持平和静穆、雍容自然的风度。他们服药饮酒，祈求长生不老、潇洒出尘，却大多因兵乱、阴谋、饥馑、疾疫等种种灾祸而不得其死。他们既脱俗又庸俗，既出世又入世，既愉快地享乐着，又痛苦地感伤着，在理想的净土与俗世的泥沼之间犹疑挣扎，显示了自己的多面心灵。"①

魏晋士人内心的痛苦与挣扎，一方面源于上述客观社会现实，另一方面则是缺乏明确的可以为之竭尽全力而奋斗的价值目标。先秦时，刚觉醒的各派思想家对社会干预的目标是非常明确的，个体人格境界的追求也是很清晰的：儒家"仁治"的社会理想（具体体现为"三代之治"）与"内圣外王"人格追求；道家"无为而治"的社会理想与"无待"、"逍遥"的人格境界；墨家"兼爱"、"尚同"的社会理想与行侠仗义的个体道义追求；等等。两宋时理学家们的社会理想也是非常明确的，那就是"回向三代"，"振肃纲纪"以及作为这种理想外化的现实目标——收复河山，恢复大统。正因为有了明确的理想目标，先秦各家代表和宋代士大夫们在阐述自己的治国主张与理想时常常显得理直气壮，毫不含糊，并总是以自己的理想目标来反观现实，以此作为判断现实政治秩序合理性和批判现实的依据。

---

① 高俊林：《现代文人与"魏晋风度"：以章太炎、周氏兄弟为个案研究》，河南人民出版社2007年版，第1—2页。

　　魏晋时期，先后出现了何晏、王弼的"名教"出于"自然"，嵇康、阮籍的"越名教而任自然"，向秀、郭象的"名教"即"自然"等思想主张。这些思想主张虽然在一定程度上影响了当时的社会风俗，尤其是士人的风气，也不同程度地对两汉经学化的儒学进行了有力的批判，但并没有成为对全社会具有高度统合力量的思潮或理想，没有在全社会形成统一的理想目标。因此，对于魏晋时期遇难的士人们，后人在感叹其惨烈与唯美主义悲剧意境的时候却找不到他们为之而死的理由——江山社稷？君王百姓？还是某个道统？这种不知为何而死、为何而生的悲苦，恐非现实动荡而带来的悲苦所能比拟。内心的悲苦必定要通过适当的方式表达与释放，但出于在险恶的政治环境中保存生命的需要，又不能直抒胸臆，于是只好借助一些似是而非甚至令人难以理解的方式来表达，这就是魏晋士人的命运，也就是我们从文献记载中看到的魏晋士人怪诞行为的根本原因所在。但也正是这种险恶的生存环境，导致魏晋士人自我意识的觉醒，用李泽厚的话来说，是"人的觉醒"，"但这种觉醒，却是通由种种迂回曲折错综复杂的途径而出发、前进和实现的"。[①]

　　这种觉醒通过士人们的雅量、识鉴、捷悟、任诞与简傲的行为方式表现，形成了中国历史上独特的士林风范，即所谓的**魏晋风度**。

　　他们珍视生命，却不愿为迎合世俗的权威而苟活。于是有了嵇康的千古绝响。据《晋书》载："康将刑东市，太学生三千人请以为师，弗许。康顾视日影，索琴弹之，曰：'昔袁孝尼尝从吾学《广陵散》，吾每靳固之，《广陵散》于今绝矣！'时年四十。海内之士，莫不痛之。帝寻悟而恨焉。"[②]

　　他们崇尚友情，却不拘于人情世故。于是就有《王子猷雪夜访戴》："王子猷居山阴，夜大雪，眠觉，开室，命酌酒。四望皎然，因起彷徨，咏左思《招隐诗》。忽忆戴安道，时戴在剡，即便夜乘小船就之。经宿方至，造门不前而返。人问其故，王曰：'吾本乘兴而行，兴尽而返，何必见戴？'"[③]

　　他们泣血行孝，却藐视现实中的伪孝。于是有了阮籍的"食肫饮酒"而后"毁瘠骨立"，以及王戎虽不备礼却"哀毁骨立"的死孝。"籍虽不拘礼教……性至孝，母终，正与人围棋，对者求止，籍留与决赌。既而饮酒二

　　① 李泽厚：《美的历程》，中国社会科学出版社1989年版，第106页。
　　② （唐）房玄龄等撰：《晋书》卷四九，吉林人民出版社1995年版，第806页。
　　③ （南朝宋）刘义庆：《世说新语全文注释本》，曹瑛、金川注释，华夏出版社2000年版，第407页。

斗，举声一号，吐血数升。及将葬，食一蒸肫，饮二斗酒，然后临诀，直言穷矣，举声一号，因又吐血数升。毁瘠骨立，殆致灭性。"① "王戎、和峤同时遭大丧，俱以孝称。王鸡骨支床，和哭泣备礼。武帝谓刘仲雄曰：'卿数省王、和不？闻和哀苦过礼，使人忧之。'仲雄曰：'和峤虽备礼，神气不损，王戎虽不备礼，而哀毁骨立。臣以为和峤生孝，王戎死孝。陛下不应忧峤，而应忧戎。'"②

他们别具雅量，宠辱不惊。于是就有谢安"看书竟，徐向局"的从容。"谢公与人围棋，俄而谢玄淮上信至，看书竟，默然无言，徐向局。客问淮上利害，答曰：'小儿辈大破贼。'意色举止，不异于常。"那场战争的胜利对东晋王朝和谢氏家族都是至关重要的。③

《晋书》载王戎："年六七岁，于宣武场观戏，猛兽在槛中虓吼震地，众皆奔走，戎独立不动，神色自若。"④

他们捷悟智慧，常令欲辱之者被辱。于是有了众多李喜似的智答。"司马景王东征，取上党李喜，以为从事中郎。因问喜曰：'昔先公辟君不就，今孤召君，何以来？'喜对曰：'先公以礼见待，故得以礼进退；明公以法见绳，喜畏法而至耳。'"⑤

总之，他们超凡脱俗的价值追求，他们对短暂生命的本真追求与礼赞，或许已超越了人类语言所能表达的限度，只有借助音乐来领悟。于是他们的人际交往也充满了音乐的玄奥与纯美。如阮籍与苏门山孙登："籍尝于苏门山遇孙登，与商略终古及栖神道气之术，登皆不应，籍因长啸而退。至半岭，闻有声若鸾凤之音，响乎岩谷，乃登之啸也。遂归著《大人先生传》。"⑥ 再如、桓子野与王子猷："伊（桓伊，即桓子野）性谦素，虽有大功，而始终不替。善音乐，为江左第一。王徽之（王子猷）赴召京师，泊舟青溪侧。素不与徽之相识。伊于岸上过，徽之便令人谓伊曰：'闻君善吹笛，试为我一奏。'伊是时已贵显，素闻徽之名，便下车，踞胡床，为作三调，

①　（唐）房玄龄等撰：《晋书》卷四九，吉林人民出版社 1995 年版，第 797 页。

②　（南朝宋）刘义庆：《世说新语全文注释本》，曹瑛、金川注释，华夏出版社 2000 年版，第 9 页。

③　同上书，第 204 页。

④　（唐）房玄龄等撰：《晋书》卷四九，吉林人民出版社 1995 年版，第 715—718 页。

⑤　（南朝宋）刘义庆：《世说新语全文注释本》，曹瑛、金川注释，华夏出版社 2000 年版，第 38 页。

⑥　（唐）房玄龄等撰：《晋书》卷四九，吉林人民出版社 1995 年版，第 798 页。

弄毕，便上车去，客主不交一言。"① 这种纯音乐的心灵交流境界，常令后世
士人追怀感叹不已。相对于晋人的"龙章凤姿"的绝美外表，内在精神的美
才是最撼人心弦的。

余秋雨曾说过："为什么这个时代、这批人物、这些绝响，老是让我们
割舍不下？我想，这些在生命的边界线上艰难跋涉的人物似乎为整部中国文
化史作了某种悲剧性的人格奠基。他们追慕宁静而浑身焦灼，他们力求圆通
而处处分裂，他们以昂贵的生命代价，第一次标志出一种自觉的文化人格。
在他们的血统系列上，未必有直接的传代者，但中国的审美文化从他们的精
神酷刑中开始屹然自立……魏晋名士们的焦灼挣扎，开拓了中国知识分子自
在而又自为的一方心灵秘土，文明的成果就是从这方心灵秘土中蓬勃地生长
出来的。以后各个门类的千年传代，也都与此有关……有过他们，是中国文
化的幸运，失落他们，是中国文化的遗憾。"②

如果我们认同李泽厚先生所说的魏晋时期又经历了一次人的觉醒，那么
这是继轴心时期人的自觉之后的第二次觉醒。士人的文化传统决定了他们必
须首先承受每一次觉醒的痛苦。杜维明先生称轴心时期士人是在一种做人难
或根本无法做人的情况下，努力做一个堂堂正正的人。③ 那么，可以比较确
定的是魏晋时期的士人是在一个更加难以做人的环境下挣扎着做一个**他们自
己理想中**真正的人。所谓"自己理想中"意指在现实社会没有能够提供一套
占据主流地位的价值体系或是虽有一套价值标准却不被认同的情况下，自己
为自己确定的为人准则。然而，他们的痛苦则在于他们自己没有也无法提供
一套确定无疑的可向世人宣扬和推行并被普遍接受的价值体系（即便他们自
己中的核心成员，如竹林七贤中的山涛和王戎最后为了保全性命也不得不屈
从于司马氏政权）。他们为后人留下更多的是悲剧性的生命礼赞和超凡智慧
的审美享受，而非可供参照的道德准则和伦理秩序。他们确乎是一批"在生
命的边界线上艰难跋涉"的痛苦灵魂，真实地向人们展示着充满矛盾的
自我。

造成这种矛盾的原因是复杂的。**从社会价值系统看**，汉代儒学的独尊与
政治化、经学化大概是最深层的原因。先秦时，儒学是独立于政权的充满活

---

① （唐）房玄龄等撰：《晋书》卷四九，吉林人民出版社 1995 年版，第 1271 页。

② 余秋雨：《遥远的绝响》，载《中华散文珍藏本·余秋雨卷》，人民文学出版社 1995 年版。

③ ［美］杜维明、东方朔：《宗周哲学之精神与儒家文化之未来》，复旦大学出版社 2001 年版，
第 18 页。

力与人文主义色彩的学术流派和道德哲学，到了西汉经董仲舒倡议上升为官方的意识形态被提到独尊的地位。昔日体制外的儒士也从"无恒产"的游士成为了体制内有恒产的士大夫，研修儒家经典成为了士人进入官场的敲门砖，"所谓以名教治天下，也就是以儒家伦常立为名分，建官分职，设置制度，以为名器。朝廷以名目取人，实际是用辅之利禄之途的名誉为手段，从正面引导社会风气，推行教化"。① 于是经学的发展进入鼎盛时期。"由于经学作为社会政治的合法性依据而获得了至高无上的地位的原因，使得经学的影响借助权威而渗透到政治经济社会的各个方面。"② "经学的地位是由当权者根据需要'法定'而成的系统，并且一旦被普遍认可成为信念系统的文本后，它就获得了一定程度上的超越具体当权者意志的神圣感，形成一种独特的制约力。"③

然而，一种学术思想一旦成为统治者的统治思想，尤其是被定为一尊而排斥了其他文化系统的渗透后，其内在的精神品质就可能变味，其学术的生命力也可能就此衰微。两汉经学也没能跳出这一宿命。"在董仲舒创立的一整套学说体系里，儒家最具代表性的核心灵魂理论'仁'学被抹杀了、删除了，象征孔孟一系真正具有理想主义色彩的思想学说遭到阉割、篡改与修正，取而代之的恰恰是服务于封建专制统治的内容，其核心是绝对权威并具有宗教色彩的'君权神授'论。这种僵化的扭曲的封闭型思维模式的神学经学，不仅笼罩着汉一代思想界，同时对当时的哲学、史学、文学、艺术等领域的毒害均至深且钜，对两千余年中国思想文化的负面影响其后果是灾难性的。"④

随着汉代儒学政治化、经学化的不断强化，特别是谶纬学的出现，儒家经典被日渐宗教化、神秘化，逐渐失去对政治的干预作用，加上经学自身存在的内容烦琐、方法拘泥和思想迟滞等弊端，尤其是当它所服务的东汉政治体制日趋腐败时，它在世人心目中的影响也日趋下降，不再具备应有的统摄力与约束力。"名教之内在本质不存，经学思潮的腐败亦不可避免。一旦名

---

① 景蜀慧、孔毅：《中国古代思想史·魏晋南北朝卷》，朱大渭主编，广西人民出版社 2006 年版，第 11 页。

② 方军：《两汉经学的式微与魏晋玄学的孕育——论王符〈潜夫论〉治道思想的历史地位》，《现代哲学》2006 年第 2 期。

③ 陈少明：《汉代学术与现代思想》，广东人民出版社 1998 年版，第 17 页。

④ 杨永泉：《两汉经学社会批判思潮管窥》，《南京社会科学》2008 年第 6 期。

教之治失去了其所以推行的基点——价值与学术之本原，经学思潮也就丧失了对社会人心的正面影响。儒学在社会意识形态领域的权威地位受到了严重挑战。"① 于是，一种以道家思想为主体、引道入儒的学术思潮——玄学孕育而生。玄学是当时一批名士，以《老子》、《庄子》和《周易》（全称"三玄"）为基础，创造出的一种新的思想体系。其中心议题是探讨宇宙的本体及其发展规律，出发点是要为从以经学为代表的汉代儒学思想的禁锢中解放出的人们提供一个安身立命的精神支柱。玄学主张"无为"的人生准则，追求"返璞归真"的理想境界，实际上是对当时腐败政治与丑恶现实的一种批判，其产生一定程度上适应了当时社会的心理需要，并导致了清议、清谈之士风的盛行。

盛行于魏晋时期的另一文化思潮是佛教思想。佛教是外来思想，原有一套精致的思想体系，它关于理想与现实等问题的理论，为当时生活在痛苦现实中的人们提供了心灵慰藉，于是赢得了广泛的信徒，佛教思想一度几乎成为魏晋特别是南朝时期的主流思潮。

然而，无论是玄学还是佛教都只是一定程度上适应了当时社会民众的心理需要，为生活在悲苦中的人们提供心灵与精神的慰藉，却不能从根本上解决当时社会的症结，也不可能完全取代以往儒家的纲常名教，而成为一种统一社会思想的意识形态。"不论是玄学或佛学，都没有提供一套更适合于维护封建制的道德理论，这就使地主阶级不得不又重新回到儒家道德理论的基地上来。"② 于是，就有了后来葛洪、颜之推等人对儒家的复兴和对儒家纲常用名教的维护。

总体上说，魏晋南北朝时期，整个社会始终缺乏一套能够统合全社会人心、适应中国的现实需要而被中国民众接受的思想理论，用今天的话来说就是缺乏一套核心价值体系。

从士人的人生境遇看，魏晋士人的经济地位远远优于其他时代。经过秦汉时期的政治发展，士已从在野的"游士"进入政治生活，成为有"恒产"的士大夫或士族中人，其中那些长期为官的士大夫家族，聚敛了大量财富，逐渐演化为世家大族，并在政治、经济上拥有了一般士和士大夫不具备的特

---

① 景蜀慧、孔毅：《中国古代思想史·魏晋南北朝卷》，朱大渭主编，广西人民出版社2006年版，第11页。

② 沈善洪、王凤贤：《中国伦理思想史》，人民出版社2005年版，第27页。

权，成为贵族化的士人。这种特殊的生活境遇决定了魏晋士人独特的复杂心理和行为方式：他们不愿失去现有的经济地位，为了维护家族的利益，从理智上他们必须与现存的政权合作，但现实政治环境的险恶又使他们望而却步；他们也希望在政治上能有所作为，但政局的动荡与统治集团内部的奸诈权谋使他们不愿也无法施展自己的抱负与才能。因此，他们要保持士人的身份，唯独能做的就是保持在社会文化与思潮方面的引领作用。然而任何一种文化思潮都是特定时代政治经济生活的反映，不可能超越现实环境而独立地存在与发展，现实生活的苦难与政治的险恶必定以文化的途径表现出来。魏晋士人将本应干预社会的进取精神转向了纯粹的精神领域，曲折地也是唯美地表达着对命运的悲叹和对生命的礼赞，同时也以一种别样的方式表达着对现实的深刻批判。

二　批判精神的曲折表达

士是中国传统社会乌托邦精神的承载者。士的精神风貌——表现为对社会的批判与干预的责任意识，直接决定着一个时代社会的集体批判意识与超越精神，也决定着一个时代乌托邦精神的消长。魏晋士人的乌托邦精神表现得很突出也很独特，尤其是他们的批判精神表现得很曲折。自我意识表现最突出的魏晋士人们，面对一个朝纲不振、政权频繁更迭的时局，一个以强凌弱、善于明争暗斗、虚伪狡诈的统治集团，他们找不到可以为之心悦诚服效命的理由。而他们又身处体制内，其中相当一部分人的家族就是统治集团内的成员，他们没有选择的自由。他们并不反对真正意义上的传统儒家纲常秩序，也希望有一个良好、清明的政治秩序，而现实中统治者的实际作为与表面倡导的纲常名教内涵截然相左。他们不能明目张胆地反对现实的政权，于是便以放浪形骸、纵情酒色、悖逆传统礼法的行为和不务实事、沉溺游谈的处世方式，借反对现实统治者提倡的纲常名教来表达他们对现实的批判。由于，魏晋士人没有传统儒家积极作为的入世情怀，也没有道家超凡脱俗的清越意境，以至于常被人误认为是一个缺乏批判意识的群体。但事实上魏晋士人们对社会现实批判的广度、深度和力度大概是其他时代难以企及的。但是，时局动荡、政治黑暗、理想目标的迷失，加上自身的境遇，导致了他们的苦闷、彷徨，并将这种情绪以叛逆的行为表现出来。概括地说，是以行为的怪诞来表达对虚伪的纲常名教与礼法的批判；以消极的不作为来表达对现实黑暗政治的批判；以对自然的回归来表达对现实的全面否定与批判。

魏晋名士中最具代表性的是"竹林七贤"，他们的现实表现与处世态度，可从另一个角度展示魏晋名士别样的批判精神。

马鹏翔在《"竹林七贤"名号之流行与东晋中前期政局》①文中，在质疑陈寅恪先生关于"竹林七贤"系东晋士人"比附佛教内典而成"观点的基础上，借用大量文献资料，提出"竹林七贤"名号最早出自西晋凉州刺史张轨之谋士阴澹的《魏纪》，《魏纪》载："谯郡嵇康，与阮籍、阮咸、山涛、向秀、王戎、刘伶友善，号竹林七贤，**皆豪尚虚无，轻蔑礼法，纵酒昏酣，遗落世事。**"

后有孙盛的《魏氏春秋》与《晋阳秋》也各有记载。

"未尝见其喜愠之色。与陈留阮籍、河内山涛、河南向秀、籍兄子咸、琅邪王戎、沛人刘伶相与友善，游于竹林，号为七贤。"《晋阳秋》则赞七贤"于时风誉扇于海内"。

"豪尚虚无，轻蔑礼法，纵酒昏酣，遗落世事"是对他们个性特征的描述，"于时风誉扇于海内"说明竹林七贤在当时社会的影响。我们可以从"轻蔑礼法"、"纵酒昏酣"两个最鲜明的特征来考察他们是如何以此来批判现实的。

轻蔑礼法：《晋书》与《世说新语》对此多有记载。

嵇康是"竹林七贤"的领袖级人物，他"身长七尺八寸，美词气，有风仪……人以为龙章风姿，天质自然"却又"土木形骸，不自藻饰"，浑身长满虱子；他"有奇才，远迈不群"、"善谈理，又能属文，其高情远趣，率然玄远"却又"善锻"（好打铁甚至有些痴迷）。显然他外在的仪表行止本身就是一个矛盾的集合体，即是轻蔑传统礼法的一种特殊表现。他"含垢匿暇，宽简有大量"，却因为好友山涛举荐他出仕而毅然作《与山巨源绝交书》与之绝。如果说他外在行为举止是对传统礼法一种无声批判，那么《与山巨源绝交书》则是他批判蔑视传统礼法甚至价值观的宣言书。在书中，他公然宣称自己"非汤、武而薄周、孔"，认为要让他出仕，就好像是让他"手执屠刀，也沾上一身腥臊气味"。其言下之意是暗示当朝的统治者们，就是"手执屠刀、满身腥臊味"的屠夫。他主张"直木不可以为轮，曲木不可以为桷"，凡事应顺着各自的本性去做，才可以得到心灵的归宿。他还在

---

① 马鹏翔：《中国哲学史》2008 年第 2 期。

书中历数自己放任率真的行为习惯，抒发了"游山泽，观鱼鸟"、"游心于寂寞，以无为为贵"的人生态度。这实际上也是他主张的"越名教而任自然"的思想体现。

稽康临死前曾对儿子子绍说："巨源在，汝不孤矣。"[1]说明他和山涛的深厚友情始终不减。他之所以要"与山涛绝"完全是借题发挥，是借写信表达他对两汉以来尤其是现实中被统治者扭曲的所谓纲常名教的虚伪本性的蔑视。当然结合当时的政治环境，可知，稽康此书矛头指向不仅是传统礼法，更重要的是当世的权臣司马昭，因为当时司马昭正准备篡位，而且有一批士人正搬出"汤武周孔的名言"为其做舆论上的准备，稽康说自己"非汤武而薄周孔"，意思极其明显。因此，他真正要反对和批判的并非汤武周孔，而是司马氏集团倡导的伪道德、伪名教。这就难怪司马昭读完此文，对稽康杀心顿起。所以有人说，写完此信，稽康生命的终结已进入倒计时。

他公然蔑视权贵，不仅不与司马氏合作，对当朝钟会更是置之不理。《晋书》载："初，康居贫，尝与向秀共锻于大树之下，以自赡给。颖川钟会，贵公子也，精练有才辩，故往造焉。康不为之礼，而锻不辍。良久会去……会以此憾之。及是，言于文帝曰：'稽康，卧龙也，不可起。公无忧天下，顾以康为虑耳。'因语'康欲助毋丘俭，赖山涛不听。昔齐戮华士，鲁诛少正卯，诚以害时乱教，故圣贤去之。康、安等言论放荡，非毁典谟，帝王者所不宜容。宜因衅除之，以淳风俗'。"[2]

阮籍也是竹林七贤的主要成员，极受稽康推崇。他的怪诞表现较之稽康有过之而无不及。《晋书》载他："籍容貌瑰杰，志气宏放，傲然独得，任性不溺，而喜怒不形于色。或闭户视书，累月不出；或登临山水，经日忘归。博览群籍，尤好《庄》、《老》。嗜酒能啸，善弹琴。当其得意，忽忘形骸。时人多谓之痴。"[3]

他不拘礼教，行为怪诞。"籍嫂尝归宁，籍相见与别。或讥之，籍曰：'礼岂为我设邪？'邻家少妇有美色，当炉沽酒。籍尝诣饮，醉，便卧其侧。"[4]"兵家女有才色，未嫁而死。籍不识其父兄，径往哭之，尽哀而还。其外坦荡而内淳至，皆此类也。时率意独驾，不由径路，车迹所穷，辄恸哭

---

[1]　（唐）房玄龄等撰：《晋书》卷四九，吉林人民出版社 1995 年版，第 710 页。

[2]　同上书，第 805 页。

[3]　同上书，第 96—98 页。

[4]　同上书，第 797 页。

而反。"① 为一个陌生女子而哭，而且哭得情真意切，这既不合礼法，自然也不合常情，然而没有人会指责他。"这眼泪，不是为亲情而洒，不是为冤案而流，只是献给一具美好而又速逝的生命。荒唐在于此，高贵也在于此。"②一个人驾着车，路尽而哭，又是为何？也许为黑暗的现实，为许多相识和不相识人的悲惨命运，更为现实中找不到一条可直行的人生道路。他的哭是对现实的控诉。

他骂起来人来也毫不留情。《晋书》载："有司言有子杀母者，籍曰：'嘻！杀父乃可，至杀母乎？'坐者怪其失言。帝曰：'杀父，天下之极恶，而以为可乎？'籍曰：'禽兽知母而不知父，杀父，禽兽之类也。杀母，禽兽之不若。'众乃悦服。"③

像阮籍这样的行事方式，居然能躲过当权者的杀害，实在也是一种难得的智慧。为了躲避皇家的求亲，居然连醉 60 天。这也从一个角度让人感受到在那个时代要平安地按照自己的方式活着该有多难。而且要活得像自己更是难上加难。《晋书》明白地点出他嗜酒原是为了保全性命："籍本有济世志，属魏晋之际，天下多故，名士少有全者，籍由是不与世事，遂酣饮为常。文帝初欲为武帝求婚于籍，籍醉六十日，不得言而止。"④ 可见在魏晋时，喝酒也成了一种生命哲学。这就难怪魏晋士人们都与酒有了不解之缘。

竹林七贤的其他人个个都有不凡的超群表现："以竿挂大布犊鼻于庭"、"妙解音律，善弹琵琶。"饮酒不用杯筋，而用大盆，甚至与群豕共饮的阮咸；"不拘礼制，饮酒食肉"、"不仰依尧舜典谟，而驱动浮华，亏败风俗"的王戎；⑤ "清悟有远识"、"雅好老庄之学"的向秀；放情肆志、嗜酒如命，"以天地为栋宇，屋室为裈"的刘伶。⑥

总之，魏晋士人或许无意于向世人展示其特立独行的生命特征，但却给后人留下了一串并非完美却挥之不去的鲜活形象；他们或许也并不希望世人了解其内心承受的精神酷刑，却吸引了后世无数学者不自觉地潜入他们的心灵去设法解读那一个个超凡孤苦的灵魂。

① （唐）房玄龄等撰：《晋书》卷四九，吉林人民出版社 1995 年版，第 798 页。
② 余秋雨：《遥远的绝响》，载《中华散文珍藏本·余秋雨卷》，人民文学出版社 1995 年版。
③ （唐）房玄龄等撰：《晋书》卷四九，吉林人民出版社 1995 年版，第 797 页。
④ 同上。
⑤ 同上书，第 798、715—718、807 页。
⑥ （南朝宋）刘义庆：《世说新语全文注释本》，曹瑛、金川注释，华夏出版社 2000 年版，第392 页。

　　纵酒昏酣。纵酒昏酣，是魏晋士人的又一典型特征。纵酒导致率性，纵酒导致怪诞，纵酒导致违背礼法，纵酒还可以为上述所有行为提供一个合理的说法。换种方式表达也可以说，因为率性，所以饮酒；行为怪诞，所以饮酒也不同凡响；因为不愿尊崇礼法，所以借酒破之；因为想忘记痛苦，想要去除胸中块垒。①"王孝伯问王大：'阮籍何如司马相如？'王大曰：'阮籍胸中垒块，故须酒浇之。'"所以借酒浇愁。也许正因为纵酒有如此多的"好处"，导致了魏晋时代酒文化的极度发达。《晋书》与《世说新语》中处处充满了关于饮酒、嗜酒的记载："诸阮皆饮酒，咸至，宗人间共集，不复用杯觞斟酌，以大盆盛酒，圆坐相向，大酌更饮。时有群豕来饮其酒，咸直接去其上，便共饮之。"②"刘伶病酒，渴甚，从妇求酒。妇捐酒毁器，涕泣谏曰：'君饮太过，非摄生之道。必宜断之。'伶曰：'甚善。我不能自禁。唯当祝鬼神自誓断之耳。便可具酒肉。'"③

　　竹林七贤的风姿情调多表现于其饮酒的品味和格调上……汉代礼法森严，文士多感钳制，即借酒摆脱礼制的束缚。汉魏之际，许多名士即基于不同的角色而对酒的社会规范持不同立场。七贤善饮，亦表现出不同的酒量、酒德与酒品。阮籍的饮酒是全身避祸，是酒道，有时借酒公然向名教权威挑战，亦借酒发抒率真性情。嵇康喜饮，而从道家清心寡欲立场上更反对酒色，但也认识到了饮酒怡养身心、营造生活情趣的正面价值。相较而言，刘伶的饮酒是痛饮豪饮，他是在借酒所催发出来的原始生命力，使其心灵超脱。如果说阮籍放达的饮酒是有所为而作"达"故得"至慎"美名，阮咸的耽酒虚浮、与猪共饮则是无所为而作"达"，则是一种沉沦。七贤中向秀饮酒态度最为平淡，他对饮酒兼容了儒道的名教与自然，但求中和之理以两全。山涛借酒交友，借酒怡情遣性，他酒量大而有节制，颇像他的为人处世。王戎饮酒有时狂如阮籍，有时又掌握节度似山涛。综之，面对政局的多变和人生的无常，通过饮酒，来提升心境以消解是非、荣辱、生死、苦乐的偏执，企求臻于与道

----

　　①　（南朝宋）刘义庆：《世说新语全文注释本》，曹瑛、金川注释，华夏出版社2000年版，第409页。

　　②　（唐）房玄龄等撰：《晋书》卷四九，吉林人民出版社1995年版，第799页。

　　③　（南朝宋）刘义庆：《世说新语全文注释本》，曹瑛、金川注释，华夏出版社2000年版，第390页。

冥合、逍遥自适的超世俗之至境，这是七贤及多数士人饮酒心态的普遍写照。①

　　从表面看，魏晋士人们的行为似乎很难与传统礼法相融，他们确实也将批判的矛头指向了传统的礼法。然而，综观魏晋士人的言行，其实他们并不一般地否定儒家的纲常名教，甚至在内心也是认同儒家"内圣外王"之修身、齐家、治国平天下理想的，并渴望自己也能有所作为的。即便是竹林七贤自身的表现，很多地方也体现了对儒家本真道统精神的尊崇，如山涛对与自己绝交的嵇康后人的照顾，以及他们整体上对现实权威的蔑视与不合作。

　　魏晋名士对传统儒家本真道统精神的尊崇与对现实伪道德、伪名教的批判，源头可追溯到早期玄学思想家王弼那里。王弼倡导"名教"出于"自然"论，试图通过融合儒道来挽救现实的危局。他主张道家的"无为"思想，强调"以无为用"，返璞归真，认为现实中统治者的作为，如设名立教——名法之治、名教之治，特别是执著于名教，以名教来确立地位和属性，并以此追逐个人利益的行为是违背自然的，是造成现实各种混乱局面的根源。他又认同儒家"立官长"定名分而确立的政治伦理原则（等级秩序），即"名教"。但他认为"名教"出于自然，本于自然，只有按自然原则确立的社会秩序才是符合道德要求的。"王弼从道家的自然主义观点出发……提出'无为'的政治主张。但他又深信，儒家的名教，即尊卑贵贱的等级制度和维护它的宗法伦理，是正常的封建秩序之所在，于是试图以道家的自然来加以挽救，以期重建封建秩序，实现国家统一。""由于名教就是表示人在社会中的地位的，所以君主需要法天作制，设名立教，使万民各明其性而各安其分。君主治国理民就是教化万民的过程。但这种教化不是强制人们去遵守名教，任何的强制都只会损害人的自然本性；它是以无为的方式行不言之教，导而不牵，疏而不堵，因人之性，顺人之情，让无为之功自明，有为之害自彰，则万民就会抛弃有为而跟从无为。"②

　　应该说，王弼的理论构建，是着力于挽救在现实中已失去普遍约束力的名教思想的。当然他对现实中统治者以一己之贪欲，宰治万民、肆意妄为的行为还是给予了有力的批判。王弼的思想很大程度上影响甚至规定了魏晋后

　　①　曾春海：《竹林七贤与酒》，《中州学刊》2007 年第 1 期。
　　②　张桂珍：《论王弼的理想人格》，《经济与社会发展》2007 年第 5 卷第 4 期。

期士人对名教的态度，虽然表达的方式很不一样，但实质上都渴望能重新建立一套符合人的自然本性的真实的伦理秩序与规范，以拯救那个黑暗的世界。以竹林七贤为代表的后期名士，虽未像王弼这样试图在理论上对原始儒家的本真道统精神进行肯定性的论述，但却以实际行为表达了对真正意义的伦理秩序的追求。因此，魏晋士人所反对和批判的是现实中统治者表面上"崇奉礼教"而实际上却在"毁坏礼教、不信礼教"的虚伪作为。"建安七子"之一的徐干在《中论·遣交》论及尚名之弊时说："详察其为也，非欲忧国恤民，谋道讲德也，徒营己治私，求势逐利而已。有策名于朝，而称门生于富贵之家者，比屋有之。为之师而无以教，弟子亦不受业。然其于事也，至乎怀丈夫之容，而袭婢妾之态，或奉货而行赂以自固结，求志属托，规图仕进，然掷目指掌，高谈大语。若此之类，言之犹可羞，而行之者不知耻。嗟乎！王教之败乃至于斯乎！"① 魏晋士人所批判的正是这种意义上的名教思想。鲁迅在《魏晋风度及文章及药及酒之关系》一文中评价嵇康、阮籍时曾说："嵇阮的罪名，一向说他们毁坏礼教。但据我个人的意见，这判断是错的。表面上毁坏礼教者，实则倒是承认礼教，太相信礼教。但其实不过是态度，至于他们的本心，恐怕倒是相信礼教，当作宝贝。比曹操、司马懿们要迂执得多。"② 郑训佐等认为："阮籍哭母吐血数升，是至孝；往哭兵家女，是真仁；醉卧当垆妇，是真贞。"认为阮籍得名教之实，"在根本上是一种至性至情的流露，最具道德品性操守。其最高之境界，乃自然无为、委运顺化。他们在放达之中有所坚守，与苟且之徒截然不同。"③ 这也从另一角度折射出原始儒学精神的顽强生命力及其对维护社会伦理秩序的功能，这对我们今天如何正确对待传统儒家思想也是一个启示。实际上，原始儒家思想即便是在两汉被强制政治化、神学化期间，也在民间通过循吏和体制外的士人的传承得以发挥对社会的整合作用。

　　许倬云就认为："固然（汉代）儒生中大部分以进入文官体制为目标，仍有不少以学问德性为志业，选择了留在文官体制之外，以督责批判现实政治……有些知识分子不直接抗议，但宁愿清贫退隐，不愿依附权贵，也保持

---

① 转引自刘季冬《经典文本的思想意蕴与译释者的时代境遇——以王弼诠释〈老子〉为示例》，《兰州学刊》2005 年第 3 期。

② 钱理群、金宏达选编：《鲁迅文集精读本》（杂文），中国华侨出版社 2004 年版，第 145 页。

③ 郑训佐、李剑锋：《中国文学精神·魏晋南北朝卷》，山东教育出版社 2003 年版，第 130页。

了社会良心的功能。知识分子内部分化，终于使儒家没有变成官办的宗教，儒生也没有变成官派的儒僧。至少，知识力量部分地发挥了社会对国家的制衡……儒家在民间的古文经典及其阐释，突破了太学中官学的独占，也因此使东汉儒学发展了民间的传承。"①

<h2 style="text-align:center">三　社会乌托邦的经典设计</h2>

魏晋士人的任诞放达、率性隐逸，只是其赢得后世记忆的一个侧面，更为重要的是他们在动荡的现实中痛苦挣扎的同时，在以各种曲折的方式表达着对现实批判的同时，并没有放弃对理想社会和理想人格的追求，这才是展示他们生命光辉的主题，也是他们代表那个时代社会良心的凭藉。对现实的批判常常是与理想的构建相联系的。许倬云说："若是知识分子（传统社会的'士'）没有针砭当世的使命感，没有一个衡量制度长短的尺度，没有一个好恶分际的理想，他们不可能具有批评的能力与决心。"② "魏晋南北朝时期，既是一个社会动荡、政权分裂的时代，又是一个洋溢着新思想探索风气的时代。社会现实的黑暗刺激着人们对美好社会的憧憬和向往，而思想多元的格局又激发了人们理性思考的热情。于是一个个理想社会的设计方案出台，或富有哲理，或饱含诗意，或充满幻想，或内涵平实，为这一时期的社会思想涂上了最为清新、奇异和绚丽的色彩。"③ 这些社会理想既是他们批判现实的绳墨，也为中国的社会乌托邦史增添了丰富的内涵。

（一）　无君无臣的理想社会

东汉末期以来，董仲舒的"君权神授"说越来越遭到怀疑。君主的神圣性与权威性也面临严峻挑战。特别是汉末皇权不振，一个个傀儡皇帝成为权臣任意摆布的政治筹码。接下来建立的曹魏政权又因曹操养于宦官家庭的身份，加上其曾挟天子以令诸侯的不轨行为，使其统治的合法性和皇家的权威，始终没能赢得当时社会的认同。再接下来的司马政权的建立更是在公开的弑君与大肆杀伐中取得的，其行为与传统伦常明显相悖，更为当时士人所

---

① 许倬云：《许倬云自选集》，上海教育出版社 2002 版，第 204—205 页。
② 许倬云：《求古编》，新星出版社 2006 年版，第 377 页。
③ 景蜀慧、孔毅：《中国古代思想史·魏晋南北朝卷》，朱大渭主编，广西人民出版社 2006 年版，第 272 页。

不齿。与动荡不安的政局相呼应，在政治思想领域，两汉以来儒学独尊的局面也被打破，经学、谶纬神学左右思想界的状况，为各种新学派的共存所代替。在这众多的思想流派中，出现了以追求"无为而治、返璞归真"的"无君论"思想。这一思想主要代表人物是魏晋之交的阮籍与两晋之际的鲍敬言。

　　阮籍之《大人先生传》及其"无君"思想。阮籍首倡无君论思想，他在《大人先生传》中通过将过去"无君无臣"的社会与现实专制统治的社会进行对比，得出"无君而庶物定，无臣而万事理"，"君立而虐兴，臣设而贼生"的结论。他眼中上古无君无臣的社会是"大者恬其性，细者静其形。阴藏其气，阳发其精。害无所避，利无所争。放之不失，收之不盈。亡不为夭，存不为寿。福无所得，祸无所咎，各从其命，以度相守。明者不以智胜，暗者不以愚败。弱者不以迫畏，强者不以力尽"的社会。概括来说就是：万物各得其情、各从其命，恬静而顺应自然的社会；没有欺诈和恃强凌弱的平等、和谐的社会。而现实中"君立臣设"的社会，则是"怀欲以求多，诈伪以要名……坐制礼法，束缚下民。欺愚诳拙，藏智自神。强者睽眠而凌暴，弱者憔悴而事人。假廉而成贪，内阴而外仁"的虚伪、贪婪、残暴的不平等社会。他还认为现实中统治阶级制定的礼法，是"天下残贱、乱危、死亡之术耳"。[①] 在此，阮籍毫不留情地指出君主统治下的社会，实际上也就是他所生活时代的现实社会的无道性，认为君主是政治弊害和社会动乱的根源，表达了对"无君无臣"理想社会的向往。

　　鲍敬言的《无君论》及其理想社会。鲍敬言其人现已无文献资料可查考。现存关于他的所有记载都出自葛洪的《抱朴子·诘鲍》，根据该文记载："鲍生敬言好老庄之书，治剧辩之言，以为古者无君，胜于今世。"这便是关于鲍敬言生平的唯一记载。现在摘选他思想的书很多，如《中国散义史》（上册）（郭预衡主编，上海古籍出版社）、《中国历代思想家传记汇诠·魏晋—北宋分册》（王蘧常主编，复旦大学出版社）、《诸子百家精华》（下册）（蔡尚思主编，湖南大学出版社）、《六朝散文》（刘良明编著，文化艺术出版社）等也都采用这一说法。目前学界较普遍认为，鲍敬言大概生活于公元3—4世纪期间，比葛洪略早或是同时代人。如果葛洪不是为了写《抱朴子·诘鲍》而假托鲍氏其人其言的话，可以肯定鲍敬言应与他是同时期人，而

---

① （魏）阮籍：《阮籍集》，李志钧等校点，上海古籍出版社1978年版，第66页。

且他们之间就君主制的好坏优劣问题经历过针锋相对的辩论。如果是假托其言的话，那么我们也可以作一个大胆的假设，即"无君论"的思想在当时社会上已经很流行，葛洪只是针对当时社会上流行的两种相反观点进行了整理。

根据《抱朴子·诘鲍》篇的记载，鲍敬言完全否定君权神授的说法，认为君臣制度起源于不平等的社会。"夫强者凌弱，则弱者服之矣；智者诈愚，则愚者事之矣。服之，故君臣之道起焉；事之，故力寡之民制焉。然则隶属役御，由乎争强弱而校愚智。"他认为，天下万物承自然之禀赋，各有其本性，本无高下尊卑之分。"夫天地之位，二气范物，乐阳则云飞，好阴则川处，承柔刚以率性，随四八而化生。各附所安，本无尊卑也。"他认为君主及其官僚机构，则是压迫人民、剥削人民的工具，是导致社会丑恶与灾难的根源。"君臣既立，而变化遂滋，夫獭多则鱼扰，鹰众则鸟乱，有司设则百姓困，奉上厚则下民贫……采难得之宝，贵奇怪之物，造无益之器，恣不已不欲。非鬼非神，财力安出哉？夫谷帛积则民有饥寒之俭，百官备则坐靡供奉之费。宿已有徒食之众，百姓养游手之人。民乏衣食，自给已剧；况加赋敛，重以苦役。下不堪命。且冻且饥，冒法斯滥，于是乎在？……恐智勇之不用，故厚爵重禄以诱之；恐奸衅（xìn 同衅）之不虞，故严城深池以备之。而不知禄厚则民匮而臣骄，城严则役重而攻巧。"他还认为"无道之君，无世不有，肆其虐乱，天下无邦，忠良见害于内，黎民暴骨于外"。他批判了统治阶级制定的礼法制度对人性的扭曲："混茫以无名为贵，群生以得意为欢，故剥桂刻漆，非木所愿；拔羽裂翠，非鸟所欲；促厩御辖，非马之性；荷载运重，非牛之乐；诈巧之萌，任力为真。"[①]

在系统批判了君臣制所造成的社会灾难后，他提出了他理想中的无君无臣社会。在无君无臣的社会里，百姓"穿井而饮，耕田而食，日出而作，日入而息，泛然不系，恢尔自得，不竞不营，无荣无辱……势利不萌，祸乱不作；干戈不用，城池不设……疫疠不流，民获考终；纯自在胸，机心不生。含脯而熙，鼓腹而游。其言不华，其行不饰"。[②]他描述的这个无君无臣的理想国，概括起来就是：一个"入无六亲之尊卑，出无阶级之等威"的祛除了等级区别和上下尊卑的平等社会；一个"身无在公之役，家无输调之费"的

---

① （晋）葛洪：《诸子集成》第 8 册《抱朴子》，中华书局 1954 年版，第 190—192 页。
② 同上书，第 190 页。

没有剥削压迫和奴役的社会；一个"涉泽而鸥鸟不飞，入林而狐兔不惊"的万物默然合一、不分彼此的人与自然和谐相处的朴素社会（这与庄子的"至德之世"几乎如出一辙）；一个"穿井而饮，耕田而食，日出而作，日入而息"的自食其力、丰衣足食的社会；一个"不竞不营，无荣无辱"，"不相兼并"、"不相攻伐"的没有竞争之心、势利之争，也没有欲望、纯洁坦白，没有心机和算计，没有虚伪掩饰甚至也没有任何价值观念的宁静而祥和的社会；一个"干戈不用，城池不设"的没有军队、刑律的社会；一个"含脯而熙，鼓腹而游"的无病无灾、怡然自得的社会；一个"山无蹊径，泽无舟梁"的与世隔绝的社会。

在鲍敬言看来，这个无君社会远古就曾存在过，因此并非不可企及。现在只需回归到那个社会，就可消弭有君社会那层出不穷的冲突，就可根除由等级社会所产生的一切弊端。

他的"无君"思想直承老庄，是对老庄复古思想的继承。他所描绘的"无君无臣"理想国，涵盖了老子的"小国寡民"和庄子"至德之世"的特点，都主张"无为"、"返璞归真"，一切顺应自然。但他比老庄的进步之处在于他对立君设臣的政治制度提出了毫不留情的严厉批判，实际也是对他所生活的时代的批判。而且他明确提出了奴役与剥削现象是违背自然本性的，是不合理的，表达了对封建统治的愤怒抗议。葛洪对他的思想进行了反驳，认为不能一概否定君臣制，认为桀、纣之类暴君确实对人民有害，但圣君（如包牺氏、燧人氏、神农氏等）却对人民有功。葛洪还利用典籍中关于某些传说的记载，论证了君权出于天命神授的观点，认为君主制度是天然合理的。

这场辩论的结果如何，没有文献记载不得而知，但却将鲍敬言"无君论"的思想较系统地保留了下来，并对近代中国"无政府主义"者产生了很大的影响。刘师培曾专门撰《鲍生学术发微》一文，刊载在 1907 年 10 月 30 日的《天义报》上，对鲍敬言的"无君论"思想进行了较全面的评注。[①]

> 鲍敬言所描绘的这个理想社会，实际上是生活在阶级社会的人们，由厌恶现实社会的罪恶和血腥而生发的对遥远的原始社会的一种美好追忆；由君主制度给社会带来的无边苦难而产生的人类生而平等自由的观

---

① 参见《刘师培学术文化随笔》，中国青年出版社 1999 年版，第 265 页。

念。这个社会也并非鲍敬言所虚构，因为它确实在历史上存在过，只不过它并非鲍敬言所描绘的那么美好；而他要在阶级社会中返回到那个时代的想法，的确具有空想性质。①

虽然阮籍、鲍敬言都主张无君论，在思想上也有继承性，但二者的差异是很明显的。首先是立场不同，阮籍是站在天地万物总的立场，鲍敬言是站在被统治阶级的立场。立场的不同决定了他们批判思想侧重点的不同，阮籍重在批判统治阶层，鲍敬言重在批判阶级统治。二者的批判方法也不同，阮籍用玄学的方法，以理想批判现实，鲍敬言用历史主义的方法。这样导致二人解决方法也不同，阮籍只能提出在思想意识中解决，鲍敬言则主张在现实中废除君主，虽然同样不可行，但鲍敬言思想的战斗精神却在阮籍之上。推究其因，是时代与阶级出身使然。魏晋之交，虽然政治动荡，但那只是统治阶级内部的争斗，民间还是相对稳定的。到两晋之交，经历八王之乱和外族入侵，阶级矛盾激化，民众的力量显露出来，鲍敬言的无君论就是他们政治上的声音。就作者而论，阮籍出身士族，虽对当时政治失望，但他的着眼点还是统治阶级内部。鲍敬言生平虽不可以考，但从著作中可以推知，他必定对人民生活有着深入的了解。这也就是说他们理论的差异是由其阶级属性决定的。从这层意思来看，魏晋无君论的思想逻辑进程，实质上是历史的进程，即人民展露力量的进程。②

其他关于"无君论"的思想。《中国大同思想史料》里收入了《列子·黄帝篇》，该书作者认为，《列子》原书早已佚失，现在的《列子》一书是，根据许多学者考订，认为是晋人杂采老庄及佛经之说而伪造的，成书时间大约在公元3—4世纪间。

该书记载了"华胥国"和"终北国"两个理想国。"华胥氏之国在弇州之西，台州之北……盖非舟车足力之所及，神游而已。其国无师长，自然而已。其民无嗜欲，自然而已。不知乐生，不知恶死，故无夭殇；不知亲己，不知疏物，故无爱憎；不知背逆，不知向顺，故无利害：都无所爱惜，都无

① 景蜀慧、孔毅：《中国古代思想史·魏晋南北朝卷》，朱大渭主编，广西人民出版社 2006 年版，第 277 页。

② 陆静卿、李磊：《从阮籍到鲍敬言——浅论魏晋无君论的逻辑进程》，《湖北省社会主义学院学报》2004 年第 3 期。

所畏忌。"①

"滨北海之北，不知距齐州几千万里，其国名曰终北。"在这个"终北国"里，"人性婉而从物，不竞不争。柔心而弱骨，不骄不忌；长幼侪居，不君不臣；男女杂游，不媒不聘；缘水而居，不耕不稼。土气温适，不织不衣；百年而死，不夭不病。"

这个国家的百姓"亡衰老哀苦。其俗好声，相携而迭谣，终日不辍音……周穆王北游过其国，三年忘归。既返周室，慕其国，敪然自失，不进酒肉，不召嫔御者，数月乃复"。②

（二）陶渊明的"世外桃源"

陶渊明（约365—427），字元亮，号五柳先生，谥号靖节先生，入刘宋后改名潜。东晋大司马陶侃之曾孙，是东晋末期南朝宋初期诗人、文学家、辞赋家、散文家。浔阳柴桑（今江西省九江市）人。晋孝武帝太元十八年（393），29岁的陶渊明第一次出来做官，《宋书》本传说他"起为州祭酒。不堪吏职，少日自解归"。后来又先后担任桓玄的幕僚和刘裕幕府参军等职，晋安帝义熙元年秋（405），陶渊明出任彭泽令，这是他一生中最后一次出仕，时年41岁。此后绝意官场，归隐田园。

他一生最主要的作品有《桃花源记》、《桃花源诗》、《归园田居》、《归去来兮辞》等。其中对后世影响最大的当数他的《桃花源记》，《桃花源记》全文：

> 晋太元中，武陵人捕鱼为业。缘溪行，忘路之远近。忽逢桃花林，夹岸数百步，中无杂树，芳草鲜美，落英缤纷。渔人甚异之。复前行，欲穷其林。林尽水源，便得一山，山有小口，仿佛若有光。便舍船，从口入。初极狭，才通人。复行数十步，豁然开朗。土地平旷，屋舍俨然，有良田美池桑竹之属。阡陌交通，鸡犬相闻。其中往来种作，男女衣着，悉如外人。黄发垂髫，并怡然自乐。见渔人，乃大惊，问所从来。具答之。便要还家，设酒杀鸡作食。村中闻有此人，咸来问讯。自

① 中国科学院哲学研究所中国哲学史组编：《中国大同思想资料》之《列子·黄帝篇》，中华书局1959年版，第21页。

② 中国科学院哲学研究所中国哲学史组编：《中国大同思想资料》之《列子·汤问篇》，中华书局1959年版，第22页。

云先世避秦时乱，率妻子邑人来此绝境，不复出焉，遂与外人间隔。问今是何世，乃不知有汉，无论魏晋。此人一一为具言所闻，皆叹惋。余人各复延至其家，皆出酒食。停数日，辞去。此中人语云："不足为外人道也。"

既出，得其船，便扶向路，处处志之。及郡下，诣太守，说如此。太守即遣人随其往，寻向所志，遂迷，不复得路。

南阳刘子骥，高尚士也，闻之，欣然规往。未果，寻病终。后遂无问津者。①

陶渊明生活于东晋末年与刘宋王朝之间，正是中国历史上最黑暗最混乱的时代，统治阶级腐败无能，却不断进行内部权力争夺，全然不顾百姓的死活。残酷的政治斗争加上自然灾害和名目繁多的赋税与徭役，使得民不聊生。陶渊明四次出仕却又很快辞官，他长期生活在普通人中间，深知社会的黑暗和官场的腐败，更了解人民的苦难与不幸，他渴望有一个人人平等、共同劳动、没有剥削压迫的理想社会，但又无能为力。正是在这样的时代背景下，他写出了《桃花源记》——为自己也为当时的人民设计的一个完全摆脱了现实苦难的美好人间乐园，一个相对于现实世界的理想样板。他设计的"桃花源"是一个风景优美、秩序井然；人人平等、恬然自乐；民风古朴，古道热肠的所在；一个没有剥削压迫，没有机诈算计，没有朝代更替的与世隔绝的社会。

魏晋时期的士人，在构建乌托邦时，都不约而同地选择上古或过去曾经"存在"过的理想国来表达他们的理想愿望。而陶渊明独辟蹊径，描写了一个当世的乌托邦。他文中的"桃花源"亦真亦幻，那里"土地平旷，屋舍俨然，有良田美池桑竹"，源中人"怡然自乐"，与外界完全隔绝，家家热情好客，人际和谐友好。这样的情境，与东晋及刘宋代王朝时战乱纷争不断、机诈权谋频起、自然灾害不断的现实社会形成了鲜明的对比。它告诉人们什么样的生活才是真正值得过的，是应该追求的。当然也许他在提醒当朝的统治者应该为百姓创造一个这样的环境。或许正是基于这样的考虑，他没有像同时期的其他乌托邦设计者一样，"将自己的社会理想或置于深邃的哲

① （清）吴楚材、吴调侯编著：《古文观止》，田宇、孙佳宁译注，吉林人民出版社 2005 年版，第 133 页。

学玄想中，或拉回到遥远的上古社会，或推向渺茫的悠悠空际"，① 而是放置到现实社会的背景中，使之显得真实可信。且其描述方式朴实，没有丝毫神秘感，仿佛就在现实中，给人以希望。桃花源寄托了陶渊明渴望改变现实，让百姓过上安居乐业、和平宁静的美好生活的强烈愿望。但自小生活于乡村、亲眼目睹并亲身经历了农村艰难生活，且又几度出仕，深知官场腐败的他，清楚地知道他的"桃花源"是不可能在现实中实现的，那只是他和广大人民寄托理想的地方。于是文章以"不复得路"和"遂无人问津"结束。这样的结尾又把人们的希望从幻想中拉回现实。作者在此似乎在暗示人们这样的地方只能是在幻想中或在意念中存在，现实中不可能找得到，而且也没有多少人相信并愿意持之以恒地去"寻找"。文中说起初尚有"高洁士"欣然规往，最终却是"无人问津"。这似乎暗示着当时现实中没有人能够或有志于改变现实的黑暗，为百姓创造一个美好的现实，表达了作者的无奈心情。

陶渊明的一生，四次出仕，头尾不过 12 年，而且其间多次辞职，或赋闲在家，真正在任时间总计不过三四年。从历史记载看，第一次辞官是"不堪吏职"；第二三次辞官是因为出于对桓玄与刘裕集团的失望与不满；最后一次解职归家，是不愿为五斗米折腰。结合他的经历和他的众多诗文可知，他多次辞官最主要的原因应是出于对官场的厌恶和对田园生活的向往。他 41 岁后，即返归他念念不忘的田园，从此过上他完全的"隐居"生活。《晋书》将他列入《隐逸传》，说明史学家也认定他是个隐者。然而，他并非天生就是隐者，他从小熟读儒家经典，受过儒家思想较系统的教育，且极富济世激情。他在不少诗词中表达了这一激情，如："少年罕人事，游好在六经……竟抱固穷节，饥寒饱所更。"② （"六经"即《诗》、《书》、《易》、《春秋》、《礼》、《乐》等六部儒家典籍）"忆我少壮时，无乐自欣豫。猛志逸四海，骞翮思远翥。"③ "少时壮且厉。抚剑独行游。"④

《晋书》载："潜少怀高尚，博学善属文，颖脱不羁，任真自得，为乡邻之所贵。"他的自传《五柳先生传》称："闲静少言，不慕荣利。好读书，

---

① 景蜀慧、孔毅：《中国古代思想史·魏晋南北朝卷》，朱大渭主编，广西人民出版社 2006 年版，第 279 页。

② 《饮酒·二十首》。

③ 《杂诗·其五》。

④ 《拟古诗九首其八》。

不求甚解，每有会意，欣然忘食。性嗜酒，而家贫不能恒得。亲旧知其如
此，或置酒招之，造饮必尽，期在必醉，既醉而退，曾不吝情。环堵萧然，
不蔽风日，短褐穿结，箪瓢屡空，晏如也。常著文章自娱，颇示己志，忘怀
得失，以此自终。"从上面的记载可看出：他从小家境贫寒，却不慕荣利，
安贫乐道，有先圣风采；好读书，善属文，且常以文自娱，甚至到了忘怀得
失的境界。

　　《桃花源记》中的"高洁士"大概说的就是像他自己一样曾经为济世理
想而努力的人们，而"遂无人问津"则象征着自己最后对"用世"理想的
放弃而回归田园。从《桃花源记》中可看出作者的思想是很矛盾的，一方面
他追求现实的理想——为家族、为天下百姓也为他自己。另一方面从现实
中，他看不到任何希望，自己无能为力，他曾寄希望的政治力量（如桓玄、
刘裕等）也没有给人带来任何希望。因此，表面上看似优美恬静的"桃花源
记"隐藏着作者内心极大的悲哀与痛苦。这种矛盾和痛苦也体现在他许多的
诗作中，并因此招致后人的误解，认为他并非真隐者，终究不能忘怀俗世，
如唐代大诗人杜甫就有针对他的《命子》、《责子》等诗，写了"陶潜避俗
翁，未必能达道。观其著诗篇，颇亦恨枯槁。达士岂是足，默识盖不早。生
子贤与愚，何其挂怀抱？"这样的诗来批评讽刺他。为此，杜景华说："像陶
渊明这样堪称放达超逸的诗人，在他的生平实践中流露出某些思想矛盾，是
古代许多知识分子都难能避免的。"认为中国传统社会知识分子要想完全摆
脱儒家传统的影响是极其困难的，其思想的跳动性常常遵循一条规律，即
"当他们有机会展露其才以'用世'的时候，他们大多倾向务求实际的，在
思想系统上多以儒家观念为主导；当他们秉其才而得不到任用施展，尤其感
到郁郁不得志之时，其思想往往倒向老、庄。老、庄之避世，无疑是一种消
极观念；然而其寄情自然、要求返璞归真，无疑又有一种要求解脱束缚的因
素。这一点对于人的性情的舒展以及在这过程中对于人的自我价值的认识，
无疑又具有非常积极的意义"。①

　　其实，是真隐还是假隐，是倒向孔孟还是老庄，对一个人的品质并不构
成褒贬，陶渊明本人也未刻意向人们展示他的隐逸生活，更未向世人表明他
的学派立场。我们所关心的是他的社会理想设计的时代背景及其对当时和后
世的影响，特别是诗人生活在那个苦难的时代里，他是如何超越现实的苦

---

① 　杜景华：《陶渊明传》，百花文艺出版社 2005 年版，第 53—54 页。

难，超越内在的心理矛盾而达到人格统一的。是建功立业还是归守田园，是遵名循教还是因任自然，是愤世嫉俗还是洁身自好？应该说，陶渊明的矛盾并不仅是他个人的矛盾，甚至不仅仅是整个魏晋时代士人的矛盾，是在大变动、大混乱的转型时期，主流价值观日渐崩溃、各种思想蜂起而导致的社会价值观多元化在士人和知识分子身上的体现。因此，这种矛盾的超越对任何时代包括当下社会都是有启示意义的。综观魏晋时代士人所忍受的精神痛苦与思想焦虑，我们不得不赞叹，是陶渊明将这种痛苦画上了一个句号，正是他以纯美的文学艺术、以富有诗意的生活实践，消解了自己和同时代人内心的焦虑与矛盾，也为后世留下了一笔宝贵的精神财富。

后世对陶渊明的社会理想及他本人的高洁品质都给予了极高的评价。景蜀慧等说：“这一时期的其他人大都将自己的社会理想或置于深邃的哲学玄想中。或拉回到遥远的上古社会，或推向渺茫的悠悠空际，而只有陶渊明的理想社会是存在于现实社会中，有地名，有人证。这种特殊的理想社会的设计方式，只能是像他那样具有长期生活在农村、参加农业生产经历的知识分子才有的……其理想社会不是在对古代社会的遥想之中，也不存在于哲人的思考和推论之上，更不是在虚无缥缈的仙境佛国那里，而是人间社会里的真实存在，这个意味本身就是深长的，因而它激励着一代又一代善良的人们为争取这种美好的社会而作不懈的努力。”①

陈寅恪说：“就其旧义革新，‘孤明先发’而论，实为吾国中古时代之大思想家，岂仅文学品节居古今之第一流，为世所共知者而已哉！”②

孙静说：“桃花源当然是一个乌托邦，只存在于幻想世界里。但是它喊出了封建社会中千千万万民众摆脱压榨的心声，不时激起人们的热情、期望与憧憬……陶渊明也就和桃花源一起走入了人们的心灵世界。”③

刘大杰说：“陶渊明是魏晋思想的净化者，他的哲学文艺以及他的人生观，都是浪漫的自然主义的最高表现。在他的思想里，有儒道佛三家的精华而去其恶劣的习气。他有律己严正肯负责任的儒家精神，而不为那种虚伪的礼法与破碎的经文所陷；他爱慕老庄那种清静逍遥的境界，而不与那些颓废荒唐的清淡名士同流；他有佛家的空观与慈爱，而不沾染一点下流的迷信色

① 景蜀慧、孔毅：《中国古代思想史·魏晋南北朝卷》，朱大渭主编，广西人民出版社 2006 年版，第 279—280 页。

② 陈寅恪：《金明馆丛稿初编》，三联书店 2001 年版，第 229 页。

③ 孙静：《陶渊明的心灵世界与艺术天地》，河南教育出版社 2009 年版，第 5 页。

彩。因此我们在他的作品里，时时发现各家思想的精义，而又不为某家所独占……陶渊明之所以为陶渊明，就在他独有的性格、时代的环境以及各家思想的精华，混合调和而形成那种特殊的典型。这种典型不容许旁人模拟学习，也不受任何思想家派的限制。"①

对陶渊明的理想极尽赞美之词是高原的《极高明而道中庸——陶渊明论析》一书。该书对陶渊明的思想境界进行了深刻的剖析，并以"极高明而道中庸"来涵盖其理想的高妙，认为"桃花源"是一种中庸的乌托邦，是将理想与现实关系处理最完美的典范，是一种真正的中国式的"诗意地栖居"，认为陶渊明实践了一种"高尚而又高妙"的极其超越且极富审美意味的"天地境界"的生活方式。②

魏晋士人为我们设计了两个特色鲜明的经典乌托邦样板：一是阮籍与鲍敬言等的"无君国"；二是陶渊明的"桃花源"。前者着重于对现实的批判，矛头直指专制君主制的弊端，实际上也就是直指现实中的司马氏政权，字里行间充满了对现实腐败政治的强烈抗议和对上古无君无臣的理想社会的无限眷念，借上古无君社会的美好来反观现实君主制的残酷、腐败与罪恶。其对现实的批判是坚决的毫不留情的，表现出一种"绝俗"的志趣。高原认为，阮籍的理想追求已完全排除了在统治阶级群体的事业中寻求个体生存的意义的可能……生命的孤独感与虚无感使他采取的处理痛苦的方式是想象出一个"大人先生"来进行"绝俗的超越"，他找到的"出路"是将自己想象成"与造物同体，与天地并生"的"大人先生"——一位戴着高可触及云天的帽子，佩着长可出于天外之长剑的大人，一只"一飞冲青天，旷世不再鸣"，不屑与渺小世俗的鹌鹑"连翩戏中庭"的"玄鹤"。高原认为，阮籍式的乌托邦追求所显示的意义是对生活某种异化了的道德系统的批判与反抗，他这种"绝俗的抗俗"带有极强烈而典型的"乌托邦"性质，其意义也是不可估量的，因为"乌托邦的意义不在于它能实现与否，而在于它与现实的对立，在于它对现实的批判意义"。③但她认为阮籍的境界显然无法与陶渊明相比。

陶渊明的"桃花源"是一个消除了理想与现实二元对立的一种"极高

---

① 刘大杰：《中国文学发展史》（上），中华书局1941年版，第202—203页。
② 高原：《极高明而道中庸——陶渊明论析》，甘肃人民出版社2006年版，第5页。
③ 同上书，第280页。

明而道中庸"的"超世而不绝俗"的理想境界；是在最平凡的日常生活中实现一种审美的超越，而且他的超越之道是从他亲自拿起锄头把儿开始的；他在批判世俗时，都没有选择咄咄逼人、剑拔弩张的激烈方式；生存于世俗社会时，却也都没有混同于一般俗众，而是保持着一个知识分子应有的清明与理性，并带着真正的热诚坚持着价值理想的原则。① 他的桃花源不仅为我们展示了一幅优美、恬静、安详、和谐和充满诗意的理想社会图景，更为重要的是解决了我们如何"就在"凡俗的生活中感受天堂、自由解脱的问题，为我们示范了一种获得精神上独立自由的生活方式。这一点对于今天处在社会转型而面临种种现实困惑的人们仍具启发意义。

---

① 高原：《极高明而道中庸——陶渊明论析》，甘肃人民出版社 2006 年版，第 289—290 页。

第五章

两宋士大夫的政治理想与道德追求

两宋王朝，在历史上延续了 319 年（960—1279）之久。在此期间，中国境内与其先后并存的还有辽（契丹）、西夏、金等少数民族政权。如果我们把占有国土的多少或疆域的广阔与否作为衡量一个国家的发展与文明程度，那么可以说两宋是一个"先天不足"的朝代。因为，它从建立的那天起，就处于与这些少数民族对峙的局面中，而且这一形势终两宋 300 余年没有改变，从未实现过现代意义上的全国统一。用许倬云的话来说，它始终处于列国状态，而不是普世意义上的帝国状态。更为重要的是在与这几个少数民族政权的长期对峙中，宋朝始终处于劣势，大多数情况下只能依靠岁币换取间断性的和平。这对于自古以来以汉文化为中心且深怀"天下"政治秩序理想的中国士人来说，是很难容忍且极其屈辱的事。以至于长期以来，在国人的常态意识中，一说起两宋朝便觉得不堪回首。但根据史料的记载，两宋在经济、文化、科技等方面不仅超越了汉唐盛世，同时还对世界文明作出了巨大贡献。

两宋王朝实施了积极的财政与货币政策和较为宽松的经济政策，极大地促进了经济的繁荣和社会文化、科技领域的发展。在财政、农业（尤其是水利）、手工业、军事、科技等方面都取得了令世人瞩目的巨大成就。商品经济也取得了一定的发展，北宋出现了中国历史上最早的汇票性质的准纸币——交子，南宋发行了真正的纸币——会子。作为传统社会衡量社会经济繁荣重要标志的民户与人口迅速增加，到崇宁元年（1109）全国总户数超过 2000 万户，总人口在历史上首次突破一亿。[1] 钢铁在神宗时期年产量达到约

---

[1]　参见程民生《宋代户数探研》，《河南大学学报》2003 年第 6 期；葛剑雄：《宋代人口新证》，《历史研究》1993 年第 6 期。

15 万吨，相当于整个欧洲 18 世纪初时的年产量总和。①

　　对两宋经济社会的发展，许多学者专家都给予高度的评价。有人从数据上说明，有人则根据宏观观察和常理推定以资说明。秦国利采用了后一方法，他认为一个真正贫困的政治经济环境不可能造就出像宋代那样绚烂而有活力的社会景象：一个实质性地完成了中国古代四大发明的王朝，一个创造了中国历史上绝无仅有的消费型社会的政府，一个在诗词歌赋、医学科技、饮食娱乐、造船开矿、冶铁炼钢、纺织农业、制瓷印刷、金融外贸等众多领域创造辉煌的社会不可能是一个局面困顿的社会。②

　　宋代在政治文明方面也出现非常独特的现象，赢得了后世学者极高的评价。顾炎武说："如人君宫中，自行三年之丧，一也。外言不入于梱，二也。未及末命，即立族子为皇嗣，三也。不杀大臣及言事官，四也。此皆汉、唐之所不及，故得继世享国至三百余年。若其职官、军旅、食货之制，冗杂无纪；后之为国者，并当取以为戒。"③ 王夫之说："宋分教于下，而道以大明。"④ 又说："宋亡，则举黄帝、尧、舜以来道法相传之天下而亡之也。"⑤

　　就对后世中国的影响来看，在宋代经济、政治、文化综合发展的成就中，最具特色、影响最大最持久的莫过于其以思辨哲学思想为核心的政治文化了。而发起并推动这场政治文化思潮的则无疑是作为两宋政治理想承载主体的士大夫。

一　两宋士大夫的时代境遇及其主体意识

　　中国士人的主体意识是伴随着轴心时期士阶层的形成而形成的，并且在长期的历史进程中演化成一种以"天下为己任"的社会责任感。当然，由于具体的生活境遇不同，不同时代的士人其主体意识表达的方式与强烈程度都是不一样的。两宋士大夫的特殊时代境遇，使他们的主体意识突出地表现在政治方面。

---

　　① 转引自秦国利《两宋"积贫"、"积弱"辨析——从国家战略和国家竞争力角度》，《河南大学学报》（社会科学版）2009 年第 1 期。

　　② 秦国利：《两宋"积贫"、"积弱"辨析——从国家战略和国家竞争力角度》，《河南大学学报》（社会科学版）2009 年第 1 期。

　　③ 《日知录·宋朝家法》。

　　④ 《宋论·真宗一》。

　　⑤ 《宋论·恭宗、端宗、祥兴帝二》。

（一）士大夫阶层的形成与历史功能

士大夫文化是中国特有的政治文化。有了士才有后来的士大夫，简要地说，士人进入官场，即士与官僚的结合便形成了士大夫。吴晗认为士大夫就是官僚，也相当于绅士。他说："官僚、士大夫、绅士、知识分子，这四者实在是一个东西，虽然在不同的场合，同一个人可能具有几种身份，然而，在本质上，到底还是一个……官僚就是士大夫在官位时的称号，绅士是士大夫的社会身份。"①

这里的关键是，士大夫首先是士（即吴晗所说的"知识分子"），拥有士人的精神特质和文化传统。概括地说，士的精神特质包括：第一，富有才学，拥有传承文化、教化风俗的能力；第二，品德高尚，拥有传承道统、引领世风的资格；第三，也是最重要的是必须具有高度的社会责任意识，拥有以天下为己任的救世情怀与构建良好社会秩序的主体自觉。士的文化传统应是与其精神特质相关的为士人所推崇并终身追求的价值系统，这个价值系统在不同时代会有不同的表现和取向，但其中仍有一条一以贯之的主线，即希望通过参与"治天下"，实现变"无道社会"为"有道社会"的理想。

如果士进入官场后，即放弃了上述精神特质与文化传统，那么就不是一个真正意义上的士大夫，就与一般的胥吏、文吏没有什么区别。当然，既然是进入官场，要站稳脚跟，仅仅有才学、有品德和以天下为己任的情怀还是不够的，而应当能够胜任岗位职责的要求，因此必须有相应的行政管理能力，否则也就只能是"士"而不是"士大夫"了，也就成为韦伯意义上的只会写文章而在政治服务方面不具任何重要性的官场摆设了。② 因此，士大夫必须是士与官僚的融通性结合，赖文逊把这种结合称为是"最高文化价值与最高社会权力的辉煌的象征性结合"。③

阎步克认为："士大夫不仅涉身于纯粹行政事务和纯粹文化活动，还承

---

① 吴晗、费孝通等：《皇权与绅权》，天津人民出版社 1988 年版，第 66 页。
② 参见［德］马克斯·韦伯：《世界经济通史》，姚曾廙译，上海人民出版社 1981 年版，第 287 页。德国的马克斯·韦伯对中国的士大夫制度很不以为然，认为"士大夫基本上是受过古老文学教育的一个有功名的人；但他丝毫没有受过行政训练，根本不懂法律，但却是写文章的好手，懂八股，擅长古文，并能诠释讲解。在政治服务方面，他不具有任何重要性……"
③ 转引自阎步克《士大夫政治演生史稿》，北京大学出版社 1996 年版，第 9 页。

担了儒家正统意识形态。"① 意识形态是一种综合性的观念体系，以及根据这种观念体系从事政治的企图和实践。儒家思想对天、地、人之间的众多事象加之以系统的解释安排，以此来处理人生问题、家庭问题、教育问题、文化问题、治国平天下问题等等，直到宇宙问题；并力图以这种无所不包的体系支配帝国政治。帝国官僚深受儒家教育，并有义务在各种情境中奉行、贯彻和维护它。意识形态的无所不包性，与士大夫角色的功能混融性质互为表里，并使其'文人'的一面与'官僚'的一面，充分地一体化了。② 阎步克认为，从历史事实看，这样一种士大夫制度比纯粹的专门化的官僚体制更适合中国的专制政体。他说："在秦王朝时，是官僚法制而不是道德礼教，支配了国务吏治。如果说专门化构成了官僚制发达程度的指标之一，那么秦王朝的文吏政治是否较后世的士大夫政治更为先进呢？然而，即使我们承认秦帝国的功业确实显示了其专业官僚体制的巨大效能，这个帝国却二世而亡。继起的汉朝转而招纳儒生，并且儒生与文吏在对立中又日益地融合起来，由此融合而产生的'亦儒亦吏'、学者兼为官僚的新型角色构成了政坛的主导，从而使中华帝国由文吏政治转轨到士大夫政治上来，并且维持了两千年之久。那种缺乏专业化的角色，在这个社会中反倒显示了更强大的生命力。"③他对此论证说："专门化的行政并不一定就能促成一个平衡的、具有适应性的社会系统，这还取决于整个社会的政治文化传统和政治社会背景……如果相对于其背景与传统来说某一要素是'过度'地专门化了，那反而有可能对其他要素产生负面功能，这种消极影响又将其反馈到自身。专门化当然不是评价政治文化模式之优劣的唯一标准，中华帝国的士大夫政治也发展出了精致微妙的运作机制，并且尽管它确实存在着缺乏专门化的问题，但它在两千年中的长盛不衰，毕竟表现了其与中国传统社会的高度适应性。"④

关于士大夫的形成，阎步克认为，应源自先秦时期，即那时就有了一群既是各国（诸侯国）政务的承担者，又是文化承担者的士人。我们所知道的孔子和他的学生们就曾经承担了这样的职责。但秦时，随着中央集权政治体制的形成，尤其是秦重法术轻儒士，帝国政府中有了一批大异于后世士大夫

---

① 在此阎步克先生将"士大夫"等同于"儒家士大夫"，事实上士大夫中也有信奉其他学派的，但就宋代士大夫主体而言，则应主要是指儒家士大夫。

② 阎步克：《士大夫政治演生史稿》，北京大学出版社 1996 年版，第 9 页。

③ 同上书，第 19 页。

④ 同上书，第 10 页。

的颇为纯粹的职业官僚构成的行政骨干，即一种被称为"文法吏"的角色成了帝国政务的基本承担者。西汉独尊儒术，使儒生大量进入帝国行政系统，但当时只是与文吏并立于朝，且常遭文吏排斥。但二者在长期的矛盾、冲突中也日益接近，彼此交融。儒生为适应行政的需要，在谙通经史的同时，有意识地研习文法吏事，即努力做到既能"轨德立化"又能"优事理乱"，逐渐使自身充分地官僚化，也因此逐渐确立了自己在朝廷中的地位。另一方面，因为形势使然，文吏也转习经术。如此，经两汉 400 余年的相互融合，战国以来因社会分化造成的"执法之吏，不窥先王之典；缙绅之儒，不通律令之要"的情况，最终被"吏服训雅，儒通文法"的局面所取代。儒生官僚士大夫阶级，以及由其承担的士大夫政治也就演生出来了。①

　　但在后来的魏晋南北朝直至隋唐时期，由于门阀士族的兴起，士大夫政治渐为豪强贵族政治所代替，唐朝虽已开科取士，但通过考试进入官僚行政系统的只占少数。直至宋代，由于科举制度的成熟与完善，加上当时一些特殊的历史境遇，终于使士大夫政治得以确立，并一直延续至清朝。"士大夫"也成为了中国传统文化中的一种特殊现象被载入史册。

（二）　两宋士大夫的人生境遇与主体意识

　　士的主体意识，表现为社会责任感与群体的自我认同，是与其人生境遇密切相关。一般情况下，动荡无序的社会客观现实往往能激发士人强烈的社会责任感，而最高统治者对士人的信任、礼遇与重用则是其社会责任感得以转化为实践的先决条件，最后应当也是最重要的是士人自身的社会经济地位与社会民众对士人的尊崇与期待，这种尊崇和期待将是士人增强社会感与提升群体自我认同的深层动因。这一规律性的内在关系可为不同时代的历史事实所证明：轴心时代，既无恒产也无定主的士人们面对礼崩乐坏、战乱频仍的社会现实，以及当时列国君主普遍注重延揽人才并相对尊重人才（至少在形式上）的氛围，萌发了强烈的救世意识和"重道轻势"的自我价值认同；魏晋南北朝时，身处政治与经济生活中心的士族名士，面对政治的险恶（大批士人在残酷的政治斗争中遇害）和政权频繁更迭而产生的价值混乱，在救世无望的情况下，选择了逃向老庄和佛陀或是躬耕田野。

　　相较而言，宋代士大夫是幸运的，他们所获得的优遇与尊崇包括来自朝

---

① 　参见阎步克《士大夫政治演生史稿》，北京大学出版社 1996 年版，第 474—476 页。

廷和社会民众两方面，在整个中国历史上都是绝无仅有的。宋初"偃武扬文"的国策与唐末宋初开启的儒学复兴运动，为士大夫们提供了施展才学与实现理想的平台，也使他们因此获得了广泛的社会认同，他们的自我意识也因此空前高扬。

唐末五代十国 50 余年的历史，基本上是受武人即军事力量左右的历史。经历并实践了武人政治的宋太祖赵匡胤，深知军队对政治的潜在威胁。因此，在夺取政权后，他采纳了赵普的建议，"杯酒释兵权"，将掌握军队的权力全部集中到中央，并由此开创了两宋"偃武扬文"、重用文人的基本国策和政治传统。宋太祖明确表示"五代方镇残虐，民受其祸。朕今选儒臣下事者百余，分治大藩，纵皆贪浊，亦不及武臣一人也"。① 宋太祖的文治取向确实对士阶层的发展发生了相当决定性的影响。"大体说来，宋代皇帝尊士，前越汉、唐，后逾明、清，史家早有定论。"②

《宋史》卷四三九《方苑传·序》："自古创业垂统之君，即其一时之好尚，而一代之规模可以豫知矣。艺祖革命，首用文吏而夺武臣之权，宋之尚文，端本乎此。太宗、真宗其在藩邸，已有好学之名，作其即位，弥文日增。自时厥后，子孙相承。上之为人君者，无不典学；下之为人臣者，自宰相以重至令录，无不擢科，海内文士，彬彬辈出焉。"

在此作者将宋代崇文之风归之于"创业垂统之君"，"一时之好尚"，虽抹去了不宜明言的历史真实，但就这一开国政策所产生的实际社会效果而言，却不无道理。在专制社会，帝王尤其是开国皇帝的喜好——不管出于何种动因，完全可能影响整个时代的世风，并成为不易更改的传统。有宋一代，崇文重士已不仅仅是统治者倡导的时尚，而且是真正落实到帝王个人的行动和行政系统的相关政策与实践中。

两宋崇文重士的政策，首先体在皇帝"与士大夫同治天下"和"共商国是"之君臣合作观念的形成与实践。

熙宁变法时期宋神宗将相权委之当时作为士大夫精神领袖的王安石，接受其改革建议，并力排众议以君权作为其改革的后援，使当时士大夫们理想中的皇帝"与士大夫同治天下"③ 和"共商国是"的政治愿望一度成为事

---

① 《宋史·太祖本纪》。

② 余英时：《朱熹的历史世界》，生活·读书·新知三联书店 2004 年版，第 200—201 页。

③ 语出《续资治通鉴长编》，载宋神宗与文彦博、王安石在廷争时，文彦博首先提出了这一主张。

实。虽然这次改革没能取得预想的效果，但士大夫阶层从此成为宋王朝行政系统的核心。更为重要的是皇帝"与士大夫同治天下"、"共商国是"的事实极大地鼓舞了两宋士大夫的政治热情，使得宋代士大夫的主体意识空前高涨。有宋一代每次重大的社会改革和文化运动，几乎都是由士大夫发起并推动的。范仲淹"先天下之忧而忧，后天下之乐而乐"的"以天下为己任"的精神，将士大夫的传统文化精神与主体意识推向了高潮。尽管出现这样的政治格局最初源于士大夫们的积极争取，但在专制体制下，皇帝作为大政方针的最后裁决者，如果没有他们的认可，仅凭士人们的一腔热情根本不可能实现。应该说参与治理国家天下事，是历朝大臣们的心愿，并非宋代士大夫有此宏愿，而其他朝代却未出现这样的政治格局，可见皇帝所起的关键作用。因为有了"同治天下"与"共商国是"的机遇，宋代士大夫义无反顾一直走入政治的中心。在朝廷他们既是改革的倡导者又是实行者，从庆历改革到熙宁变法，分别是由当时最受士人尊崇的范仲淹和王安石直接推行的，而在中国历史上其他朝代的改革基本上都是由皇帝发动，大臣只是皇命的执行者。

其次是"不杀士大夫与言事官"的皇家祖训与传统。

关于宋太祖立誓不杀士大夫与言事官并成为宋王朝"皇家家法"而代代相传的故事在民间广为流传，很多历史文献也记载了这一史实，较完整记录此事的是《避暑漫抄》。[①] 根据该书记载，宋太祖当上皇帝后，曾在太庙寝殿夹室中，秘密立了一块誓碑，且防守严密，只有即位的新皇帝才可打开并单独恭读誓词，旁人不得而知，由此代代相传。直到靖康之变，才得知誓词内容，共三条：一是"柴氏子孙有罪不得加刑，纵犯谋逆，止于狱中赐尽，不得市曹行戮，亦不得连坐支属"；二是"不得杀士大夫及上书言事人"；三是"子孙有渝此誓者，天必殛之"。后来，被金人俘虏的宋徽宗担心新继位的高宗不知此誓，专托曹勋（与宋徽宗一起被金兵押解北上，受徽宗半臂绢书，自燕山逃归）带书给高宗告知此誓。这一故事在《宋史》[②] 中得到证实。

另一项可以证明这一"家法"确实存在的理由是，宋王朝确实不曾杀戮过士大夫，这在中国历史上实属罕见。宋氏王朝因此赢得了史界的高度赞

① 一说为陆游作，另一说为叶梦得所作。
② 《宋史·曹勋传》。

誉，甚至整个宋代在历史上的地位也因此得到提升。顾炎武《日知录·宋朝家法》中说："如人君宫中，自行三年之丧，一也。外言不入于梱，二也。未及末命，即立族子为皇嗣，三也。不杀大臣及言事官，四也。此皆汉、唐之所不及，故得继世享国至三百余年。若其职官、军旅、食货之制，冗杂无纪；后之为国者，并当取以为戒。"

还有哲宗皇帝在与章惇谈及对元祐诸臣的处理时说："朕遵祖宗遗制，未尝杀戮大臣，其释勿治。"①

由于皇帝家法规定不杀士大夫，宋代士大夫因此拥有了其他任何朝代不曾有过的生命安全保障。在两宋期间，士大夫可能有人不被重用也有因为党争等原因而被流放或贬谪的，但却没有被杀害的记载，如果他们自身能淡泊名利，基本也可以做到进退由己。从历史的事实看，两宋士大夫能大胆针砭时弊、建言献策，敢于得罪权贵甚至皇帝，除了受"以天下为己任"的感召，还有一个重要的原因大概就是他们这样做可以没有性命之忧。

再次是兴教重学与尊崇士人社会风气的形成。

兴教重学与尊崇士人，既是宋代"偃武扬文"政策的体现也是其直接后果。宋代皇帝一般都较重视教育且基本上能做到身体力行。前述《宋史》卷四三九《方苑传·序》已点明："上之为人君者，无不典学；下之为人臣者，自宰相以至令录，无不擢科，海内文士，彬彬辈出焉。"

宋太宗时期扩大重建了三馆（昭文馆、史馆、集贤馆）；组织编纂了大规模类书《太平御览》一千卷、《文苑英华》一千卷、《太平广记》五百卷、《神医普救》一千卷等。② 这也可算是中国文化史上的一大贡献。

宋代还特别重视科举制度，每遇进士科考试，皇帝常常亲自巡考。在皇帝的积极支持和推动下，宋代的科举制度得到了进一步的完善，成为朝廷选拔文官的主要途径，且在各项相关制度方面渐趋完善，如采取"封弥誊录"制，③还增加了殿试环节并成为了一项制度。这些制度确保了考试的公正性，也提升了考试的神圣性。欧阳修在《论逐路取人札子》中所说："窃以国家取士

---

① 《宋史·章惇传》。

② 见江少虞《宋朝事实类苑》卷二《祖宗圣训》太宗皇帝条。

③ 封弥誊录是一项非常复杂严格的程序，据《续资治通鉴长编》卷七六载，这个过程要经历"举人纳试卷，内臣收之；先付编排官去其卷首乡贯状，以字号第之；付封弥官誊写校勘，用御书院印；始付考官，定等讫；复弥封送复考官，再定等。编排官阅其同异，未同者再考；如复不同，即以相附近者为定。始取乡贯状字号合之，乃第其姓名、差次并试卷以闻，遂临轩唱第"等大约六个环节。

之制，比于前世，最号至公……糊名、誊录而考之，使主司莫知为何方之人，谁氏之子，不得有所憎爱薄厚于其间。故议者谓国家科场之制，虽未复古法，而便于今世，其无情如造化，至公如权衡，祖宗以来不可易之制也。"① 应该说，中国的科举考试作为一种人才选拔制度，到后期虽像任何一种现象由充满生机最终走向僵化一样，有了很多积弊，但两宋时期，则正处于成熟阶段，也应该是最富生命力的时候。在为宋王朝集聚人才方面应曾发挥了重要的作用，其广泛推行，也极大地激励了当时社会上的读书人，由此推动了全社会教育兴隆，形成了重教好学的世风。"在一定程度上限制了势家子弟对科举仕途的控制与垄断，削弱了门第血统关系在科举考试中的地位，使科举取士向整个地主阶级乃至'布衣草泽'开放，扩大了寒俊及第仕进的机会。"宋代极负盛名的三苏（苏洵、苏轼、苏辙）、两宋（宋郊、宋祁）、范仲淹、王安石、文天祥等都是凭着文采与知识而不是家庭出仕的，在士大夫中脱颖而出。据香港学者李弘棋先生统计，在宋代全体文官 14860人中，前 30 年科举及第的官员为 7833 人，占总数的 52.71%。显然，在宋代的官僚统治机构中，通过科举入仕的士大夫占了明显优势。可以讲，在中国封建社会的各个朝代中，由文人士大夫执掌国运的，以宋代为巅。②

科举考试既如此被朝廷重视，又赢得社会的广泛认可。因此，通过层层筛选，最终获得功名的考生，自然会在精神上获得无限荣耀和极高的自我认同感。其报效国家、社会的意识也越发突显。同时，由于科举取士制度的完善和选士规模的不断扩大，士人阶层的数量也不断增加，从而形成相当广大的社会基础。他们对时事干预的力量就越大，甚至一定程度上影响了朝廷的用人，如司马光的罢相与复出，李纲罢职等都曾受到来自社会士人阶层的强烈回应。

一个时代的文化风貌，既受制于社会的政治、经济发展状况，又受制于人的观念形态、行为方式。中国古代的文人士大夫作为一个知识修养较高、社会阅历丰富的群体，其精神面貌和行为方式的基本特征，往往深刻地影响着时代的文化风貌。生活于社会转型时期的宋代文人士大夫们，因其优越的历史际遇而大都能以感恩戴德的心态"以天下为己

---

① 《欧阳文忠公集》卷一一三《论逐路取人札子》。
② 转引自郭学信《宋代士大夫文化品格与心态》，天津人民出版社 1997 年版，第 29—30 页。

任"。他们或在忧患与沉思中扶危定倾，身任天下；或慷慨昂扬，杀身成仁；或沉潜著述，明道济世；或聚徒讲学，朝夕论道；或格物致知，通贯精微；或各执师说，融摄会通。他们以其丰富曲折的社会实践，深邃的思想和理论，学者型的气质和修养，催动着文化的运作、升华与复兴。①

二　两宋士大夫的政治乌托邦情怀及其现实表达

宋代士大夫对社会理想的追求，并没有超越中国历史上士人"托古改制"的思维逻辑。面对由于唐末及五代十国战乱不断、儒家道统不存、社会纲纪不振的混乱局面，宋代士大夫主张超越汉、唐，回向"三代"，建立一个在儒家道统统治下的人间政治、社会秩序。他们的政治理想可从相关文献中得到佐证。朱熹云："国初人便已崇礼义、尊经术，欲复二帝三代。"② 陈亮云："本朝以儒立国，而儒道之振独优于前代。"③ 宋史说："三代而降，考论声明文物之治、道德仁义之风，宋于汉、唐盖无让焉。"④

这个人间秩序实际上是一个政治秩序，也是一个文化秩序，从终极目标上来说是一个道德秩序。其标准是上古的"尧、舜、三代之治"，基本内容是"圣人居君位"，即所谓"以仁人之心行仁政而王天下"的理想社会，是一个"道统"与"治统"相统一的社会，也是由"内圣"而"外王"的理想社会。

余英时认为，朱熹有意将"道统"与"道学"划分为两个历史阶段：自"上古圣神"至周公是"道统"时代，其最显著的特征为内圣与外王合一，即"圣人处圣位"。在这个阶段中，在位的"圣君贤相"既已将"道"付诸实行，则自然不需要另有一群人出来，专门讲求"道学"了。周公以后，内圣与外王已分裂为二，历史进入另一阶段，这便是孔子开创"道学"的时代。宋代周、张、二程所直接承续的是孔子以下的"道学"，而不是上

---

① 郭学信：《宋代士大夫文化品格与心态》，天津人民出版社 1997 年版，第 23 页。
② 《朱子语类》卷一二九。
③ 《陈亮集》卷一《上孝宗皇帝第三书》。
④ 《宋史·太祖本纪》。

古圣王代代相传的"道统"。①

由此可见，宋代士大夫的道德理想是对原始儒家道德理想的直接继承（在宋代士大夫的思想观念中，尽管汉、唐创造了盛世，但那只是"霸道"而非"王道"，因为，汉、唐之时，治统已与道统分离，处于一种有"势"而无"理"的状态）。他们分别是"道学"的开创者与传承者，做的都是"内圣"的功夫，共同的理想都是实现"三代之治"，通过"道学"发扬光大，并借助于"圣王"使之转化为治统，从而实现使"圣者处圣位"或者使"处圣位者"成为"圣人"的完美理想，即所谓的"致君行道"。所不同的是，由于时代境遇的不同，先秦儒士基本是属于体制外无定主的游士，没有固定的服务对象，缺乏可实践的社会平台，他们只是在观念上即在形而上的层面构建了一个理想的人间秩序，并且在积极努力地"推销"他们的这一理想，渴望各国的为君者能接受并践行。他们的自我定位是成为"王者师"，即通过传授他们具有普适性的"圣贤之道"，塑造能实现外王理想的圣贤君主。而已处在体制内的宋代士大夫则希望直接参与现实的政治活动，通过与现实中的皇帝"同治天下"、"共商国是"而实现外王的事业。宋初政治的相对清明及稍后神宗与王安石之间君臣"遇合"的格局，让宋代的士大夫们坚信他们的理想能够成为现实。

（一）宋代士大夫表达其政治理想的第一个方面是"致君行道"

致君行道的政治理想具体表现为与君主"同治天下"或"共商国是"，两宋士大夫对此倾注了极大的热情，并通过解释经典等方式，为这种政治格局寻找理论依据。

程颐就是通过对《易传》的解释来为这种理论寻找依据的典型。他解"九二，见龙在田，利见大人"："利见大德之君，以行其道。君亦利见大德之臣，以共成其功。天下利见大德之人，以被其泽。"②

余英时先生评说程氏这段话的意思是："君臣相遇则政治兴"，或也可解为是"君臣相遇则天下治"，认为这种解释意在凸显臣在"治理国家"中的不可或缺性。而天下治否的标准则要看民（百姓）是否"被其泽"。③

---

① 参见余英时《朱熹的历史世界》，三联书店 2004 年版，第 15 页。
② 原出《周易程氏传》卷一，转引自余英时《朱熹的历史世界》，三联书店 2004 年版，第 159 页。
③ 余英时：《朱熹的历史世界》，三联书店 2004 年版，第 160 页。

解"九五，飞龙在天，利见大人"："进位乎天位也。圣人既得天位，则利见在下大德之人，与共成天下之事。天固利见夫大德之君也。"① 余英时解：即使在位的是"大德之君"，也不可能独治天下，而必须有"在下大德之人，与共成天下之事"。

程颐还明确提出了"帝王之道也，以择任贤俊为本，得人而后与之同治天下"的主张。② 显然，出现了大德之君与大德之臣，且能"同治天下"，使天下被其泽，才是宋代士大夫追求的最终政治理想。

两宋士大夫虽以复兴儒学作为其理想的起点，立足点是做"内圣"的功夫，但身处体制内的他们却非常执著于外王的事业。他们奉行着"以天下为己任"的主体责任精神，不仅"坐而论"而且"起而行"，面对现实中存在的社会积弊和内忧外患，不仅建言献策、针砭时弊，还积极发起并推行了宋代史上规模巨大的改革运动。这些改革运动从不同的角度表达着士大夫们的政治理想，彰显着他们的政治主体意识，同时又都以失败的结果使他们的理想蒙上了一层忧郁的色彩。

庆历新政是由宋代极负盛名的范仲淹倡导并推行的。改革的社会背景正如《宋史·食货志》记载的："承平既久，户口岁增，兵籍益广，吏员益众。佛老、外国耗蠹中土，县官之费数倍于昔，百姓亦稍纵侈，而上下始困于财矣。"

针对这种现象，范仲淹尖锐地指出："今四方多事，民日以穷困，将思为盗；复使不才之吏临之，赋役不均，刑罚不当，科率无度，疲乏不恤，上下相怨，乱所由生。"③ 他提出了十项改革措施：即"明黜陟、抑侥幸、精贡举、择长官、均公田、厚农桑、修武备、推恩信、重命令、减徭役"。④ 范仲淹的改革特别是其中的吏治改革最后因为触动了当权者的利益而失败了，但在宋代历史上产生了广泛的影响，从正面来看，他的改革是宋代士大夫"以天下为己任"主体意识的一次彰显，也是他们与皇帝"同治天下"政治理想的一次实践与尝试。从消极方面看，他的改革没能取得实际的社会效果，反而使以其为代表的士大夫的政治理想，尤其作为这次改革指导思想的儒家"道学"遭受了严重的挫折。后来朱熹在谈到他为什么拒绝出仕时，隐

---

① 《周易程氏传》卷一。
② 《程氏经说》卷二，转引自余英时《朱熹的历史世界》，三联书店 2004 年版，第 160 页。
③ 《范文正公文集》之"答手诏条陈十事"。
④ 同上。

约透露了一种担忧即如果他的理学思想在现实政治实践中遭受挫折，那么将会损害这一思想理论，倒不如将精力都投入到"内圣"的功夫上，以待将来。同时这次改革也直接影响到以王安石为首的宋代历史上另一次重要改革"熙宁变法"的取向。

熙宁变法是北宋时期，由王安石发动的与庆历新政一样旨在改革北宋建立以来积弊的一场变法运动。出发点虽是一样的，但改革的指导思想和手段则是完全不同的，如前所述，大概是因为接受庆历新政失败的教训，熙宁变法完全不顾日益严重的吏治问题，而将改革的目标转向农业等经济方面。王安石的变法同样遭到反对派特别是以司马光为首的士大夫们的反对而告失败。

应该说，这两次改革目的都是为了解决宋初立国后几十年的积弊及由此造成的内忧外患，试图通过变革振肃纲纪，富国强兵。但由于指导思想和手段的不同，产生的社会效应是完全不同的，特别在士大夫中遭遇截然相反的评价。范仲淹的改革主要偏重吏治与文化方面，如完善科举，扩大通过科举入仕的官员的比例，严格限制恩荫带来的腐败等，还有轻徭薄役等，而其最终的目的是要变"无道社会为有道社会"。他的改革是符合士大夫的道德理想的，也有利于士大夫实现其政治理想，加上范仲淹本人的高尚品质和他在士大夫中的崇高地位，他改革失败的原因并非来自士大夫内部的反对。王安石的为人也是为当时士大夫所推崇的，他的改革之所以受到同样是士大夫的其他人的强烈反对，关键在于他的改革至少从表面上看，完全置宋初士大夫倡导的道德理想于不顾，而片面地强调功利。尤其是他提出的"三不足"即"天变不足畏，祖宗不足法，人言不足恤"更是引起轩然大波。为什么宋代士大夫们对此反应如此强烈，刘元城说："金陵三不足之说……非独为赵氏祸，为万世祸。人主之势，天下无能敌者，人臣欲回之，必思有大于此者把揽之。今乃教之不畏天变，不法祖宗，不恤人言，则何事不可为也？"① 后世王夫之，也仍认为王安石的"三不足"说是"祸天下而得罪于名教"。②

很明显，在刘元城看来，如果王安石的"三不足"真正被君王所接受并实行，那么皇帝的权力将不再受到任何约束，完全可以为所欲为。宋代士大夫们主张复兴儒学，主张回向"三代"，其中很重要的一项内容就是要"格

---

① 《宋元学案·荆公新学略》。
② 《读通鉴论》卷二十九。

君心之非"，使之"正心窒欲"。而王安石的变革尤其是他的"三不足"将把君王之心导向功利和欲望。这是恪守儒家道统的士大夫们无论如何也不愿看到的事实。如果我们再大胆一点想象还可以窥见另一隐情，前述赵宋王朝有不杀"士大夫与言事官"的家法，若是按王安石"祖宗不足法"一说，则士大夫也是可以杀的，这岂不将他们置于危险之地，岂不与宋初士大夫们极力想改变秦汉以来"臣贱君肆"的愿望相违？张栻说："嗟乎！秦汉以来，士贱君肆，正以在下者急于爵禄，而上之人持此以为真足以骄天下之士故也。"①

因此，宋代士大夫反对王安石变法，并不是反对变法本身，而是他变法的指导思想即"荆公新学"。相比北宋初期士大夫积极的参政意识，后期宋代理学家们逐步转向"内圣"与这两次改革的失败不无关系。朱熹在《答韩尚书书》中说："熹狷介之性，矫揉万方，而终不能回。迂疏之学，用力既深，而自信愈笃，以此自知决不能与时俯仰，以就功名。以故二十年来，自甘退藏，以求己志。所愿欲者，不过修身守道，以终余年。因其暇日讽诵遗经，参考旧闻，以求圣贤立言本意之所在，既以自乐，问亦笔之于书，以与学者共之，且以待后世之君子而已。此外实无毫发余念也……今若不辞而冒受，则宾主之间，异同之论，必有所不能免者；无益于治，而适所以为群小嘲笑之资。且熹之私愿所欲就者，亦将汩没而不得成。其或收之桑榆而幸有所就，人亦必以为已试不验之书而不之读矣。"②

（二）宋代士大夫表达其政治理想的第二个方面是对民生的关注

在儒家的文化传统中，人民能否生活得好，他们是否安居乐业，是否受到良好的道德教化，人与人是否和谐相处，是衡量其"王道"是否实行的客观标准。因为历史的经验无数次证明，民生问题直接关系民心向背，而民心向背又直接关系到政治秩序的稳定。因此，关注民生、改善民生历来是信奉儒家思想的统治者政治理想的重要组成部分。宋代士大夫也不例外，正如余英时所说："政治秩序的安危最后系于'民心'的向背，这是理学家认识得最真切的一条儒家代代相传的古训。所谓的秩序重建，并不是根据形而上

---

① 《南轩集》卷一六。
② 《朱文公文集》卷二五。

学、宇宙论之'理'推演出一套乌托邦设计，强加于现实社会之上。"①

　　宋代士大夫秉承儒家这一思想，把对民生的关注纳入到他们政治理想中的重要位置。他们在朝为官基本上能做到怀仁爱民，积极推行惠民政策，在地方为官则能深入了解民众疾苦，积极落实各项济民政策，努力做到为官一任造福一方。范仲淹主张的庆历新政提出的十项改革中，厚农桑、减徭役、覃恩信等都是直接关系民生的，而另外作为其新政主要内容的改革吏治措施，即择官长修武备等也与百姓的利益密切相关。②

　　在各种惠民政策中，对灾民的赈济要算是最重要的一项政策了。

　　两宋士大夫们主张并积极建议朝廷推行各项济民赈灾防灾政策，并在他们自己力所能及的情况下积极落实这些政策。南宋孝宗淳熙八年（1181），时任浙东提举的朱熹记述了设立"社仓"的好处，并建议推广："乾道四年民艰食，熹请于府，得常平米六百石振贷，夏受粟于仓，冬则加息计米以偿。自后随年敛散，欠，蠲其息之半，大饥，即尽蠲之。凡十有四年，得息米造仓三间，及以原数六百石还府。见储米三千一百石，以为社仓，不复收息，每石只收耗米三升。以故一乡四五十里间，虽遇凶年，人不阙食。请以是行于仓司。"③ 他在武夷山期间设立的"社仓"，至今在武夷山的五夫镇尚可见其遗存。苏东坡一生宦海沉浮，多次被贬，曾在颍州、扬州、杭州、常州等地为官，他每到一处都能做到为政清廉，处处关心民生疾苦，在灾年，他亲自下田捕捉蝗虫，积极推行各项惠民济民政策，真正做到为官一任，造福一方。范仲淹于皇祐二年（1050），在他第三次被贬后在其原籍苏州吴县捐助田地 1000 多亩设立了"范氏义庄"。④

　　在士大夫的积极影响和推动下，宋代中央政府对济民惠民政策也相对重视。据《中国民政史稿》载：

────────────

　　① 转引自余英时《朱熹的历史世界》，三联书店 2004 年版，第 171 页。
　　② 厚农桑即由政府帮助人民兴利除害，如开渠河、筑堤堰；减徭役即主张省并户口稀少的县邑，以减其地人民的徭役；覃恩信即广泛落实朝廷的惠政和信义，中央向各路派遣使臣，巡察那些应当施行的各种惠政是否施行，若有人拖延或违反赦文的施行，要依法从重处置；择官长即慎选地方长官，由中书、枢密院慎选各路、州的长官，由各路、州长官慎选各县的长官，择其举主多者优先差补。
　　③ 《宋史·食货表》。
　　④ 义庄田地的地租用于赡养同宗族的贫穷成员。义庄定有章程，规范族人生活。范仲淹去世，范氏后裔代代相传，并对义庄屡有捐助，使之规模日渐广大。范氏义庄是中国历史上最早的家族义庄，也是我国史料记载中第一个非宗教性民间慈善组织。范氏义庄历经朝代更迭，直到清朝宣统年间依然有田 5300 亩，且运作良好，共持续了八百多年。

北宋仁宗嘉祐二年（1057），诏天下置广惠仓。

南宋宁宗庆元元年（1195），诏户部右曹专领义仓。

仁宗、英宗一遇灾变，则避朝变服，损膳撤服，恐惧修省，见于颜色。恻怛哀矜，形于诏旨。庆历初，诏天下复立义仓。嘉祐二年，又诏天下置广惠仓，使老幼贫疾者皆有所养。累朝相承，其虑于民也既周，其施于民也益厚。

《宋史·食货志》有如下的详细记述：

常平、义仓，汉、隋利民之良法，常平以平谷价，义仓以备凶灾。周显德中，又置惠民仓，以杂配钱分数折粟贮之，岁歉，减价出以惠民。宋兼存其法焉。

绍兴以来，岁有水旱，发常平义仓，或济或贷，如恐不及。然当艰难之际，兵食方急，储蓄有限，而振给无穷，复以爵赏诱富人相与补助，亦权宜不得已之策也。①

这些济民惠民措施虽然不能挽救宋王朝走向积弱积困，但一定程度上缓解了当时的社会矛盾，对国家政治的稳定和社会经济的发展也起了一定的作用，应是宋代士大夫兑现其政治理想的一个侧面。

（三）宋代士大夫表达其政治理想的第三个方面，是传播圣贤的经典妙义，并以此醇化民风

这也是对儒家"在本朝则美政，在下位则美俗"② 传统的秉承与实践。传道授业、教化民众是儒家士人的神圣事业，自孔子创立儒学以来不曾中断。传播圣贤经典妙义是通过兴教办学等途径来实践的。西汉时，蜀郡太守文翁在当地创"文翁石室"（公元前141），开创了中国地方政府办学的历史。作为汉代郡县学的发轫者，文翁的兴学成就不仅在于为西汉政府培养了一批吏才，更为重要的是推动了邻近属县的兴学，乃至巴蜀区良好文化传统的形成和此后的人才辈出。宋代士大夫将这一传统发扬光大，将地方政府办

---

① 孟昭华、王明寰：《中国民政史稿》，黑龙江人民出版社 1986 年版，第 130 页。

② 《荀子·儒效》。

学与私学结合，将忧国患民的满腔激情投入到讲学论道的学术追求中去，将中国历史上的民间教育推向了高潮。"宋代士人大都是集官僚、文士、学者三位于一身的复合型人才，政治家、文章家、经术家三位一体，是宋代'士大夫之学'的有机构成。"① 两宋士大夫借助朝廷重视文教和当时印刷业发展的有利条件，在各地大力创办书院，并借助书院教育这一模式积极推动儒学的复兴和传播理学思想。书院教育在宋代尤其是南宋达到鼎盛。理宗时，书院遍及全国，据载当时每州至少有一所官办书院，有的州达两到三所，不少县也办起了书院。很多士大夫和学者还创办了私立书院。在宋代书院的复兴与发展中，理学士大夫起到至关重要的作用。南宋前期，杨时、胡安国等理学大儒开始倚重书院讲学，传播学派思想。杨时曾讲学于无锡东林书院、慈溪龟山书院等。胡安国则于邺侯书院、岳麓书院讲学。南宋中期，理学书院声势浩大，形成著名四大书院。全祖望曾赞曰："岳麓、白鹿以张宣公、朱子而盛，而东莱之丽泽，陆氏之象山，并起齐名，四家之徒遍天下，则又南宋之四大书院也。"②

宋代士大夫在地方办学，以解释儒家经典义理为主，将学术思想传授与道德教育紧密结合，对百姓的道德教化和世风的改善起到至为重要的作用。"传统士大夫实为封建社会地方教化权力的主体，他们不仅是儒家文化的热心传播者，更是朝廷教化训喻的自觉执行者。他们的言谈行为和价值取向直接关系到一方教化风俗之盛衰。"③ 虽然由于后世统治者根据各自统治的需要，把儒家思想作为控制百姓的工具，进行歪曲并使之日渐僵化，出现了以僵死的经典绳墨现实生活的残酷做法，终于招致后世"以理杀人"的指责与批判；但两宋时，士大夫在兴教办学方面的努力，确实对儒家义理的传播和民风的醇化发挥了积极的作用。他们将传播经典的理论教化与民间"乡规"、"乡约"的制定相结合，互相促进。"乡约"是邻里乡人互相劝勉共同遵守，以相互协助救济为目的而制定的一种制度，较之深奥的儒家义理之学，更通俗易懂，也有较强的约束力。宋代著名《吕氏乡约》就是其中的代表。《吕氏乡约》也称"蓝田乡约"，是吕大忠、吕大钧、吕大临、吕大防于北宋神宗熙宁九年（1076）所制定和实施的我国历史上最早的"村规民约"，对后

---

① 王永熙：《宋代文学通论》，河南大学出版社 1997 年版，第 27 页。

② 转引自王晓龙、司学红《宋代书院教育》，《河北大学学报》（哲学社会科学版）2007 年第 4 期。

③ 黄书光主编：《中国社会教化的传统与变革》，山东教育出版社 2005 年版，第 32 页。

世明清的乡村治理模式影响很大。

宋代士大夫不仅积极传播儒家"经典妙义",同时还按照儒家道义来规范自己的行为,很好地发挥了以身示范的作用。他们勤政爱民、心系百姓,廉洁自爱、严于律己,将"先天下之忧而忧,后天下之乐而乐"的精神落实到日常生活与社会实践中。宋代之所以能一定程度上改变唐以前以出身论贵贱的世风,在民间形成了"贫"、"贱"分离,不以贫贱而以学识、品德、气节论贵贱的价值取向和"以道进退"的士风(在不同阶层内部,只有贫富差别,贵贱的观念已经很淡薄了。贫富的差别仅体现的是经济意义,中间没有不可逾越的障碍),虽然与当时崇文重士的整体风貌不无关系,但其中最根本的原因应是儒家思想的广泛传播与深入实践和士大夫们的示范效应。①

宋代除了广为流传的范仲淹、苏轼、文天祥、陆秀夫等民间道德楷模外,影响力最大的大概要算是作为中国历史上清官代表的包拯了。

包拯(999—1062),字希仁,庐州合肥(今安徽合肥)人。天圣朝进士。历任三司户部判官,京东、陕西、河北路转运使、三司户部副使、监察御史。多次弹劾权幸大臣,谥号"孝肃",民间敬称"包青天"。包拯形象是宋代士大夫中公正仁爱,敢于为民请命,集智慧与品德于一身的光辉典范。他刚正不阿,清正廉洁,疾恶如仇,不畏强权,给处于社会底层的百姓带来了主张权利、追求公正的希望,更为重要的是彰显了道德的力量,使中国传统"恶有恶报、善有善报"道德律令深入人心,自觉发挥着扬善抑恶的社会功效。包拯的行为激励了后世无数正义之士。宋人韩元吉赞道:"贤者之在天下,其生也有以惠于人,则死也亦有以怀其心。故虽间巷匹夫,思慕而不能忘,敬畏而不敢促,此岂或使之然哉?惟其名久而行愈彰,身亡而道益著,百世而下,如一日也。"②

宋代士大夫们对自己的政治理想是很执著的,不仅有理论的构建,更有实践的努力。时代也曾一定程度上给予了他们实现理想的环境与平台,然而随着王朝内忧外患的累积,理想离他们越来越遥远。面对"外王"事业的挫折,宋代后期士大夫大多投入到著述讲学方面,较之于在朝廷方面的改革,

---

① 参见杨华星《从家训看中国传统家庭经济观念的演变——以宋代社会为中心的分析》,《思想战线》2006 年第 4 期。

② 转引自郭学信《宋代士大夫文化品格与心态》,天津人民出版社 1997 年版,第 73 页。

他们在传播儒家经典妙义、醇化民风方面投入的精力要大得多，其作为与成就也大得多，对后世的影响要深远得多。这大概可算是他们政治乌托邦不至于完全落空的一个方面吧！

三　两宋士大夫的心理矛盾及其人格追求

理想与现实的差距及其造成的心理矛盾是任何一个时代的人们都可能遭遇的问题。理想越执著，产生心理矛盾的可能性也越大。要消除这种矛盾，可能的办法：一是改善现实环境，尽可能为理想的实现创造更优越的条件；二是调整理想，通过降低标准或是改变努力方向，以此减少理想实现的阻力。相较而言，宋代士大夫面对的现实与理想之间的矛盾要比其他时代更突出，因为特殊的政治待遇使他们的政治责任感与使命感比任何时代的士人都表现得更为强烈，而现实的半壁江山却又使他们多了一份心理上的无奈。在经历了不断重复的挫折与痛苦后，他们选择了调整自己的理想。

（一）两宋士大夫的心理矛盾

生活在两宋时代的士大夫既是幸运的也是不幸的。作为个体，历史上受到皇帝信任并重用，终于成就一番事业的士人大有人在。但作为一个群体受到重用并形成制度化，恐唯宋代士大夫。就总体而言，他们获得了最高统治者前所未有的优待和礼遇，除了前述赵宋家法规定不杀士大夫外，宋代皇帝在礼节上也非常尊重士人，史载宋代"焚香礼进士"便是实例。[①] 更为重要的是他们有幸进入政治的核心层，并一定程度上实践了与皇帝"同治天下"和"共商国是"的政治理想，尤其是他们在文化方面取得的成就足可与任何鼎盛时代相媲美。但任何事情都有其两面性，宋代士大夫的幸运也是导致他们心理矛盾与冲突的根源。

因为身处政治的中心，宋代士大夫始终把自己看成是国家的主人，而不是遵皇命的臣仆，他们希望通过努力改变"臣贱君肆"的传统成局。他们从政为官的目的已超越了一般性的功名利禄之追求，而是心系家国百姓，社稷安危。范仲淹的"先天下之忧而忧，后天下之乐而乐"之所以牵动人心，正是因为它真实反映了宋代士大夫的共同心声。两宋王朝不仅没能像汉、唐一

---

① 《文献通考·选举四》。

样，引四方来朝，甚至还要靠向少数民族国家交纳岁币才能获取平安，这对重气节胜于生命尤其是胸怀"天下意识"的士大夫们来说，是最难以忍受的。抱着复兴儒学、重振纲常理想的士大夫们因受宋代初期政局尤其是皇室重士崇文行为的鼓舞，幻想能够通过努力，在"外王"方面有一番大作为。然而伴随着王朝演进而逐渐滋长的"内忧外患"尤其是由此导致的靖康之耻，成了他们心中永远无法抹去的痛。"天下秩序"的理想与"偏安一隅"的无奈，"致君行道"的努力与"遭贬被罢"的命运，"内圣功夫"的修炼与"外王事业"的挫折，始终是他们挥不去的焦虑与紧张。

首先是"天下秩序"的政治理想与"偏安一隅"的现实矛盾。

中国人自古就有强烈的"天下"意识。自先秦时代起，中国就出现了"四方"、"四海"、"九州"等"天下"的同义词。"天下"既是地理概念，又是政治和文化概念。意指中国范围内的全部土地、全国，人世间、社会上，全世界、所有的人；国家或国家的统治权；自然界、天地间等。但在古代文献及中国百姓约定俗成的内涵来看，更主要的是政治与文化概念，如"兼济天下"、"得民心者得天下"、"天下兴亡，匹夫有责"，"治国平天下"、"溥天之下，莫非王土"等。最高统治者则被称为"天子"，意指"受天命治理天下之人"。日本川本芳昭认为，中国的"天下"原指由中国皇帝支配的广大天空之下的广阔地上世界，但到魏晋南北朝开始形成了一种新"天下"意识。她撰文论述了中国古代"天下意识"及其对东亚各国的影响，在魏晋南北朝五胡建国华北（指南北朝时匈奴、鲜卑、羯、氐、羌五胡在北方建立五胡十六国）时，逐渐形成了将四夷也包含在以中国为中心的天下之内的新"天下"意识。于是，按照这种新"天下"意识，天下系指以中国皇帝统治的国土（华夏族和其他少数民族）为中心，包括受中国皇权支配和文明影响的四夷（含倭国/日本、朝鲜等中国的属国）以及为四夷所征服的毛人、众夷、海北诸地在内的政治秩序。作者从日本和朝鲜的大量历史资料（包括倭国王给中国皇帝的上表和记载南北朝时期南朝与刘宋王朝历史的《宋书》的相关记载）得出结论说：当时日本和朝鲜都有将自己的国家包含在以中国为中心的"天下秩序"之中的一种认识。也就是说，以中国为中心包括四夷在内的"天下意识"至少在魏晋南北朝至隋唐时期，已成为中国和四夷诸国共同接受并承认的政治秩序。川本芳昭还列举了北魏统一北方迁都洛阳后，在洛阳设置了"四夷馆"、"四夷里"，并且以"归正"、"归德"、"慕化"、"慕义"命名，隐喻周边四夷是因为羡慕北魏的正义、帝德、王化而来到洛阳的。① 可见为了取得统治的合法性，北魏除了推行汉化政策，还尽力在思想意识上以中华正统自居。这从另一侧面说明了以中国皇权直接统治的地域为中心怀化四方的"天下意识"（以下简称"中国—四夷"）在当时已根深蒂固。只是其中的"中国"和"四夷"的地理范围在历史上一直是一个动态的概念，会随历史的变迁而变化。"中国"有时只指汉族政权，也称"华夏"、"中华"，有时则包含中国境内各少数民族政权在内；"四夷"有时仅指中国境内少数民族，有时则指中国周边的邻国和诸民族。与此相联系，"天下"概念中的"地理"范围也是动态的，有时指华夏民族区域及纳入中国版图的少数民族地区，有时则把受中国册封（中国与周边国家缔结为君臣关系，给其国国君以中国爵位，周边国家统治者统治下的地域，接受中国皇帝主宰的秩序原则）但拥有独立政治主权的邻国也包含在内。可见"天下"既是一个地理概念，也是一个政治与文化概念，而且在中国人的意识中，政治与文化的内涵更加凸显。当然二者又是紧密相连的，作为政治与文化秩序的"天下"需要有地理意义上的"天下"作为其支撑。

顾炎武关于亡国亡天下的辨析很能表达中国人的"天下意识"，他说："有亡国有亡天下，亡国与亡天下奚辨？曰：易姓改号谓之亡国，仁义充塞而至于率兽食人，人将相食，谓之亡天下……保国者，其君其臣，肉食者谋之；保天下者，匹夫之贱，与有责焉耳矣！"② 按照顾炎武的意思，亡国是政权的更迭，属于改朝换代的事，而亡天下则是历史文化消失以及道德价值观的丧失。因此，保国即政权的维护是统治者的事，而天下兴亡即中华文明和道德价值观的传承与维护则是每个人的责任。顾炎武的思想多少渗入了一些近代民主的意识，因为在儒家传统的观念中，皇帝即天子，是承天命"治理天下"的，是天下秩序的主宰，皇帝的品行也直接关系到王道的推行即关系到天下秩序的建立。因此，对天下秩序的维护内含着对这一秩序的主宰者皇帝的维护，当然也就内含着对皇帝品行的督责。但顾炎武的这段话确实传递出中国人文化传统中，天下意识重于国家意识的事实。这个"天下意识"代表的是一种政治与文明秩序，也是儒家理想中的王道秩序，即指由中国（主要指华夏民族）文化传统和道德价值所统驭的四海一家的政治秩序。

---

① 参见［日］川本芳昭《4—5世纪中国政治思想在东亚的传播与世界秩序——以倭国"天下"意识的形成为线索》，载《中华文史论》总第八十七辑。
② 《日知录·正始》。

赵汀阳在对中国传统的"天下意识"及其实践进行考察的基础上，提炼出他关于"天下体系"的哲学思考。他认为："中国传统政治是为了创造一个良好秩序的'社会'而不是一个西方意义上的'国家'，尤其不是一个现代意义上的民族国家。中国的传统社会没有一统心灵的宗教，因此没有宗教性的边界，也不具有国家的那种主权边界。社会是一个可以无限延伸扩大而连续展开的文化——生活空间，不同社会之间的过渡，是模糊的混合交融，就像两条河流的汇合，因此中国政治思想中没有不可兼容的他者，没有不共戴天的异教徒，没有不可化解的绝对敌人……社会可以无限扩大，文化可以无限交融，所以政治也可以无限延伸。如果一种政治完美到万民归心，就将成为整个世界社会的政治。这个'世界性社会'被称做'天下'。"①

柯岚安撰文对赵汀阳的天下体系进行了评述。在他看来，赵的天下体系是一个"无外"的概念，是一个可用来解决世界问题的世界制度，该制度根据"大度"的原则来包容异己，旨在鼓励异己"皈依"而不是对异己的征服。天下体系的目标是"化"，即通过改变自我与他者，化多为一，实现世界"无序状态"的有序化。②

许倬云说："中国很特别，天下意识出现很早，而且四周围没有很大的挑战者，所以从东周起（东周列国时代，几乎有民族国家的走向，但没有走下去），很快就过渡到普世世界，这一普世规则，就是儒家的思想。因为它没有有形的教堂，所以就和文化结合在一起。中国走向天下意识、文化意识的时间，比其他国家早很久，如果中国没有碰上民族国家的问题，中国跟今天天下一世的观念很容易契合，但在十八、十九、二十这两个半世纪里，我们一步一步地把民族国家意识接收过来了。本来普世的天下，变成有限的国家社群。"③

梁启超把中国史划分为"中国的中国"、"亚洲的中国"以及"世界的中国"三段。第一段为上世史，自黄帝以迄秦之统一，是为中国之中国，即中国民族自发达、自竞争走向团结之时代；第二段为中世史，自秦一统至清代乾隆之末年，是为亚洲之中国，即中国民族与亚洲各民族交涉繁赜、竞争最烈之时代，又中央集权之制度日就完整，君主专制政体全盛之时代也；第

---

① 赵汀阳：《天下体系的一个简要表述》，《学术争鸣》2008 年第 10 期。

② 参见［美］柯岚安《中国视野下的世界秩序：天下、帝国和世界》，《世界经济与政治》2008 年第 10 期。

③ 许倬云：《风雨江山》，台北天下文化出版公司 1991 年版，第 151 页。

三段为近世史，自乾隆末年以至于今日，是为世界之中国，即中国民族合同全亚洲民族，与西人交涉竞争之时代也。又君主专制政体渐就湮灭，而数千年未经发达之国民立宪政体将嬗代兴起之时代也。① 将梁启超的历史阶段说与前述川本芳昭的说法相比照可知梁氏所说的第二个阶段应该是中国人"天下意识"在地域空间和政治秩序上都体现得最完备的时期，即这种"天下秩序"被"中国"与"四夷"彼此承认且共享。到了第三阶段，"天下意识"开始遭受严重挑战，中国人开始有民族国家的意识。为什么会出现这种现象，因为中国人一直认为自己是世界的中心，明朝传教士绘世界地图为了让中国皇帝接受不得不将中国放到地图的中间位置。梁启超说："（中国周边）虽有无数蛮族，然其幅员、其户口、其文物无一足及中国。若葱岭以外虽有波斯、印度、希腊、罗马诸文明国，然彼此不相接，不相知，故中国之视其国如天下非妄自尊大也。"②

宋代正处在中国"天下意识"最成熟的阶段，但正如上面所述，"天下秩序"是一个超越于具体空间疆域却又需要一个空间作为其支撑的文化观念。宋朝偏安一隅的现状尤其是在与辽、金等国的实际外交中遭受的屈辱（靖康之变后，南宋朝廷对金国自称侄儿），使两宋士大夫的"天下意识"深受挫折。因为在他们理想的"天下秩序"中，"中国"较之"四夷"，无论经济、文化还是道德秩序方面都有着不容置疑的优势，"中国"之与"四夷"是不需借助武力的"以文化之"的"王道"，是胸怀大度的怀柔，在"四夷"则是心悦诚服的尊崇与期待，就像孟子所说四夷翘首期盼"七十里为政于天下"的商汤来征的境界："汤一征自葛始，天下信之，东面而征西夷怨，南面而征北狄怨，曰：'奚为后我？'"③

从历史的事实来看，不借助经济、军事实力做后盾而单纯依靠文化与道德的力量统驭的天下秩序显然是一个乌托邦。前述川本芳昭所描绘的魏晋时由中国和倭国双方共同认可的"天下秩序"的史实，大概只是大汉王朝经济与军事余威的显现。

两宋士大夫，自宋代初始并致力于复兴儒家道统，重建人间秩序。这一道统和新秩序自然也应包含着对王道普遍施行的"天下秩序"。所以北宋时

---

① 参见梁启超《梁启超全集》第一册，北京出版社 1999 年版，第 453 页。

② 梁启超：《新民说》，中州古籍出版社 1998 年版，第 72 页。

③ 《孟子·梁惠王下》。

代士大夫所推行的系列改革也内涵着改变现实华夷秩序而重新建立王道统驭下的"天下秩序"的期待。而历史的走向不仅偏离了方向甚至走向他们理想的反面。大宋王朝江河日下，士大夫们意图改变现状、建立新秩序的愿望也终于落空，带着这种心理矛盾，宋代士大夫逐渐将精力转向以内圣为主的治学方面。

其次是"内圣"与"外王"之间的紧张。

"内圣外王"的概念，最初源于《庄子·天下篇》。文中庄子并未对"内圣外王"做专门解释，但结合他关于圣人、真人、神人、至人的有关论述可知，庄子所追求的"内圣外王"境界，是指在内心按照道的要求，超越外在的拘束与现实的樊篱，达至"无待"和"逍遥"境界，在外则任事应物，以使万事万物各随其性，自然发展，最终达到人与自然万物和谐融通的理想境界。而郭象的解释更清晰，他说："夫圣人虽在庙堂之上，然其心无异于山林之中，世其识之哉？徒见其戴黄屋，佩玉玺，便谓足以缨绂其心矣；见其历山川、同民事，便谓足以憔悴其神矣；岂知至者之不亏哉！"他还说："世以乱故求我，我无心也。我苟无心，亦何为不应世哉？然则体玄而极妙者，其所以会通万物之性，而陶铸天下之化，以成尧舜之名者，常以不为为之耳。孰弊弊焉劳神苦思，以事为事，然后能乎？"[1] 在他看来，是居庙堂还是处山林并不是应物（顺应自然）与否的标准，关键看他是否是按自己的自然品性在行事，圣人按其品性本来就成为统治者，天下人希望圣人出来当他们的统治者也是出于本心，二者都是应物，不存在任何"矫效"的行为。像尧那样该当天子时就当天子，该禅让的时候就禅让，这样才是真正的圣人。而许由为了拒绝尧的禅让躲进深山，说明他还没有完全做到"无心"，其境界就不如尧。

学界一般认为，郭象的思想是对道家与儒家的调和，是可以跨越庙堂与山林的冲突与对立的，他不像庄子那样执于一端，那么坚决地抛弃现实世界。但他的内圣外王与儒家仍有很大的不同，他眼中的圣人是天生的，圣人所做的一切都是因任自然而已，排除个人在"内圣与外王"事业中的主观努力与积极作用。

儒家的"内圣外王"体现在《大学》的八条目中，其中"修身、齐家、治国、平天下"是外王的事业；"正心、诚意、格物、致知"，是内圣的境

---

① 郭象：《庄子注》。

界。儒家对内圣的修养功夫要求很高，主张"自天子以至庶人，一是皆以修身为本"，认为只有做好内圣功夫才可能达至外王的事业。但"内圣"与"外王"都不是静态的境界，而是动态的过程，二者无法截然分开，内圣是着眼于外王而不断修养功夫蓄积道德能量的过程，这种道德能量外化为造福社会人类的事业就是外王的实现。

按照上述论点，内圣外王的原意是指个体经过不断的道德修养功夫蓄积道德能量，并将这种道德能量外化为造福社会人类的事业，从而成就主体理想的过程。就士人的理想境界而言，追求的当然是由内圣而外王的圆满境界，但这样的结果是可遇不可求的，所以历史上当外王的事业受挫时，士人们会选择隐逸的生活，将全部精力投注到精神自由的追求上，从而为自己构筑一个圆融的精神世界，将内圣的理想与外王的追求相对分离。但就身处体制内的宋代士大夫群体而言，他们的内圣与外王是无法分离的，其内圣不是一个可以圆融自足的独立价值系统，是需要接受外王事业的检验，他们的内圣与外王之间始终有着一种无法克服的紧张与焦虑。

所以当熙宁变法失败时，当时的理学家们将其主要原因归结为内圣的功夫没做好，即作为内圣修养理论指导思想的"荆公新学"是错误的。正因为如此，他们将国运不兴、王道不施、官场贪欲成风等外王事业的失败都归结为是内圣的不到位。他们在内圣方面要做的除了自身"正心、诚意、格物、致知"外，更为重要的是要引导全社会的人们都致力于各自的内圣，以此醇化世风。他们著书立说且在各地大力兴办学堂书院即是这种理想的实践。当然身处专制体制下的士大夫们深知，要使他们的内圣之学被广为接受，最重要最根本的是要做好君王的内圣工作，即要"格正君心"，使在位的君主成为真正的圣主，以实现"圣人处君位"的"三代"之理想。因为，在儒家士人看来，"三代之治"才是真正"圣人处君位"的圆满"内圣外王"境界。

将内圣外王的着眼点放在君王的身上，是宋代士大夫克服内圣与外王之间紧张与焦虑的必然选择。因为自宋初起，宋代士大夫们就将复兴儒家道统、回向"三代"，以重建人间秩序作为他们的核心理想。而这些理想的关节点无一不与君王相关：儒家道统落实到宋代的具体政治生活中，就是"政统"、"治统"，"宋代儒学的整体动向是秩序重建，而'治道'——政治秩序——则是其始点。道学虽以'内圣'显其特色，但'内圣'的终极目的不是人人都成圣成贤，而仍然是合理的人间秩序的重建"。① 他们梦想中的"三代之治"实际上就是"圣王之治"，重建人间秩序，更是需要君王的治道来推行。从当时的实际看，宋初皇帝与士大夫"同治天下"和"共商国是"良好局面的形成；庆历新政与熙宁变法的启动、推行与失败；与辽、金等国是战还是和的政策制定；以及南宋时理学家整体时而被重用、时而受排挤的尴尬，等等大是大非问题上，士大夫们虽积极参与并发挥了重大作用，但他们参与以及发挥作用的程度，无不取决于君王的志向、进取心，甚至个人的喜好及皇权之间斗争的需要。其实这也是专制体制下所有朝代政治的普遍逻辑。但是始终身处政治旋涡的宋代士大夫感受更加深刻，这种切身感受是促使他们在外王理想遭受挫折后将内圣的着眼点放到追求"格正君心"上的必然结果。

"格正君心"，使君王恪守君道，是历代士人尤其是儒家历代士人的政治理想，也是他们认定的为臣之道。因为在专制体制下，君王处于权力的制高点，缺乏有效的外在制度约束，如果君心不正，为所欲为，那将是天下的灾难，当然最后也是皇家自身的灾难，即所谓"侈心一动，穷天下之力不足以副其求"。② 这已为史上桀纣等暴君的结局所证明。因此，避免灾难的关键就是要靠君主自身"正心诚意"，那么如何帮助君主认识到这一点，使之主动修养身心、去除欲望，将是为臣的士大夫责无旁贷的使命。儒家士人们本着推行君道的必要性与可能性（因为他们的假设是人性本善良，君王更应具有仁心，因此君道的实施是完全可能的），将建立并推行君道作为自己毕生的事业并矢志不移。自先秦以来，儒家士人们即致力于君道的阐述与推行。

孔子没有明确提出君王应该具有什么品德，但通过他对君子品德和对尧舜等最推崇的上古帝王的赞美可知他的君道思想：

> 子路问君子，子曰："修己以敬。"曰："如斯而已乎？"曰："修己以安人。"曰："如斯而已乎？修己以安百姓，尧舜其犹病诸。"③
>
> 上好礼，则民莫敢不敬。上好义，则民莫敢不服。上好信，则民莫敢不用情。④

---

① 余英时：《朱熹的历史世界》（上），三联书店 2004 年版，第 118 页。
② （宋）洪迈：《容斋随笔》，上海古籍出版社 1996 年版，第 247 页。
③ 《论语·宪问》。
④ 《论语·子路》。

子贡问："如博施于民而能济众，何如？可谓仁乎？"子曰："何事于仁？必也圣乎？尧舜其犹病诸！"①

孟子说："惟大人能格君心之非。君仁莫不仁，君义莫不义，君正莫不正，一正君而国定矣。"②

荀子说："主者，民之唱也，上者，下之仪也，彼将听唱而应，视仪而动。"③

董仲舒说："故为人君者，正心以正朝廷，正朝廷以正百官，正百官以正万民，正万民以正四方，正四方远近莫敢不一于正。"④

白居易说："君之躁静，为人劳逸之本，君之奢俭，为人富贫之源。故一节其情，而天下有以获其福，一肆其欲，而天下有以罹其殃。一出善言，则天下之心同其喜，一违善道，则天下之心共其忧。盖百姓之殃，不在乎鬼神，百姓之福，不在乎天地，在乎君之躁静奢俭而已。"⑤

以上言论，概括来说不外乎以下几点：一是君王是天下的表率，君王的品德直接关系全社会的治乱和安危，因此必须正己正人；二是为君者应当身系百姓，关爱百姓，"博施于民而能济众"是为君者的最高境界；三是君王应当制欲，君王的奢俭直接关系百姓的祸福。有关君道的思想还很多，如选贤与能，善于用人也是君王的重要品德。

宋代士大夫们秉承传统儒家的君道思想，并结合现实，提出了自己的君道思想。而作为其君道思想的核心则是"格正君心"或"格君心之非"。对君道思想进行较系统阐述的要数二程与朱熹。

程颐在《上仁宗皇帝书》中说："圣明之主，无不好闻直谏，博采刍荛（同'荛'，'刍荛'原意割草打柴，此处喻指百姓），故视益明而听益聪，纪纲正而天下治；昏乱之主，无不恶闻过失，忽视正言，故视益蔽而听益塞，纪纲废而天下乱。治乱之因，未有不由是也。"⑥ 他又说："窃闻王道之本，仁也。臣观陛下之仁，尧舜之仁也。然而天下未治者，诚由有仁心而无

① 《论语·雍也》。
② 《孟子·离娄上》。
③ 《荀子·正论》。
④ 《汉书·董仲舒传》。
⑤ 《白氏长庆集》卷四十六。
⑥ 《程氏文集》。

仁政尔。"①

后来程颐在《为家君应诏上英宗皇帝书》中认为君王的当务之急是："一曰立志，二曰责任，三曰求贤。……三者之中，复以立志为本。"强调立志、责任、求贤是王道事业的根本，而君王的志向又是根本中的根本。②

朱熹在给孝宗皇帝的《戊申封事》中说：

> 陛下即位二十七年，因循荏苒，无尺寸之效可以仰酬圣志。曾反复思之，无乃……虚明应物之地，天理有所未纯，人欲有所未尽，是以为善不能克其量，除恶不能去其根。③
>
> 臣闻人主所以制天下之事者，本乎一心，而心之所主，又有天理人欲之异，二者一分，而公私邪正之涂判矣。④
>
> 今日之急务为陛下言之：大本者，陛下之心。急务则辅翼太子，选任大臣，振举纲纪，变化风俗，爱养民力，修明军政六者是也。……凡此六事皆不可缓，而本在于陛下之一心，一心正则六事无有不正。一有人心私欲以介乎其间，则虽欲急精劳力以求正夫六事者，亦将徒为文具，而天下之事愈至于不可为矣。⑤
>
> 愿陛下自今以往，一念之顷必谨而察之：此为天理耶？人欲耶？果天理也，则敬以充之，而不使其少有壅阏，果人欲也，则敬以克之，而不使其少有凝滞。推而至于言语动作之间，用人处事之际，无不以是裁之，则圣心洞然，……无一毫人欲得以介乎其间，而天下之事将惟陛下所欲为，无不如志矣。⑥

程朱的君道思想虽上承原始儒家君道思想，但却很有针对性，是针对现实中的具体君王及时政而发的。仁宗时正是受范仲淹庆历新政鼓舞士人夫政治主体意识体现最明显的时候，因此程颐力劝仁宗要好闻直谏，即是希望仁宗能广泛听取士大夫们的意见，即"共商国是"。当时宋王朝在与辽、西夏

---

① 《程氏文集》。
② 同上。
③ 《宋史·朱熹传》。
④ 同上。
⑤ 同上。
⑥ 同上。

的争战中屡遭失败，加上内部冗官、灾异等内患也日渐凸显，因此程颐希望皇帝将仁爱之心转化为实际的仁政，救百姓于危难，以成就其仁爱品德。

英宗皇帝因为刚继位，是一位新皇帝，所以程颐从立志、责任、用人等最基础的君道来要求他，并突出强调立志的重要，大概是希望英宗能尽快确立施政纲领，以图振兴朝纲。但英宗在位时间不过五年，且大部分时间用来为其生父争取封号，在朝政方面无所作为。

宋孝宗是南宋历史上给理学家们带来无限希望的一位君主，他洁身自爱，恪守孝道，尊崇重用理学家，最关键的是他支持主战派，为岳飞平反，力图北伐恢复中原。但他在位 27 年，有 25 年时间是在与太上皇高宗的微妙"对峙"中度过的，在许多方面受制于高宗的态度，二人政见相左，出于孝道，孝宗不可能太违背太上皇的意见。加上当时朝廷内忧外患加剧，内无贤臣外无良将。孝宗也是徒有一腔中兴的愿望与热情，最终无所建树。朱熹曾于孝宗即位当年（1163）上《壬午应诏封事》，讲的主要是《大学》的内圣外王之道。淳熙七年（1180）第二次上"封事"，重点是说人主应该如何"正心诚意"，其中有"君心不能以自正，必亲贤臣，远小人"之句，大概当时孝宗虽尊敬理学家却迫于高宗压力和其他复杂原因不能起用理学家，朱熹有些不理解，所以句中显然有孝宗"不能重用贤臣"的指责，所以史载孝宗读完此封事后大怒说："是以我为妄也！"① 大概是对朱熹不能理解其苦衷深感委屈。淳熙十五年（1188），也就是在孝宗即将逊位给光宗的当年，朱熹先入朝面奏后又上万言封事即上文所写到的《戊申封事》，文中尖锐地指出："陛下即位二十七年，因循茬苒，无尺寸之效可以仰酬圣志"，此次孝宗没有生气，史载他连夜起床挑灯阅读，大概他也对自己一生圣志难酬深感懊恼，君臣双方都有一种理想无法实现的焦虑。到了光宗、宁宗朝朱熹仍然抱着"格正君心"以成就王道事业的一线希望继续向君主传播他的道学思想，特别是宁宗时，他成为焕章阁待制、侍讲，有机会成为宁宗的老师，但他的说教终究没能让宁宗接受甚至为其所不容，46 天后被解职，不久理学被列入"伪学"遭禁。至此，是朱熹也可以说是整个南宋理学家群体"致君行道"的理想在实践层面宣告结束。

从程朱的君道言论看，并没有提出具体的解决现实问题的方案，而是一再强调人主"正心窒欲"的重要，强调选用贤士的重要。这是理学家们

---

① 《宋史·道学三》。

"理一分殊"理论在建立人间秩序尤其是伦理秩序方面的应用。按照"理一分殊"的理论，社会每个成员都应找到和他的德、能相符的位置，为君者要有君德、君职，为臣者也应有臣德、臣职。"理一分殊"在人间秩序上的应用，重点放在人伦关系上面，即："每一个社会成员都能找到和他的才能和努力完全相符的位置，这才是理学家所企图重建的秩序。"①

按照"理一分殊"的理论原则，理学家们认为，人主应该有足以垂范天下的品德，即如朱熹所说："既居天下之至中，则必有天下之纯德，而后可以立至极之标准。"② 从职责上看，人主应该善于用人，即近贤臣、远小人，至于其他具体的行政事务就待贤人去做即可，其中隐含着希望他们及其志同道合的其他理学士人能够被重用以实现他们的外王事业的迫切期待。这种愿望其实在宋代初期"同治天下"的追求中已明显表露，朱熹晚年感叹，"便是这符不在自家手里"③，清楚地道出了这一心理。李存山认为，程朱理学在哲学上比汉唐儒学有重大的发展，但在政治哲学上却鲜有突破，他们没有解决儒家与君权之间的紧张，他们"重建秩序"与"得君行道"理想的失败不仅是历史的局限，也是程朱理学自身的局限，因为他们毕竟接受了"君以制命为职"④ 的大原则，更确切地说，他们不仅接受了这个大原则，而且还将其提升到了"天理"的高度。⑤

总之，宋代士大夫从"尧舜行德则民仁寿，桀纣行暴则民鄙夭"⑥ 的历史经验出发，坚信君王乃"天下之大本"，君清才会天下清。带着这种思想认识，他们将回向"三代"、变"无道社会"为"有道社会"的理想，建立在对君王品德的塑造上。同时，出于对人性的乐观估计和他们所创立的"道学"的执著信心，他们坚信必须也能够做到使最高统治者正心窒欲，持之以恒地以圣贤人格塑造自我、垂范百姓，在全社会形成人人皆以道德之是非为是非的良好世风，那样社会的政治理想即外王的事业就能顺利达成。于是他们极力鼓吹人主窒欲的必要性，程朱学派更是从哲学的高度对"存天理，灭

---

① 余英时：《朱熹的历史世界》，三联书店 2004 年版，第 166 页。

② 《朱文公文集》卷七二。

③ 《朱子语类辑略》。

④ 朱熹在《经筵留身面陈四事札子》中对宋宁宗说："上自人主，以下至于百执事，各有职业，不可相侵。盖君虽以制命为职，然必谋之大臣，参之给舍，使之熟议，以求公议之所在，然后扬于王庭，明出命令而公行之。"

⑤ 李存山：《程朱的"格君心之非"思想》，《中国社会科学院研究生院学报》2006 年第 1 期。

⑥ 《汉书·董仲舒传》。

人欲"的必要性与合理性进行论述，以期为他们的君道思想提供宇宙论的根据。他们的理想在当时是无可厚非的，他们不可能也找不到现代意义上的宪政措施，来制约帝王的行为，只能借助道德的软约束，借助"天理"、"人欲"的论述，通过自己持之以恒的劝诫，廓尽"人主"心中之"人欲"，达到"得君行道"的理想目标。

历史的事实证明，没有外在的制度性约束，仅靠理论说教与君主的内在自觉，祛除欲望也只能是一种乌托邦式的幻想，正如同时代的富弼所说："人君所畏者，天也，若不畏天，何事不可为者！"① 即便有"天理"在，如董仲舒的"天人感应"论终究也难以抵挡权力与欲望的诱惑。综观中国历代君王，真正能够符合理学家君道标准的实在是屈指可数，他们所追求的"君道"实在就是一个政治乌托邦。然而两宋士大夫自始至终都在做这种努力，不管是出于对自己期望的人间秩序的执著信念，还是出于对原始儒家"明知不可而为之"的古训的践行，其行为都是令人敬佩的。更何况，他们的努力至少一定程度上限制当时为君者的为所欲为，也一定程度上为当时士大夫们"以天下为己任"的社会实践提供了形而上的依据。

（二）两宋士大夫的人格追求

两宋士大夫尤其是理学家始终将人格的塑造作为他们道德理想的重要内容，除了前述关于君道的人格要求外，还有许多丰富的关于人格理想与人生境界的追求。

追求"孔颜乐处"。《论语》中记载了孔子提及自己精神境界的话："饭疏食，饮水，曲肱而枕之，乐亦在其中矣。不义而富且贵，于我如浮云。"② 意思是吃着粗粮，饮着清水，弯着胳膊当枕头，这也充满乐趣。用不义的手段得到富贵，对于我好像浮云那样转瞬即逝而无足轻重。孔子曾赞叹颜回说："一箪食，一瓢饮，在陋巷，人不堪其忧，回也不改其乐。贤哉回也！"③ 说颜回用非常简陋的竹器吃饭，用瓢饮水，住在陋巷，别人受不了这种困苦，颜回却乐在其中。

这便是关于"孔颜乐处"来源的原始文本。宋代理学家周敦颐将孔子与

---

① 《纲鉴易知录》卷七十。
② 《论语·述而》。
③ 《论语·雍也》。

颜回的精神境界提炼为一种带有普遍意义的理想人格类型，称为"孔颜乐处"，意指一种超越世俗物质功利追求、完全进入体道状态的精神境界。周敦颐的"孔颜乐处"实际上是一种纯粹"内圣"的境界，他还说要"志伊尹之所志，学颜子之所学"。① 陈来解释说："志伊尹之所志是要以伊尹为取法的楷模，致力于国家的治理和民众的幸福。学颜子之所学是指像颜子一样去追求圣人的精神境界。前者是外王，后者是内圣。"②

前述《大学》"内圣外王"思想时，笔者曾说过，"内圣"与"外王"不是静态的境界，而是动态的过程，二者是无法截然分开的，内圣是着眼于外王而不断修养功夫蓄积道德能量的过程，这种道德能量外化为造福社会人类的事业就是外王的实现。在这个动态的过程中，"内圣"不是一个可以自足的独立价值体系，而是需要接受外王检验的环节。但周敦颐的"孔颜乐处"是一个消除了"内圣外王"之间的紧张与焦虑的自足圆融的境界。正如陈来所说："颜回已经达到了一种超乎富贵的人生境界……这种乐是他的精神境界所带给他的，不是由某种感性对象引起的感性愉悦，而是一种高级的精神享受，是超越了人生利害而达到的内在幸福和愉快……是人达到与道为一的境界所自然享有的精神的和乐……这种境界并不是一种道德境界，而是一种与道德境界不同的一种超道德境界。"③

陈来对周敦颐的"孔颜乐处"给予了很高的评价："周敦颐那种超越富贵利达而又与隐逸不同的人格风范，极高明而道中庸，开了一代新风气。由于求得这种境界既不需要出世修行，也不需要遁迹山林，是在伦理关系中奉行社会义务的同时实现的，因而是对佛道思想的批判改造。他的寻孔颜乐处的思想使古代儒家以博施济众和克己复礼为内容的仁学增添了人格美和精神境界的内容，对后来理学的人生追求产生了深远的影响。"④

追求"天人合一"。"天人合一"思想发轫于《周易》的"三才论"。《易经·系辞下》云："有天道焉，有人道焉，有地道焉，兼三才而两之。"《周易》将天、地、人合称"三才"，并赋予了人仰观俯察，与天地变化相协调的潜能，即"夫大人者，与天地合其德，与日月合其明，与四时合其

---

① 《通书·志学第十》。
② 陈来：《宋明理学》，华东师范大学出版社 2003 年第二版，第 34—35 页。
③ 同上书，第 35—36 页。
④ 同上书，第 36 页。

序"的神圣职责与能力。① 《中庸》发展了这一思想，把人在宇宙天地中的作用表述为"赞天地之化育"、"与天地参"。但并不是所有的人都能够理解并积极主动地履行和发挥天地赋予的责任与潜能。那么什么人能够达到这一境界呢？《乾卦·文言》已说明只有所谓"大人者"。② 《中庸》也说："唯天下至诚，为能尽其性；能尽其性，则能尽人之性；能尽人之性，则能尽物之性；能尽物之性，则可以赞天地之化育；可以赞天地之化育，则可以与天地参矣。"又是谁能做到"天下至诚"呢？朱熹解释说："天下至诚，谓圣人之德之实，天下莫能加也。尽其性者德无不实，故无人欲之私，而天命之在我者，察之由之，巨细精粗，无毫发之不尽也。人物之性，亦我之性，但以所赋形气不同而有异耳。能尽之者，谓知之无不明而处之无不当也。赞，犹助也。与天地参，谓与天地并立为三也。此自诚而明者之事也。"③ 很明显，只有圣人才能达到这一境界。因此追求儒家天人合一的境界，也就是追求圣人境界。至于如何才能达到天人合一的境界，孔、孟及董仲舒等都进行过阐述，而宋代理学家从不同的角度进行了较系统的论证。

被理学派奉为开山鼻祖的周敦颐通过引入"诚"的概念，来论述"天人合一"的境界。他将"诚"等同于"天道"，认为"诚"乃秉乾（天）所赋之命，是五常（仁、义、礼、智、信）之本，百行（孝、悌、忠、顺）之源。"圣，诚而已矣。诚，五常之本，百行之源也……五常百行，非诚，非也，邪暗塞也。故诚则无事矣。至易而行难。果而确，无难焉。故曰：'一日克己复礼，天下归仁焉。'"④ "诚还是圣人之所以为圣人的境界，又是成圣的主要方法。"⑤ 这个方法就是"克己复礼"，去除人欲。周敦颐在讲学圣人的要领时说："圣可学乎？曰：可。曰：有要乎？曰：有。请问焉。曰：一为要。一者，无欲也。"⑥

追求"民胞物与"。民胞物与是天人合一的一种表现形式。张载第一次明确提出了"天人合一"的命题。他说："儒者则因明致诚，因诚致明，故天人合一，致学而可以成圣，得天而未始遗人。""乾称父，坤称母，予兹藐

---

① 《乾卦·文言》。
② 古时"大人"，多指君子或圣人。
③ （宋）朱熹：《四书章句集注》，中华书局 1983 年版，第 32—33 页。
④ 《通书·诚下》。
⑤ 陈来：《宋明理学》，华东师范大学出版社 2003 年第二版，第 43 页。
⑥ 《周子通书》。

焉，乃混然中处。故天地之塞，吾其体；天地之帅，吾其性。民吾同胞，物吾与也。"① 他在《东铭》中，用佛家慈悲观解释《周易·说卦》"乾称父"章提出的"天地一家论"，主张"民胞物与"说。这是宋儒"天地万物一体"论的典型生态伦理学说。张载说："天地之塞吾其体，天地之帅吾其性，民吾同胞，物吾与也。"② 他提出天道、天德以及"万物一源"之性等范畴，说明人与人、人与万物之间的关系是一种生命关系。"天地之塞"是指气而言，气是我的身体的来源；"天地之帅"是指天德而言，它是我的性的来源。气与性是人与万物共同的本原，因此，我与人民的关系是同胞兄弟的关系，我与万物的关系是朋友伴侣的关系。将万物视为人类的朋友与伴侣，这是对"仁民爱物"说的进一步发展。由于人和万物都是天地的儿女（"乾称父，坤称母"），人与万物的关系就形成了非常亲近的关系。人性的根本内容是仁德，仁的作用就是"体物而不遗"，即毫无保留、毫无遗漏地将爱施之于万物，体会万物的生命意义。张载视宇宙为大家庭，天地为父母，人类为儿女，故有"物吾与也"的深切感受。人的生命活动不仅要重视调整人与人之间的关系，而且要重视调整人与自然界之间的关系，故人生的最高理想应是"为天地立心，为生民立命，为往圣继绝学，为万世开太平"，这里包括了人与宇宙、人与人的双重和谐。

蒙培元说："'仁'作为天人合一的中心范畴，体现了理学有机论整体思维的根本特征。它把自然界看作有机系统或整体，处在'生生不息'的过程之中，并且具有'生意'，即某种目的性。仁从人道提升为天道，和《周易》中'生生之谓易'、'天地之大德曰生'等命题结合起来，不仅从整体上把握人和自然界的关系，而且从自然界合目的性的观点出发，说明二者的关系。它不是把自然界仅仅看作机械的物理客观对象，而是看作有机整体向生命过渡的无穷过程。"③

"张载以一种恢弘的气魄打通了'天人之隔'，洞穿生死，给人在时空中进行了重新的定位。张载眼中的'人'已从个体的人或社会人发展成为宇宙的人，个体与宇宙达到了前所未有的密切。"④

---

① 《张载集·乾称篇第十七》。
② 《西铭》。
③ 蒙培元：《理学范畴系统》，人民出版社 1989 年版，第 488 页。
④ 刘天杰：《张载的"民胞物与"论及其现代意蕴》，《江西社会科学》2007 年第 4 期。

第六章

早期启蒙中对传统道德的
批判与道德理想追求

明朝中后期，封建传统农耕文化的发展盛极而衰，封建专制统治危机四伏。伴随着商品货币关系的发展，长江下游地区已出现了资本主义萌芽，新的文化因素逐渐成长，并呈现出蓬勃发展的气势，对传统文化形成了巨大的冲击，成为明朝社会转型的明显特征。一批有识之士，从挽救时代危亡的使命出发，对封建专制统治和纲常伦理进行了深刻有力的揭露与批判，很好地发挥了思想启蒙的作用，对近代以后政治体制的改革和变法维新等运动都产生了深远的影响，后人将这段时期称之为"中国的文艺复兴"。

一 程朱理学统治地位的式微和阳明心学的启蒙意义

一种学术理论或学术思潮的兴衰命运，除了该理论体系或学术思潮自身的生命力外，还与特定社会和时代的理论需求密切相关。这种需求包括统治阶级的政治统治需要和同时代经济社会发展的内在需要。程朱理学的几度沉浮和阳明心学在明朝中后期的兴起皆源于这两方面的原因。

（一）社会转型与程朱理学的盛极而衰

以朱熹为集大成者的理学思想在南宋虽已取得了很大的影响，但始终未取得官学的地位，而且在"庆元党禁"后还一度被宣布为"伪学"，理学的书籍也被官方严令禁止，这种状况持续了 20 余年。后来由于真德秀等人的倡导，到宋理宗时才在思想界取得正宗地位，但也只是在南宋统治的南方地区发挥作用，并未在北方产生影响。理宗死后十余年宋王朝即为元所取代，所以总体而言，理学思想在南宋的影响是有限的。元朝建立后，理学取得了钦定的官学地位，但因为元朝对文人并不重视，且从事理学方面研究的思想家不多，所以理学思想虽被定为官学却并未取得学术上的进展。理学真正成为官方正统思想并取得一统地位源于明前期统治者的极力推行。明初统治者立朝后，大力加强礼法之治，明太祖朱元璋强调述朱、尊朱，重用宋濂等一批名儒陈说理学，并将理学正式确定为科举考试的主要内容。"洪武三年（1370），太祖定科举制度，仿宋朝经义，规定'制义'（八股）格式，洪武十七年，再颁科举取士式，规定《四书》用朱注，《五经》用宋儒注及古注疏。这样宋代理学就成为明初统治思想的依据。明初诸儒中，宋濂最受礼遇。宋濂是金华朱学传人，曾向朱元璋推荐朱熹再传弟子真德秀所撰《大学衍义》一书。这部专讲格物致知、正心诚意、修身齐家治国平天下道理的著作很受朱元璋的重视，开始了他对理学的推崇。明初儒臣也凭借帝王的权势，极力扩大理学的影响。"①

明成祖朱棣即位后，极力强调"以儒兴国、隆兴教化"，把程朱理学提到极高的地位。永乐十四年（1416），明成祖诏翰林学士胡广等编《五经四书大全》和《性理大全》，谕旨说：

> 《五经》、《四书》，皆圣贤精义要道，其传注之外，诸儒议论，有发明余蕴者，尔等采其切当之言，增附于下。其周、程、张、朱诸君子性理之言，如《太极》、《通书》、《西铭》、《正蒙》之类，皆六经之羽翼。然各自为书，未有统会，尔等亦别类聚成编。二书务极精备，庶几以垂后世。

胡广等在进书表中称："非惟备览于经，实欲颁布于天下，俾人皆由正路，学不惑他歧。家孔孟而户程朱，必获真儒之用。"②

在明太宗的极力推行下，永乐十五年（1417）三月，《五经、四书大全》及《性理大全》受诏颁于六部、两京国子监和天下郡县学。后来朱棣

① 王国强：《明代目录学研究》，中州古籍出版社2000年版，第60页。
② 转引自王国强《明代目录学研究》，中州古籍出版社2000年版，第60页。原载《明太宗实录》卷一五八。

又亲自主持将《五经、四书大全》分开为《五经大全》、《四书大全》和《性理大全》，合称三《大全》，这三本《大全》存留着深刻的朱学印迹，其编成和颁行，标志着程朱理学一元化思想统治地位在明代的真正确立。至此，在两宋命运多舛的程朱理学终于取得一统天下的地位。一定程度上实现了明代统治者"家孔孟而户程朱"的理想。

　　然而，一种学术思想一旦成为统治者的统治工具，尤其是被定为一尊而排斥了其他文化系统的渗透后，其内在的精神品质就可能发生变异，其学术的生命力也可能就此衰微。"明初统治者既在思想上依靠程朱理学牢笼知识界，以朱子学说为正统，视其他学说为异端，自不免扼杀学术争鸣的空气，同时也限制了朱学自身的发展。士子们为了取得功名利禄，自然也不会去读'杂览'之类的著作，其学问、思想和眼界，也就局限在程朱理学的藩篱内，学术文化恹恹无生气。"①

　　当然理学思想最终走向衰弱，还有深刻的社会原因。一是明朝社会经济的发展与社会转型，对思想观念形成的挑战。明建立初期，为了迅速改变由于战乱而导致的社会经济凋敝状况，巩固王朝的统治，统治者采取了一系列鼓励经济发展的措施，如扶植农业生产，鼓励屯田，减免赋税等，更为重要的是对工商业也采取了保护的政策。因此，经济得到较好发展。特别是到了明朝中后期，东南地区已明显出现了资本主义的因素。随着工商业经济的发展，人们的生活方式、思想观念都在发生变化。传统中不被重视的商人地位明显提升，社会各阶层之间平等意识日益加强，"万般皆下品，唯有读书高"的价值观受到强烈冲击。面对通过科举考试入仕的艰难和对官场腐败现象的痛恨，士人不再把读书作为唯一出路，许多士人"弃儒就贾"，从事商业活动。据余英时的考评，"弃儒就商"在16—17世纪表现得最为活跃，商人的人数在此期间大量上升，享誉后世的徽商与晋商也是在此期间达至黄金时期。他还认为16世纪时商人在中国各地都显出蓬勃的活力。② 士人中的相当一部分一改传统安贫乐道、重义轻利的思想观念，大胆言利逐利，士商界限变得日益模糊，出现了"四民异业而同道"（王阳明）、"商与士异术而同心"（李梦阳）的现象。这些新思想新观念的出现与流行，对"重义轻利"的传统伦理思想尤其是程朱理学所主张的"存天理、灭人欲"伦理思想产生

---

① 王国强：《明代目录学研究》，中州古籍出版社2000年版，第60页。
② 余英时：《士与中国文化》，上海人民出版社2003年版，第530—531页。

了强烈的冲击。"朱熹虽然并不一概排斥或否定人的自然欲望，但他的思想总的倾向是强调把个人的欲望尽可能减低以服从社会的道德要求，表现出一种从封建等级制度出发对个体情欲的压抑，与近代以来资本主义要求打破等级、追求个人利益不受等级和封建道德原则限制的思想有很大不同，反映出理学作为前近代社会思想形态的性格。"①　一种更能反映时代精神与要求的新思想呼之欲出。

二是统治阶级的言行不一，使其倡导的理学思想失去应有的说服力。在专制社会里，皇帝的言行便是一种价值导向，这也就是先秦儒家及宋代士大夫们极力塑造"圣王"的根本原因所在。因此，统治者要推行一种思想体系或倡导一种社会风俗，最有效的做法除了借助政权的力量外，还必须言传身教，以身示范。前者是功利的导向，如将此思想体系内容列为科举考试内容，后者则是道德人格的感化。明朝历代皇帝，除了明初较积极作为，政治（包括吏治）也较为清明外，中后期皇帝大多骄奢淫逸，甚至不理朝政，其中尽人皆知的万历皇帝"罢工"20余年。同时，明朝的专制集权统治也明显与原始儒家倡导并致力于建立的"君使臣以礼，臣事君以忠"的理想君臣关系不相符，特别是与理学创建者们所渴望的士大夫与皇帝"同治天下"和"共商国是"的政治理想相悖。明朝统治者动辄对大臣施以杖刑，毫无儒家风范可言。就是那位亲自主持编纂明代理学三本《大全》（《五经大全》、《四书大全》和《性理大全》），极力倡导尊崇程朱理学思想的明朝历史上最有作为、将王朝统治推向鼎盛的明成祖朱棣，也残杀大儒方孝孺10族870余人，其行为较之历史上有名的暴君秦始皇的"坑儒"有过之而无不及。这种言行不一的虚伪行为自然使其倡导的程朱理学思想失去了应有的说服力与感召力。正像鲁迅在评价魏晋名士的"反道德"行为时所说："一向说他们毁坏礼教。但据我个人的意见，这判断是错的。表面上毁坏礼教者，实则倒是承认礼教，太相信礼教。但其实不过是态度，至于他们的本心，恐怕倒是相信礼教。"②　明代中后期士人中出现的激烈反理学思潮除了思想观念上的自觉外，一定程度上也是出于对现实道德状况的不满心态。他们真正抗议和谴责的除了程朱理学本身的陈腐外，还应有统治者口是心非——"满口仁义道德"实则违背儒家本真精神的虚伪。否则我们很难解释，以维护理学思想为

---

① 陈来：《宋明理学》，华东师范大学出版社 2004 年版，第 113—114 页。

② 钱理群、金宏达选编：《鲁迅文集精读本》（杂文），中国华侨出版社 2004 年版，第 145 页。

宗旨的"东林党"人在当时深得民心，特别是能赢得江南工商业者尊重与支持的事实。①

三是程朱理学思想自身的缺陷。朱熹继承二程思想，意欲建立一个涵括自然宇宙规律和人类社会秩序的逻辑缜密的伦理思想体系，他力图构建的伦理体系是一个包括道德本源、道德基本原则、道德规范直至修养功夫在内的恢弘体系。而且他通过先验的"理"这一概念的"构建"与阐释，将作为自然宇宙普遍法则的"天理"与作为人类社会道德秩序的基本原则统一起来，从而赋予了其道德原则普遍性、神圣性的特征，实际上也就是将封建等级伦理秩序法则化、神圣化，即"天理化"，从而在本原上否认了人与人之间的平等要求。他强调"理一分殊"，认为人类社会一切具体的道德规范与行为准则都是作为宇宙"理"的体现与具体化，要求人们一切行为都必须严格遵循"理"——封建道德原则的要求，这就严重地束缚人的思想自由与主观能动性的发挥。他强调"格物致知"、"居敬穷理"，主张通过"读圣贤书"和"穷事事物物之理"的修养功夫，达到对道德原则的体认，同时要时刻保持"慎独"，做到"收敛身心、整齐、纯一，不恁地放纵"，② 从而达到内无妄思，外无妄动。最后将人的道德修养引向"死读圣贤书"的道德形式主义。他强调"存天理，灭人欲"，将"天理"与"人欲"对立起来，将道德的社会作用绝对化，导致道德决定论，甚至把国家的盛衰危亡系于统治者的道德品质。总之，以朱熹为代表的程朱理学完全服务于封建等级秩序要求的道德目的与宗旨，显然不能适应社会进一步发展的需要，其遭到处于启蒙时期广大市民阶层的抵制也是理所当然的。但也正是它的这种明显的价值导向，使之很好地适应了专制统治的需要，这也是程朱理学后世再度受到统治者青睐的根本原因。

被明初统治者推上独尊地位的程朱理学思想，在明初宋濂、方孝孺、曹端、薛瑄以及明中后期罗钦顺、陈建、顾宪成等人的极力维护并努力下，在实践中获得了一定的发展，但由于其思想自身的缺陷和作为统治者御用工具的必然结果，最终还是走向式微，并为在当时更具生命力的"心学"所取代，当然理学也并未退出历史舞台，后经清王朝的强力推行，再次获得意识

---

① 据载，天启六年，魏忠贤大肆搜捕东林党人，苏州、常州等地市民自发组织群众运动进行抗议。阉党到苏州逮捕周顺昌时，市民数万人挺身而出，为之鸣冤，并杀死缇骑，打伤校尉。

② 《朱子语类》卷十二。

形态上的独尊地位，同时也日渐教条与僵化，终于走向反动，成为"杀人"的软刀。

（二）阳明心学对传统伦理秩序的批判及其理想追求

到了明中后期，社会危机不断加重，皇帝、宗室、外戚相继掠夺土地；封建专制主义走向极致，君主胡作非为，宦官专权、结党营私；受新兴的商业经济发展刺激，各级官僚争利于市。社会矛盾日益激化，封建社会统治基础面临严重危机。正是在这一背景下，传自宋代陆九渊的阳明心学（也称"王学"）抱着希望将明王朝从"沉疴积瘵"中拯救出来的理想，对程朱理学进行了批判，并由此兴起了一场思想解放运动。阳明心学是明代理学的代表，与程朱理学合称宋明理学。心学代表王阳明认为，程朱理学的失效，源于自身内在弊端。他针对当时儒生们为了考科举、求官职而研习理学的学习目的与理学所倡导的道德训条的内在矛盾，指出这种弊端是："记诵之广，适以长其傲也；知识之多，适以行其恶也；闻见之博，适以肆其辨也；辞章之富，适以锦其伪也。"[①] 为了克服程朱理学的弊端，王阳明在继承陆九渊与陈献章心学的基础上构建了自己的思想体系。

王阳明针对程朱学派认为"天理"是客观存在的思想，提出"心即理"的思想，认为"心外无物、心外无事、心外无理、心外无义、心外无善"。[②] 他与弟子徐爱的一段对话很清晰地阐明了这一观点。

> 爱问：至善只求诸心，恐于天下事理有不能尽。先生曰：心即理也，天下又有心外之事、心外之理乎？爱曰：如事父之孝、事君之忠、交友之信、治民之仁，期间有许多道理在，恐亦不可不察。先生叹曰：此说之蔽久矣，岂一语所能悟！今姑就所问者言之，且如事父，不成去父上求个孝的理；事君不成去君上求个忠的理？交友治民不成去友上民上求个信与仁的理？都只在此心。心即理也。

在此段对话中，王阳明很明确地指出道德法则即"理"并不存在于道德行为的对象上，如父、君、友、民等，而是存在于道德主体即道德行为者的

---

① 《答顾东桥书》。
② 《阳明全集》卷四。

意识中。换句话说，就是道德法则或原则不是离开个体的主观意识而独立存在的，而是纯粹内在的，世间的道德秩序如君臣之义、父子之情、朋友之信都是由行为者（道德主体）的内在道德意识赋予的。因此，他反对程朱的向外格物穷理，认为人要穷理求善，关键在于发扬本心即"致良知"。他的这一思想冲破了程朱理学的思想束缚，高扬了人的主体精神，极大动摇了程朱理学的地位。"'心即理'意味着：在一般意义上，个体内心的道德觉悟，本身就是与一定的伦理规范、原则或戒律相同一的。或者说，当道德活动中的一切行为发生时，个体内心就已经对这些行为的意义和价值进行了裁决。这种裁决不是依据一定的外在客观的伦理规范、原则或戒律进行的，而是由人天生就有的'本心'直接作出的。因此，'心即理'就提高了个体对自身行为的自由支配能力，与'性即理'将'理'先天置入人的内心，从而强调人的本心只有遵从了'理'的规定，其行为才具有道德意义和道德价值，是有相当大的不同的。"[1]

在"心即理"的前提下，王阳明还提出了"知行合一"与"致良知"说。他针对程朱"分知行为两事"的割裂知与行的思想，提出"知行合一"，他说："真知即所以为行，不行不足谓之知"[2]，"知是行之始，行是知之成"[3]，"知是行之主意，行是知之功夫"[4]。在他看来，知与行是合一的，不能割裂的，是相互包含的，没有脱离行的独立的知的功夫，也没有脱离知的独立行的功夫。即"人对一定的道德法则的觉醒，必定会导致相应的道德行为的发生；而一定的道德行为的发生，必然同时意味着行为者内在道德意识的觉醒"。[5] 王阳明"知行合一"思想的提出是其"心即理"的自然发展，是对程朱知行观的批判，更是对当时"知行不一"社会现实的揭露。"致良知"是王阳明对孟子"良知"说的继承，即认为良知是人与生俱来的不依赖外界环境的道德意识与道德情感。"良知是人的内在的道德判断与评价体系，良知作为意识结构中的一个独立部分，具有对意念活动的指导、监督、评价、判断的作用。"[6]

---

① 吴宣德：《中国教育制度通史》第 4 卷，山东教育出版社 2000 年版，第 28—29 页。

② 《答顾东桥书》。

③ 《传习录》。

④ 同上。

⑤ 吴宣德：《中国教育制度通史》第 4 卷，山东教育出版社 2000 年版，第 29 页。

⑥ 陈来：《宋明理学》，华东师范大学出版社 2004 年版，第 213 页。

阳明心学从主观上说，也是为了维护封建伦理秩序的，也强调要在"去人欲、存天理"上用功。因为他所说的"心即理"的"心"是指无私欲之蔽的"心"，而人心是有可能被私欲蒙蔽的，所以必须通过"致良心"的修养功夫"去人欲"。他说："此心无私欲之蔽，即是天理，不须外面添一分。以此纯乎天理之心，发之事父便是孝，发之事君便是忠，发之交友治民便是信与仁，只在此心去人欲、存天理上用功便是。"① 他希望人人都能通过"去人欲、存天理"的修养功夫，复明良知，自觉地遵循封建的纲常伦理。但因为他把道德的法则、善恶是非的标准和道德评价的依据都系于主体的内在良知，显然把道德实践的主动权和行为的抉择权交给了个人，由此必然导致"以吾心之是非为是非"取代"以圣人之是非为是非"的结果，造成对封建伦理规范与秩序的革命性冲击，开启了明代启蒙思想的先声。"王氏学说使当时受朱子学说的烦琐教条所禁锢的思想界耳目一新，在客观上起到了解放思想的作用，孕育并推动着新思潮的产生。"② 王阳明也自然成了明代学术的中心人物。据载，王阳明门徒遍天下，王学流传逾百年。

王门"心学"在明代中后期盛行于全国，其学术也出现了分化，形成了浙中、江右、南中、楚中、北方、粤闽、泰州等许多学派。其中最能体现时代精神、影响最大的应属以王畿和王艮为代表的学派。

王畿以"良知现成"说为前提，从"本心自然"的道德观念出发，认为人的良知是天然固有的，可以"不待修正而后全"，把修养功夫的环节都给取消了，并由此得出了"众人之心与尧舜同"的结论。他还主张由人的良知"自作主宰"来判断善恶是非，造成善恶是非判断的主观任意性。"按照王阳明的观点，学问之道有两种方式，一种是从'本体'入手，一种是从'工夫'入手……从本体入手不是不要功夫，而是以'悟'为功夫。'功夫'指修养的具体努力，从功夫入手是指在意念上修养，保养善念，兑除恶念，通过这种意念上的为善去恶，使人逐渐恢复到心的本体。"③ 显然王畿是执著于"悟"的功夫，认为心的本体是"至善"的，面对外物的刺激，个体只要按自性自然作出反应就可以了。"当王畿把有待完成的'善端'当做已'具足'的'至善'时，实际上意味着把封建道德还原成了没有确定阶级内

---

① 《传习录》。

② 王国强：《明代目录学研究》，中州古籍出版社 2000 年版，第 61 页。

③ 陈来：《宋明理学》，华东师范大学出版社 2004 年版，第 255 页。

容的道德的一般。"①

　　王艮是王学中被认为具有异端倾向的平民化学者，泰州学派的代表。他与王畿一样也认同"现成良知"说，他崇尚自然，强调良知的天然率性之妙，认为良知是现成的，每个人现成地具有良知，人们只要遵循良知率性而为就可以达到成圣成贤的功夫，因此良知是因任自然、不假安排的。他说："良知天性，往古今来人人俱足，人伦日用之间举措之耳。"② 他还提出了"百姓日用人伦即是道"的观点。认为"圣人之道，无异于百姓日用"，"愚夫愚妇，与知能行便是道，与鸢飞鱼跃同一活泼泼地，则知性焉"③，这样他不仅否定了良知需要积累，需要修养功夫，而且也否定了王畿关于良知具有的"具足"、"至善"的伦理特性的神秘性，也就祛除传统圣人的神圣性，把圣人的标准降低了。

　　王学的"现成良知"说，"可能导致对外在道德规范的否定；导致对道德修养必要性的否定；导致承认人人生而平等和人格独立"。④ 李贽正是将"现成良知"说作为自己学说的前提，并将此说推向极致，走向"异端"。李贽以"现成良知"说为前提创立"童心说"，主张追求"绝假纯真"的童心，他说："夫童心者，绝假纯情真，最初一念之本心也。若失却童心，便失却真心，便失却真人。"⑤ 他从"童心说"出发，认为出于纯真的行为才符合礼，也才符合道德。他说："从天而降……由不学、不虑、不思、不勉、不识、不知而至者谓之礼。" 由此自然得出，礼的行为即出于纯假纯真的行为，出于主体内在本真要求的行为，就是道德的行为，那么出于私欲的行为也就是道德的行为了。李贽本意在于揭露封建道德的虚伪性，肯定谋求私利的正当性。但是，按照李贽的逻辑，假如封建统治者摒弃了虚伪的道德说教，公开主张谋取个人私利，就是符合道德的。⑥ 这种结论恐怕在任何一个社会都是不会被接受的。

　　在肯定王学对传统伦理思想的批判和对个体主观能力释放的启蒙意义的同时，更应看到王学中蕴涵的对社会和人性的强烈的乌托邦色彩。无论是王

①　沈善洪、王凤贤：《中国伦理思想史》（中），人民出版社 2005 年版，第 559 页。
②　《答朱思斋明府》。
③　《语录》。
④　沈善洪、王凤贤：《中国伦理思想史》（下），人民出版社 2005 年版，第 27 页。
⑤　《焚书·童心说》。
⑥　沈善洪、王凤贤：《中国伦理思想史》（下），人民出版社 2005 年版，第 37 页。

阳明还是王畿、王艮，从本意上都是想通过理论上的创新，以拯救当时由程
朱理学之弊端导致的世风日下的社会现实。王阳明强调"心即理"，认为良
知是天赋人心，人人具有，既如此，只要将本然之良知从潜在转化为现实，
每个人就会自觉地克己复礼，一个理想的社会就可以出现。他希望通过"致
良知"的努力唤起统治阶级乃至全社会对纯真道德的信仰，唤起个体内在的
道德意识与道德自觉。希望通过对"知行合一"的强调与实践，改变程朱理
学在实践中被支离篡改所导致的人们言行不一与虚伪奸巧，最后实现人人都
能按良知良能自性流行、率性而为善的"天下万物一体，一体同善"的理想
道德境界。这种建立在性善假设基础之上的道德理想赋予了个体极大的道德
选择自由。个体不必受圣贤言论、经典论述和既成社会习俗、规范包括外在
舆论的约束，而完全凭借内在的良知当下作出是非善恶判断，决定行为取
舍。当然王阳明也知道能够作为是非善恶标准的至善的良知，是需要修养功
夫，需要积累的，所以他也强调"格物"，但他所说的格物，并非向外、向
客观方面求索，既不强调读书积累，也不在日常行事上用功夫，而是"格
心"即向内心求良知，即在意念上用功，保善念去恶念。而他的后学者们则
将这格心的功夫也去掉了，只强调顿悟，滑入禅说，遭致指责。显然，这种
不重视社会实践，缺乏客观标准，希望把一切交由个体良知来决定而达到良
好社会道德秩序的道德理想注定只能是一个美好的乌托邦。虽然阳明心学在
明代一度很辉煌，但他渴望实现的社会道德理想始终没有实现，而且走向了
他理想的反面。随着王学的盛行和支派的分流，其中一些流派以王学为基
础，置换、肢解圣人言行，开启了全面颠覆程朱理学的大门，开启了晚明社
会对专制统治制度批判的大门。但另一方面，晚明社会物欲横流、世风日
下，虽有多方面复杂的原因，显然与王学思想的作用与影响是分不开的。晚
明士风颓废，在实践中表现为：束书不观、喜好空谈；缺乏社会责任感，不
关心民众疾苦；轻薄奢淫，精神颓废，整日"珍玩充盈，倡乐呼拥，夜饮朝
眠，纵恣万方"① 过着声色犬马的生活。顾炎武对此深恶痛绝，认为这种行
为将导致"股肱惰而万事荒，爪牙亡而四国乱，神州荡覆，宗社丘墟"②。
在中国传统文化观念中，士人一向代表社会的良心，是社会道德的表率，从
晚明士人的表现中可以窥见当时整个社会风俗的颓废程度。这种结果是与阳

---

① 《日知录·夫子之言性与天道》。
② 同上。

明心学的初衷完全背离的，大概也是王阳明本人始料未及的。

阳明心学，由于自身理论的不足之处，特别是由于它被当时的一些有识之士认为是导致社会风俗败坏的主要原因，也因此招致时人及后世的激烈批判。其中许多是借助经典及圣人之言对王学的"离经叛道"言行进行批判，这似乎没有太大的说服力，因为要打破"以孔子之是非为是非"正是王学的宗旨之一，按照今天的观点，对圣人之言与经典的违背自然构不成不道德的理由。但有些批评却是比较客观的。针对王学的"致良知"说，李经纶批评说："谓心之静定虚灵，谓身造物理为格物，谓致吾良知，正天下之事物为格物，无庸积渐径迪，光弘乃至，人人自圣，信心任情，阴宗禅说，以陷溺高明……是天下之罪学。"① 针对王学提倡的"格心"说，罗钦顺指出："若夫学者之事，则博学、审问、慎思、明辨、笃行，废一不可。循此五者以进，所以求至于易简也。苟厌夫学问之烦，而欲径达于易简之域，是岂所谓易简者哉？大抵好高欲速，学者之通患。为次说者，适有以投其所好，中其所欲，人之靡然从之，无怪乎其然也。然其为斯道之害甚矣！"②

正是在对王学流弊的批判浪潮中，新的学术思想和文化思潮也在酝酿形成。

二　明末清初启蒙思想家对传统道德的批判与理想追求

针对王学末流的弊端和晚明社会出现的世风颓废现象，尤其是士大夫与士人丧失气节的现象，一些有识之士通过不同的途径意欲挽救时代的危机。如：以恢复儒家传统道德秩序为目标的东林党人，持守以天下为己任的士人传统，主张"发明人心道心，纲常伦理，出则致君泽民，斥邪扶正，以刚介节烈为重，以礼义廉耻为贵"③，赢得当时世人的尊重与爱戴；以刘宗周为代表的蕺山学派，则致力于通过对程朱理学的批判和对阳明心学的修正，建立一套能够有效指导社会道德实践、改变日渐颓变的世风的道德思想体系。东林党与蕺山学派的学术思想是否起到醇化当时社会风俗的作用，缺乏有力史料依据，但他们的代表人物顾宪成、高攀龙和刘宗周在当时都是品德高洁之

---

① （清）黄宗羲：《明儒学案》，中华书局 1985 年版，第 1255—1256 页。
② （明）罗钦顺：《困知记》，中华书局 1990 年版，第 4 页。
③ 《东林列传·高攀龙传》。

士，深得当世称颂与后人敬仰，其言行在他们各自生活的时代确实发挥了道德表率的作用。但他们都没有能够将阳明心学开创的启蒙学风推向前进。真正将由阳明心学开创的启蒙思想推向前进，并承担起早期启蒙思想的是 17 世纪的思想家们，他们包括黄宗羲、顾炎武、王夫之、陈确、朱之瑜、傅山、李颙、唐甄、颜元、李塨等。这些思想家从本质上说仍属传统士人，他们在构建自己的社会理想时，秉承的仍是"以天下为己任"和"变无道社会为有道社会"的传统士大夫理想，但晚明"天崩地解"的时代背景，又赋予了他们迥异于以往传统士人的时代风格与特点，使他们的思想充满了时代的气息，他们对"有道"与"无道"社会的理解以及判断的标准也截然不同于往世。

（一）　黄宗羲对封建专制君权的批判与民主平等理想

黄宗羲生于 1610 年（万历三十八年），卒于 1695 年（清康熙三十四年），恰是明清王朝更迭时期。他主要的活动在晚明时期，入清以后便拒绝出仕而隐居著书。晚明统治集团的政治腐败和明王朝的覆灭，给了他极大的刺激，唤起了他对专制政治体制与封建纲常伦理秩序合理性的质疑和对平等民主政治理想的探索与追求。

和历史上所有有识之士一样，黄宗羲的道德理想也是希望生活在一个有道社会里，但他生活的特殊经历与环境使他意识到造成社会无道的关键是专制君主制，即："为天下之大害者，君而已矣！"因此，他将自己的社会道德理想落实到对民主政治的追求中。黄宗羲的反专制与民主思想，集中体现在《明夷待访录》一书中。该书在清朝一直被列为禁书，直至晚清被维新派刊印宣传，并对近代的维新变法、革命运动等产生了极大的影响。顾炎武曾说过："大著（指《明夷待访录》）读之再三，于是知天下之未尝无人，百王之弊可以复起，而三代之盛可以徐还。""读此书，可知历史上所有帝王制度的弊端。"① 从顾炎武的话可知，《明夷待访录》让他看到了建立一个有道的理想社会的希望。

韩愈曾说："君者出令者也，臣者行君之令而致之民者也，民者出粟米

---

① 参见季学源、桂兴沅《国学大讲堂：明夷待访录导读》，中国国际广播出版社 2008 年版，第 7 页。

麻丝、作器皿通货财以事其上者也。"① 这是对汉唐以来君臣君民关系的典型表述，而且也被统治者和腐儒们视为理所当然的法则。而黄宗羲正是从批判君权入手向被传统观念视为"无所逃于天地之间"的纲常制度发出了质疑与挑战，并在此基础上来表达对民主社会的向往与追求。黄宗羲通过三代之前与秦汉以来的君权进行对比，认为三代之前君主的责任是要为天下兴利除害，而不能有自己的任何私利，因此那时当君主意味着为天下百姓牺牲个人利益，所以他们能得到天下人的尊重与爱戴，被天下人视为父母、日月，"古者天下之人爱戴其君，比之如父，拟之如天"②。而秦汉以来的君主反客为主，"以为天下利害之权皆出于我，我以天下之利尽归于己，以天下之害尽归于人，亦无不可；使天下之人不敢自私，不敢自利，以我之大私为天下之大公"③。得到皇帝位后，又贪得无厌，"屠毒天下之肝脑，离散天下之子女，以博我一人之产业"，"敲剥天下之骨髓，离散天下之子女，以奉我一人之淫乐"④。所以天下人视之如独夫、寇仇。黄宗羲赞赏三代之前的以天下为公的君主，反对后天以天下为私的君主，但他又认为自秦汉以来就没有出现过好的君主，很显然他批判的不是某个具体暴君或无道之君，而是专制君主制条件下的所有君主，因此在他看来在专制体制下根本不可能培育出好的君主，既如此还"不如无君"，即不如彻底推翻这种专制体制，建立一种"人各其私，人各其利"的平等社会。生活在晚明时期的黄宗羲不可能有关于资本主义民主的知识，但他对理想社会的构想却具备了民主社会的某些因素。大概是受晚明时期经济社会发展和市民阶层意识的影响，黄宗羲注重从经济利益的角度来剖析历史现象，他认为追求利益人同此心，上古时期之所以实行禅让，而许由、务光等人之所以拒绝受禅，是因为当时为君是要牺牲自己的利益，一心为天下，即："凡君之所毕生经营者，为天下也。"⑤ 而后人之所以人人觊觎皇位，正是因为皇帝可以拥有天下一切。既然人同此心，那么人民自然不会愿意任由皇帝敲剥、屠毒，所以这种不合理的专制君主制必然为一种更合理的制度大概在他看来就是"人各其私，人各其欲"的平等社会所取代。为了证明这种不人道不合理的专制君主制灭亡的必然性，他列举了

---

① 《原道》。
② 《明夷待访录·原君》。
③ 同上。
④ 同上。
⑤ 同上。

南朝宋顺帝与明崇祯帝临死前的悲语，宋顺帝被迫下诏禅位于齐时说："愿后身世世勿复出帝王家！"① 明崇祯临死前对长平公主说："若何为生我家！"真是早知今日何必当初啊！这样，黄宗羲就将他主观上期待以民主制取代君主专制体制的愿望与这种愿望的历史必然性统一起来，表达其对未来的充分信心。他相信虽然他有生之年不可能像箕子②一样能等到"明君"来访，但相信他的理想终究会有实现的一天。《明夷待访录》的书名便含有这样的隐喻。从黄宗羲的一贯思想及行为看，他当然不可能是希望清朝的"明君"来访，大概在此也是托古改制，希望一种新体制的来临。但在当时的历史条件下，黄宗羲还不可能提出一种可取代君主制的政治体制，所以他也只能是在现有体制下来设计他的民主理想了。

通过对君主制下的君臣关系的设计来表达民主理想。他沿袭先秦士人为君之师和宋代士大夫与君"同治天下"的理想和定位，认为君臣是共同治理天下之人，就好比一起拉大木头，前后呼喝相应，君臣名异实同，只是在治理天下中职分不同。他还认为"天下之治乱，不在一姓之兴亡，而在万民之忧乐"。"桀纣之亡，乃所以为治也！秦政蒙古之兴，乃所以为乱也。"③ 既如此，那么做臣子的应该为天下、为万民办事，而不应该像仆妾一样为君主一家一姓服务。"君臣之名，从天下而有之者也。吾无天下之责，则吾在君为路人。出而仕于君也，不以天下为事，则君之仆妾也。以天下为事，则君之师友也。"④

所以，他反对"杀其身以事其君"的传统道德观，认为伯夷、叔齐的故事完全是腐儒们为了道德说教杜撰出来的。黄宗羲的君臣观是对君主专制体制下"君为臣纲"道德秩序的根本否定。实际上也就是对"以君为臣纲"为核心的整个封建道德价值观的否定。

通过对封建专制礼法的批判来表达对民主的期待。他认为"三代以上之法"是为天下百姓的生养教化而设立的，即："知天下之不可无养也，为之授田以耕之；知天下之不可无衣也，为之授地以桑麻之；知天下之不可无教

① 《资治通鉴·齐纪一》。
② 箕子：殷代人，纣王之叔父，曾诛纣王，纣王贬之为奴，把他囚禁起来。周武王伐纣后，求教于箕子。箕子将自己治国平天下之方略都贡献给武王。参见《史记·宋微子世家》。
③ 《明夷待访录·原臣》。
④ 同上。

也，为之学校以兴之，为之婚姻之礼以防其淫，为之卒乘之赋以防其乱。"①
这样的法虽简约却达到"无法之法"的效果。后世之法是君主为一己之私而
设的，如"秦变封建而为郡县"、"汉建庶孽"（指汉初分封九国诸侯王）、
"宋解方镇之兵"都是为了保证皇家祚命的延续，为了"利不欲其遗于下，
福必欲其敛于上"。② 其结果是法制越来越细密而流弊越来越严重，这种法实
际上是"非法之法"。他认为这种"非法之法"，"桎梏天下人之手足，即有
能治之人，终不胜其牵挽嫌疑之顾盼，有所设施，亦就其分之所得，安于苟
简，而不能有度外之功名"。③ 为此，他提出要从根本上改变这种不合理的法
制，即除"一家之法"而代之以"天下之法"。他认为将君权推向巅峰的罪
人应是明太祖朱元璋的罢相行为，在黄宗羲看来宰相是制约君权的一个重要
职位。因为皇帝传子不传贤，至少宰相是可以选贤，贤明的宰相一定程度上
可以弥补皇帝的不贤。以此推之，皇帝取消宰相设置，实则是自掘皇家坟
墓，加速王朝的覆灭。

黄宗羲在深入揭示这种至高无上的君权为害天下的同时，为改变这种现
象开出了自己的药方：一是恢复相制，设立政事堂，以宰相为首的官员每日
与君主在便殿议政，共同对政事作出决定，然后由君主或宰相审批交付六部
执行，而且六部执士均由士人构成。④ 二是以学校为议事机关，发挥社会
"公议"对行政系统的权力制约作用，即由太学祭酒（相当于大学校长）定
期对皇帝、宰相和六部尚书、谏官等中央行政系统官员进行施教并接受相关
政务的质询，对他们在履职和施政中的失误和不足予以评议。地方的郡县
"学校"照此例对地方行政系统官员进行施教并对其政务进行监督评议。且
在此项活动中，太学祭酒与地方郡县"学校"主持人与皇帝、官员之间行师
生礼，前者处尊位。这一主张显然是要以作为社会公正舆论和社会良知之体
现者的知识群体来代替专制君主担当天下"是非"的裁判者。⑤ 三是方镇，
通过地方分权，适当制约中央权力过于集中的现象。并认为这样做可以大有
益处。恢复"封建"制（即周朝时的分封制），发挥"方镇"对朝廷的制

---

① 《明夷待访录·原法》。
② 同上。
③ 同上。
④ 《明夷待访录·置相》。
⑤ 《明夷待访录·学校》。

约作用。①

　　黄宗羲通过对历史的深入研读考察，深刻地认识到由于利益驱使，仅靠道德说教根本不可能改变专制君主制下各种社会弊政。因此，他完全放弃传统儒家士大夫把皇帝的道德品德视为天下兴亡之决定因素，因而主张通过苦心劝诫甚至以死相谏，以"格正君心"的迂腐做法，而主张通过外在制度的建设来限制君权以实现还政于民的民主政治体制。当然从黄宗羲全书来看，他的理想首先是希望建立一个像"三代以上"那样一个选贤与能、皇位传贤不传子的公天下的有道社会。但大概他也认识到这种理想社会在短时间内是不可能出现的，至少在他晚年生活的清王朝他看不到这种希望，因为清王朝基本采袭明制，专制君权可谓登峰造极。所以面对现实，只有退而求其次，对"私天下"的无道君权进行有效的制约。但他所构想的政治体制，预示着至高无上的皇权的终结和近代民主制的诞生。从这个角度来说，黄宗羲思想的历史意义是划时代的，后世学者对他的思想给予了极高的评价。

　　蔡尚思在《黄宗羲反君权思想的历史地位》一文中说："我对黄宗羲的代表著作《明夷待访录》一书，发现其最集中的观念就是反君权，实质上是批判君主专制制度的檄文。""中国古代思想家、哲学家、史学家对于君主专制制度与君权，虽然也有触及的，但令人感觉不足的是：有的是两面性的，既反暴君，又斥反君是禽兽；有的只敢说太古无君胜于今世；有的只敢暗说，不敢明说；有的只敢少说，不敢多说。在残酷的封建统治下，黄宗羲独敢写出反君权的专书，却是有胆有识的、超过前人的，这是最值得后人纪念的一点。"② 侯外庐等认为，《明夷待访录》超越了王朝更迭之意，是中国的"民权宣言"。

　　沈善洪认为："黄宗羲所提出的经济政治法制等方面的原则，与尔后西方启蒙主义者所提的原则，几乎如出一辙。"它表明"黄宗羲在全人类的思想史上是个杰出的启蒙主义的先行者。"③

_____

① 《明夷待访录·方镇》。

② 参见季学源、桂兴沅《国学大讲堂：明夷待访录导读》，中国国际广播出版社 2008 年版，第 5—9 页。

③ 《黄宗羲全集·序》，参见季学源、桂兴沅《国学大讲堂：明夷待访录导读》，中国国际广播出版社 2008 年版，第 49 页。

（二）顾炎武对晚明学风世风沦丧的批判与"学以救世"的理想追求

顾炎武生于明万历四十一年（1613），卒于清康熙二十一年（1682），与黄宗羲是同时代人。他的思想也与黄宗羲有许多共同之处，特别是在对专制君主制的批判与对民主政治的追求方面。无怪乎顾炎武在读完反映黄宗羲民主思想代表作《明夷待访录》后感叹说："……炎武以管见为《日知录》一书，窃自幸其中所论，同于先生者十之六七。"① 说明两位大师在对君主制的弊端与民主政治必然性方面的认识，是英雄所见略同。顾炎武的启蒙思想主要体现在对晚明学风世风沦丧现象的揭露与批判上，并通过对这种现象的揭露与批判达到对造成这种现象的宋明理学倡导的封建纲常伦理批判的目的。他对传统伦理纲常的批判虽不如黄宗羲对专制君主制的批判那样直接、尖锐，但却不乏深刻与全面。他还在深入批判的基础上，开创了清代经世致用的实学风气，并影响了有清一代学术研究 200 余年。

1. 对晚明学风世风沦丧现象的揭露与批判

晚明时期，由于阳明心学带来的思想解放，特别是泰州学派倡导的有关人欲合理化的思想，与当时商品经济发展的社会现实相互影响，导致了全社会逐利思潮的形成。这本来是顺应社会发展需要的潮流，但当这种思潮走向极端时，特别是当长期被禁锢的欲望被释放出来并且能被社会所认同时，就带来了全社会风气的败坏。

一方面是全社会道德风俗的沦丧尤其是士风的沦丧，顾炎武对此深恶痛绝，并进行了深刻的揭露与批判。社会道德的沦丧，首先表现为士大夫中普遍的趋利行为："读孔、孟之书而进管、商之术，此四十年前士大夫所不肯为，而今则滔滔皆是也……钱谷之任，榷课之司，昔人所避而不居，今且攘臂而争之。礼义沦亡，盗窃竞作。"② 到了万历以后，士大夫的交际已变成了赤裸裸且堂而皇之的金钱往来，"亲呈坐上，径出怀中，交收不假他人，茶话无非此物，衣冠而为橐橐之寄，朝列而有市井之容"。③ 顾炎武说："自神宗以来，赎货之风日甚一日，国维不张，而人心大坏，数十年于此矣。"④ 认为明王朝的覆灭源头就在于士大夫气节的丧失。"缙绅之士不知以礼饬躬，

---

① （清）顾炎武：《顾亭林诗文集》，中华书局 1983 年版，第 238—239 页。
② 《日知录·言利之臣》。
③ 《日知录·承筐是将》。
④ 《日知录·贵廉》。

而声气及于宵人，诗字颁于舆皂，至于公卿上寿，宰执称儿，而神州陆沉，中原涂炭，夫有以致之矣。"① 将明王朝的沦亡归结为官员和士大夫的气节，当然有失公允，但在中国传统观念中一向被认为应该且事实上也确实代表社会道德楷模的士大夫阶层竟然如此寡廉鲜耻，也说明当时社会风气确实是构成明王朝沦亡的一个表征。与士大夫丧失气节行为相呼应的是社会传统礼制的崩溃，顾炎武感叹："呜呼！至于今日而先王之所以为教，贤者之所以为俗，殆澌灭而无余矣！列在缙绅而家无主，非寒食野祭则不复荐其先人；期功之惨，遂不制服，而父母之丧，多留任而不去；同姓通宗而不限于奴仆；女嫁，死而无出，则责偿其所遣之财；昏媾异类而胁持其乡里，利之所在，则不爱其亲而爱他人，于是机诈之变日深，而廉耻道尽。"② 顾炎武将当时社会风气的败坏，归结为是泰州学派"以名教为桎梏，以纪纲为赘疣；以放言高论为神奇，以荡轶规矩、扫灭是非廉耻为广大"③ 的结果。这大概也就是他坚持从改善学风入手，整饬社会风气的心理原因之一。

另一方面是学术风气的败坏。中国传统士人一向讲究治学严谨，视学术为生命。而到了晚明时期，由于理学思想特别是阳明心学末流思想影响，全社会盛行空谈天人性命之学，"束书不观、游谈无根"的学术陋习。对此顾炎武愤怒痛斥道："不习六艺之文，不考百王之典，不综当代之务，举夫子论学论政之大端一切不问，而曰一贯，曰无言。以明心见性之空言，代修己治人之实学。股肱惰而万事荒，爪牙亡而四国乱。神州荡覆，宗社丘墟！昔王衍妙善玄言，自比子贡，及为石勒所杀，将死，顾而言曰：'呜呼！吾曹虽不如古人，向若不祖尚浮虚，戮力以匡天下，犹可不至今日！'④ "今之君子，得不有愧乎其言！"⑤

顾炎武还对当时社会的整个国民性进行了批判，揭露了时行于家庭、科场、政界、皇宫的势利、贪婪、巧伪、浇薄、游惰之性。他揭示当时科场士人之间的结党营私风气："生员之在天下，近或数百千里，远或万里，语言不同，姓名不通，而一登科第，则有所谓主考官者，谓之座师；有所谓同考

---

① 《日知录·流品》。
② 《亭林文集·华阴王氏宗祠记》。
③ 《日知录·科场禁约》。
④ 王衍（265—311）：晋琅琊人。字夷甫，官至尚书令、太尉，后衍为元帅，为石勒所破，被杀。事见《晋书·王戎传》。
⑤ 《日知录·夫子之言性与天道》。

官者，谓之房师；同榜之士，谓之同年；同年之子，谓之年侄；座师、房师之子，谓之世兄；座师、房师之谓我，谓之门生；而门生之所取中者，谓之门孙；门孙之谓其师之师谓之太老师；朋比胶固，牢不可解。书牍交于道路，请托遍于官曹，其小者足以蠹政害民，而其大者，至于立党倾轧。"① 与此相应的是官场中普遍流行的讨好巴结达官贵人的轿夫、家人，以此作为结交权贵的捷径的丑恶行为。更有甚者，竟以被纳为宫女和太监为荣，积极争取。"古之士大夫以纳女后宫为耻，今人则以为荣矣！""景泰以来，乃有自宫以求进者……近畿之民畏避徭役，希觊富贵者，仿效成风，往往自椓戕其身及其子孙，日赴礼部投进。"②

从顾炎武《日知录》揭示的社会风气看，其中最关键的士风尤其士大夫风气的败坏，是最使他感到痛心的。针对如此的学风世风，顾炎武深感必须从改变学风入手，通过学风的改善，崇实黜虚，整饬士风，重塑士大夫的气节，以此匡时济世。

2. 对经世实学的倡导与"以学救世"理想的表达

传统中国是一个以道德为本位的国度，历代士人和思想家为学都是与修身结合在一起，学问就是道德，道德就是学问。所以程朱理学将"道问学"与"尊德性"相结合，强调二者的统一，阳明心学的不足之处就是只强调"尊德性"而不讲"道问学"。顾炎武既不同意程朱派治学的内容与方法，更反对阳明心学黜实就虚的空谈。面对明末清初社会道德沦丧、世风日下，顾炎武选择从改变学风入手，强调经世致用的实学作风和"博学于文、行己有耻"的学术观，希望通过学风的改善达到改善社会伦理道德秩序、醇化社会风俗的目的。他首先提出要恢复先秦时期通经致理的经世致用学风，认为："古之所谓理学，经学也，非数十年不能通也。"③ 他认为，汉代以前的经学，都是经世实用之学，到了汉代仍注重名物训诂和历朝制度的研究。自宋儒开始附会经义，究天人性命之"理"，而且援佛禅入儒，最终导致学界"游谈无根"，"置四海之穷困不言，而终日讲危微精一之说"④ 的恶习。因此，他主张要正本清源。"经学自有源流，自汉而六朝，而唐，而宋，必一一考究，而后及于近儒之所著，然后可以知其异同离合之旨。如论字者必本

---

① 《日知录·生员论》。
② 《日知录·杂事》。
③ 《亭林文集·与施愚山书》。
④ 《亭林文集·与友人论学书》。

于《说文》，入未有据隶楷而论古文者。"① 梁启超认为，顾炎武"经学即理学"之说，是其所创学派之新旗帜。他认为，宋、元、明以来谈理学者"宁得罪孔、孟，不敢议周、程、张、邵、朱、陆、王。有议之者，几如在专制君主治下犯'大不敬'律也。而所谓理学家者，盖俨然成一最尊贵之学阀而奴视群学。自炎武此说出，而此学阀之神圣，忽为革命军所粉碎，此实四五百年来思想界之一大解放也"。② 将人们的思想从当时被视为神圣的宋明理学思想的禁锢下解放出来，确实是顾炎武学术以及治学方法上的一次启蒙运动。

他反对所谓先知先觉的说法和靠小聪明顿悟的为学之道，主张学习要讲究日积月累，要注重博采各方知识，与人探讨，要深入实际，亲自体验生活，从生活中获得真知。他说："人之为学，不日进则日退；独学无友则孤陋而难成；久处一方，则习染而不自觉。不幸而在穷僻之域，无车马之资，犹当博学审问古人，与稽以求其是非之所在，庶几可得十之五六。若既不出户，又不读书，则是面墙之士，虽于羔、原宪之贤（孔子七十二弟子之二），终无济于天下。"③ 顾炎武毕生实践自己的为学主张，不仅皓首穷经，读万卷书，孜孜于经、史、音韵等方面学问，且行万里路，游历四方，足迹遍天下。他还强调学习要注重创新，不受前人现成说法的限制，注重将学习内容与时代需要相结合，与社会治乱与社会道德风尚的培养相结合。梁启超认为顾炎武之所以能成为一代开派宗师，在于他的学术研究方法的三大特色：贵创、博征与致用。④

顾炎武，倡导实学，并非为了学问而学问，而是为了救世。救世是他为学的根本目的。他把"明学术，正人心，拨乱世"当做总的为学目标，他说："君子之为学也，非利己而已也。有明道淑人之心，有拨乱反正之事，知天下之势之何以流极而至于此，则思起而有以救之。"⑤ 认为读书人应怀抱拯救世道人心的大志。顾炎武主张"博学于文"与"行己有耻"（原出《论语》），把治学和培养道德情操联系起来，认为二者都是为了经世济民。在治学方法上，要"博学于文"，认为凡涉及"经天纬地"的内容，都属于文，

---

① 《亭林文集·与人书》。
② 梁启超：《清代学术概论》，上海古籍出版社 1998 年版，第 10—11 页。
③ 《亭林文集·与人书》。
④ 梁启超：《清代学术概论》，上海古籍出版社 1998 年版，第 12 页。
⑤ 《亭林余集·与潘次耕札》。

都要学习，"君子博学于文，自身而至于家国天下，制之为度数，发之为音容，莫非文也"。① 由他开创的清初实学，力矫晚明玄想空谈之风，主张实证，把学术研究领域扩大到天文、地理、九经、诸史、风俗、吏治、财赋、典章、制度等自然与社会领域。他毕其一生精力而成的《日知录》就是一部兼容并包、涵盖经义、政事、世风、礼制、科举、艺文、史法、注书、杂事、兵事及外国事、天象术数、地理、杂考等方面的博学之著。潘耒在《日知录·序》中评价顾炎武："综贯百家，上下千载，详考其得失之故，而断之于心，笔之于书，朝章、国典、民风、土俗元元本本，无不洞悉，其术足以匡时，其言足以救世。"②

在道德情操的培养上，他把"行己有耻"作为一项基本的要求，认为个人的立身行世，大至对待国家民族，小至"出入往来辞受取与之间"，都要讲求一个"耻"字。他认为"礼义治人之大法，廉耻立人之大节"，"四者（指礼义廉耻）之中，耻尤为要"。他强调士贵有耻，认为"人之不廉而至于悖礼犯义，其原皆生于无耻也。故士大夫之无耻，是谓国耻"。③ 当然他并没有因为现实中士人的不顾廉耻而放弃对社会道德建设的希望，而是认为"世衰道微，弃礼义捐廉耻，非一朝一夕之故。然而松柏后凋于岁寒，鸡鸣不已于风雨，彼昏之日，固未尝无独醒之人也"。④ 他本人一生坚守气节，以实际行动履行了"行己有耻"的道德信条。

他从"观哀、平之可以变而为东京，五代之可以变而为宋，则知天下无不可变之风俗"⑤ 的历史事实中得出结论，认为"天下无不变之风俗"，对社会风气的改善充满信心。坚信可以通过"拨乱反正"而"移风易俗"。在他看来，改善社会风气，要从统治集团和士人做起，"教化者，朝廷之先务；廉耻者，士人之美节；风俗者，天下之大事。朝廷有教化，则士人有廉耻；士人有廉耻，则天下有风俗"。⑥ 他还强调了社会舆论之于风俗醇化的作用，认为"天下风俗最坏之地，清议尚存，犹足以维持一二。至于清议亡，而干

---

① 《日知录·博学于文》。
② 冯天瑜、彭池、邓建华编：《中国学术流变——论著辑要》，湖北人民出版社 1991 年版，第469 页。
③ 《日知录·廉耻》。
④ 同上。
⑤ 《日知录·宋世风俗》。
⑥ 《日知录·廉耻》。

戈至矣"①。他著《日知录》旨在"拨乱涤污，法古用夏，启多闻于来学，持一治于后王"。② 可谓用心良苦。总之，顾炎武寄希望于通过"博学于文"来抵制"空谈无根"，并以知识的掌握来支持道德与真理的合理性；以"行己有耻"的道德砥砺，来矫正"追名逐利"和"轻薄奢淫"之弊，重建"依仁蹈义，舍命不渝，风雨如晦，鸡鸣不已"的士风。顾炎武将社会的治乱与世风的颓废归结为学风与士风，是他的历史局限，但如果我们从传统社会以道德作为治国的根本这一角度来看，就会发现对道德颓废现象的揭露与批判实际上也就是对当时社会根本制度与秩序的批判，从中也可以窥见那实际上也是他在那个大兴文字狱的凶险年代里不得已而为之的春秋笔法。他"以学救世"的理想虽然没有成为现实，但却为他生活的时代及后世开出了一副颇有见地的药方。

（三）王夫之对传统义利、理欲观的超越及其"公天下"的道德追求

王夫之，生于明万历四十七年（1619），卒于清康熙三十一年（1692）。他对先秦时期的老庄思想、法家申韩学说、汉代天人感应说、佛教的唯心论以及宋明理学思想等各派思想都进行了合理的继承与批判，是明清之际对后世影响深远的一位哲学家。在人性论上，他坚持"性日生日成"说，强调道德实践对人性生成的作用，反对先验的人性论；在义利、理欲关系上，他坚持义利、理欲统一论，并且将义利与理欲关系的处理与具体的社会条件相结合，反对一概地重义轻利或重利轻义；在社会历史的进程上，他坚持社会发展的进化论观点，认为社会历史是不断前进的，反对因循守旧、厚古薄今；在社会历史发展的动力上，他强调人民群众的力量，反对英雄创造历史。这些都是对传统思想的超越，具有现代启蒙的意义。

1. 对传统义利理欲观的超越和对平等的理想追求

义利关系、理欲关系是中国传统伦理学的核心问题，也是各派思想家极其关心并长期探讨的价值取向问题。在中国历史上，先秦时期、宋明之际，先后掀起了两次关于义利、理欲问题的争论，这些争论丰富了传统的义利思想，也使社会对义利、理欲问题的认识渐趋清晰。总体而言，在关于义利问题的众多思想与流派中，儒家重义轻利的思想始终占据重要地位。先秦时

---

① 《日知录·治议》。

② 《亭林文集·与杨雪臣》。

期，孔、孟、荀都曾对义利问题进行过论述。孔子重义，把"义"作为处世的行为准则与立身之本。他说："君子义以为上，君子有勇而无义为乱。小人有勇而无义为盗。"① 他还把是否合乎"义"作为区分君子与小人的依据，认为"君子喻于义，小人喻于利"，"君子之于天下也，无适也，无莫也，义之与比"。② 当然孔子并不完全反对利，而是主张"以义制利"，强调对物质利益的追求要符合义的标准。孟子更是把"义"提高到实现王道的高度来认识，他还说："为人臣者怀仁义以事其君，为人子者怀仁义以事其父，为人弟者怀仁义以事其兄，是君臣父子兄弟去利怀仁义以相接也，然而不王者，未之有也。"③ 他还主张舍生取义，说："生亦我所欲，义亦我所欲，二者不可兼得，舍生而取义者也。"④ 荀子继承和发展了孔子的义利观，在肯定"先义后利"的基础上提出义利并举的思想，"义与利者，人之所两有也。虽尧舜不能去民之欲利，然而能使其欲利不克其好义也。虽桀纣亦不能去民之好义，然而能够使其好义不胜其欲利也"。⑤

先秦儒家的义利观本有其合理之处，但经后世特别是董仲舒"正其谊不谋其利，明其道不计其功"的极端发挥，再经程朱理学"存天理、灭人欲"的强调，特别是由于后世统治者根据社会统治的需要不断强化，逐渐形成了重义害利的倾向。这种思想倾向对于遏制人类的贪欲，将人生价值的追求引向精神境界确实发挥了应有的作用，但其造成的危害也是明显的。它片面强调道德、精神之于社会治理与发展的作用，导致了道德决定论，这种思想观念一直延续到计划经济时代，它剥夺了人类合理的物质欲求，严重阻碍了社会生产力的发展。近代学者薛福成就后儒对原始儒家合理义利观的歪曲进行了深刻的揭露与批判："中国圣贤之训，以言利为戒……然此皆指聚敛之徒，专其利于一身一家者言之。《大学》平天下一章，半言财用；《易》言乾始能以美利利天下。可见，利之溥者圣人正不讳言利……后世儒者不明此义，凡一言及利，不问其为公为私，概斥之言利小人，于是利国利民之术废而不讲久矣。"⑥

---

① 《论语·阳货》。
② 《论语·里仁》。
③ 《孟子·告子上》。
④ 《孟子·告子下》。
⑤ 《荀子·大略》。
⑥ 《出使日记续刻》卷四。

由于对义利观的歪曲理解和在现实中推行，导致中国长期以来重农轻商思想的盛行，因"怵于言利之戒，在上者不肯保护商务，在下者不肯研索商情，一二饶才智、知大体者，相率缄口而不敢言"，"天下之人相率以商为畏途"。①

明代中叶以后，社会商业经济的繁荣发展，迫切需要在理论上突破上述传统义利观，于是阳明心学应时而起，后经泰州学派发展走向另一极端。现实需要与理论思潮的相互作用，终于导致全社会的趋利之势以及与此相关世风、士风的全面颓丧。王夫之正是在这一时代背景下，对传统义利观进行批判、总结与超越。

王夫之肯定了"义"与"利"都是人之为人不可或缺的。他说："立人之道曰义，生人之用曰利。出义入利，人道不立；出利入害，人用不生。"②用今天的话来说，就是人生在世既要有必要的物质条件，又要有精神上的超越追求，二者缺一不可，实际上也是对人的存在的二重性的认识。

王夫之主张"义"、"利"并举，强调二者的有机统一。提出"天理即在人欲中"的大胆论断，他说："天理之充周，原不与人欲相对垒。"③"人欲之各得，即天理之大同；天理之大同，无人欲之或异。"④又说："礼虽纯为天理之节之，而必寓于人欲以见，虽居静而无感通之则，因乎变合以章其用。唯然，故终不离人而别有天，终不离欲而别然固有理也，离欲而别为理，其唯释氏为然，盖厌弃物则而废人之大伦矣。"⑤认为天理无形，只能寄寓于人欲之中，才能被人认识和把握。这就在理论上超越了传统义利观中将二者对立起来的思想。他还认为人的天理人欲都是一样，"盖性者，生之理也。均是人也，则此与生俱有之理，未尝或异；故仁义礼智之理，下愚所不能灭；而声色臭味之欲，上智所不能废，俱可谓之为性。"⑥这样他又从天理人欲的统一论证中强调了人与人之间的平等。

在义利关系的处理上，王夫之强调以道义来保证人们正当合理的利益追求，以道义来调节各利益关系，使之达到合理状态，即"义者，利之合也。

①　《出使日记续刻》卷四。
②　《尚书引义·禹贡》。
③　《读四书大全说》卷三。
④　《读四书大全说》卷四。
⑤　《读四书大全说》卷八。
⑥　《张子正蒙注》卷三。

知义者，知合而已矣"。① "王夫之的这种观点含有在利益的协调与结合的层面来强调道义的功利性的因素，把道义拉回到现实的利益世界，解决了宋明儒家将道义与功利对立起来的矛盾或道德圣化问题，使道义真正建筑在世俗世界的基础之上，从而显露出通向近代义利观的伦理价值因素。"② 王夫之对义利关系进行了辩证的理解，认为是重义轻利，还是重利轻义，要根据具体情况而定，不能一概而论。从效果上看，王夫之对道义的这种功利性解释，与理学家所强调"利在义中"，即认为道义的自然流行即可带来利的道德决定论的思想是很不同的，是对前者的超越。

王夫之继承并发展了先秦儒家特别是孔子和荀子"以义制利"、"以理节欲"的思想，主张用天理来统率人欲。在天理如何统率节制人欲方面，王夫之主张不同的人欲要分别对待。因此，他对利（人欲）进行了区分：

一是从圣人到凡夫俗子、天下人人共有的声色臭味、饮食男女等正常生活需要。他认为这些发自于天道、出自人性之自然的欲望，是正当合理的，应予充分的尊重，只要顺乎人情，加以引导，使之有所节制，不至于泛滥成灾就可以，不必要视之为洪水猛兽，横加压制。他说："天地之产皆有所用，饮食男女皆有所贞。君子敬天地之产而秩之以分，重饮食男女之辨而协以其安。"③ 他告诫统治者，要"使人乐有其身，而后吾之身安，使人乐有其家，而后吾之家固，使人乐用其情，而后其情向我也不浅，进而导之以道则王，即此而用之则霸，虽无道犹足以霸，而况于以道而王者乎？"④

二是国家之利，利他之利，即所谓"大公"之欲。王夫之认为真正体现"大公"的"欲"即关系"生民之生死"的欲，就是正当的、合理的，即所谓"人欲之大公，即天理之至正矣"。⑤ 在此，充分体现了王夫之关注民生，将满足民生需要提高到"天理之至正"的高度来认识的民本主义与人道主义思想。他希望通过对道义的张扬，将统治者对利益的追求转化到对天下百姓幸福生活的关注上去。

三是指违背道义的不合理的一己之私欲，如统治阶级的损人利己、损公肥私的个人私利，士人中违背气节而追求的个人利益，以及百姓中不受节制

---

① 《春秋家说》卷下。
② 王应泽：《王夫之义利思想的特点和意义》，《哲学研究》2009 年第 8 期。
③ 《诗广传》卷二。
④ 同上。
⑤ 《四书训义》卷二。

而受贪欲左右的物欲横流的人欲。这是王夫之要极力反对的人欲，在他看来，正是这些贪欲导致了明王朝的覆灭。道德教化的目标就是要节制人们不合理的贪欲，使之由对一己之私的人欲追求转向对天下民众利益的追求。

王夫之不赞同管子"仓廪实而知礼节，衣食足而知廉耻"这种物质决定论。认为"衣食足而后廉耻兴，财物阜而后礼乐作，是执末以求其本也……待其足而后有廉耻，待其阜而后有礼乐，则先乎此者无有矣"。① 认为在衣食未足、财物未阜之时，更需要有道德教育。

总之，王夫之所肯定的人欲，是指万物各得其所意义上的人欲，是广大民众自然合理的欲望能得到满足的人欲，也是公平合理意义上的人欲，是有利于他理想中的王道社会理想实现的人欲。他继承了儒家义利观中重义的优秀传统，抛弃了不合理的轻利之说，吸取了墨家"义"即"国家百姓之利"、"天下莫贵于义"的思想，以及张载的"义，公天下之利"的观点，形成了贵义重利、以义取利的义利观，成为中国古代义利观之集大成者。

2. 公天下的社会道德理想和以天下为己任的个体道德追求

与顾炎武关于"国家"与"天下"概念的区分相同，王夫之提出了自己的公私观，认为"一姓之兴亡，私也；而生民之生死，公也"。② 王夫之不像黄宗羲那样反对君制，相反他主张尊君，认同传统的君臣之义，但他的"尊君"是有条件的，是与"爱民"相联系的。他主张君主必须能够爱民利民，代表民众的利益。在君臣之义上，他认为"事是君而为是君死，食焉不避其难，义之正也。然有为其主者，非天下所共奉以宜为主者也，则一人之私也。……君臣者，义之正者也，然而君非天下之君，一时之人心属焉，则义徙矣；此一人之义，不可废天下之公也"。③ "王夫之的尊君思想是尊以天下百姓利益为己之利益的圣君，而非是将自己的利益置于天下百姓利益基础之上、只顾一姓之私的君主。王夫之这种把皇室的利益与天下百姓利益分并论之，并将天下人利益置于君王利益之上的思想，在他所处的时代是有着非常积极的现实意义的。"④

从王夫之的尊君爱民思想与前述对义利、理欲关系的论述可知，尽管王夫之认同封建的君臣之义和礼制秩序，但他始终将百姓的利益置于第一位，

① 《诗广传》卷三。
② 《读通鉴论·叙论》。
③ 《读通鉴论》卷一四。
④ 高予远：《王夫之的社会思想》，《船山学刊》2006 年第 1 期。

将能否最大限度地实现百姓的利益作为判断君主贤明与否以及政治优劣的标准，真正体现了天下为公、以天下为己任的道德理想与人道情怀。带着这样的情怀，面对明王朝的覆灭和复国无望的现实，王夫之将对故国的思念与政治理想转向未来，通过著书立说表达他的社会理想。王夫之站在唯物主义的立场上，认为历史是不断进步的，他反对儒家厚古薄今的传统观念，认为"世益降、物益备"，人类的历史发展遵循由"禽兽而夷狄再到文明"的由蒙昧到文明的过程。正是抱着这样一种对未来的信心，他对理想的社会政治进行了设计。

首先是强调加强吏治，要"严以治吏"。他从历代政治特别是明王朝的历史经验中看到，正是由于官场的腐败，特别是统治者的腐败以及整个官场的上行下效导致了社会风气的衰败；正是由于各级官吏，对人民的剥削、压迫和敲诈，导致官逼民反，引发了王朝的政治危机。基于这种认识，他强调加强吏治，即一方面要对各级官员进行道德教育，"抑贪劝廉"，"奖其廉耻"，"用其朝气"，认为"一以道义廉耻相奖，则人才士风，庶几可改"①；另一方面强调要严惩官场的腐败，他赞同明太祖朱元璋的吏治手段，认为明王朝最后的危机源于后期皇帝对腐败官员的宽容。他认为要加强吏治，就需要一批德才兼备之士来担任各级官员，所以要选贤任能。他认为君主是否善于用人，直接关系国家的兴衰。与"严于吏治"相应的是要"宽以待民"，他强调"治天下以柔道行之"。

在社会财富的分配上，他主张"均平"。他把现实中社会财富的不均比为自然界中空气没有调节好，造成有的地方空气太多、拥塞，有的地方无气空虚。他说："土满而荒，人满而馁，枵虚而怨，得方生之气而摇，是以一夫揭竿而天下响应。贪人败类，聚敛以败国，而国为之腐，蛊乃生焉。虽欲弭之，其将能乎？故平天下者均天下而已。均物之理，所以叙天之气也。"②认为现实中的政治危机和王朝的覆灭源于社会分配不公，有人贪得无厌，兼并霸占土地，导致有的地方土地荒芜，而广大百姓则无地可耕，忍饥挨饿，所以一旦有人揭竿而起，天下人就纷纷响应。所以他主张要保证天下太平，就应该均分财富，即使"天下者均天下"，"整齐其好恶而平施之"，以此避免"所聚者盈溢，而所损者空矣"的社会不公正现象。

---

① 《噩梦》。
② 《诗广传》卷四。

　　王夫之将社会道德理想建立在君王、官吏的个人品德即他们的爱民思想与以天下为己任的社会责任感和广大民众对封建秩序的遵从上，依旧没有跳出传统士大夫的思维框架。他将王朝的兴衰也归之于传统伦理秩序的破坏，认为是各级官吏的腐败和不知廉耻导致明王朝的衰败，虽有一定道理，但没能从封建制度内去寻找原因，没有看到官吏的腐败与不履行职责正是由于制度的不合理造成的。这种认为通过道德教育，通过改善吏治，就可以挽救专制统治的理想未免过于理想化，在当时的条件下也只能是一个乌托邦。他敌视农民起义，认为这种做法违背了传统伦理秩序，但他还能清醒地认识到引发农民起义的原因在统治者身上，一定程度上体现了他仁民爱物的人道主义精神。而他个人一生的言行则充分体现了他作为传统士大夫，坚守以天下为己任的人生理想和境界追求。

　　黄宗羲、顾炎武、王夫之分别从各自的认识角度，对专制君权、世风学风和错置的利益观，以及封建专制政治体制的腐败、颓废虚伪与自私无情等进行了毫不留情的揭露与批判，并在此基础上，提出了各自的救世方案。

　　黄宗羲试图通过恢复宰相的设置以分取部分君权，通过设立以学者为主体的社会"公议"机构并赋予其是非判断之裁决权和对以君主为核心的统治集团的监督权，通过恢复方镇以形成地方力量对君主专制权力的威慑等途径，限制专制君主的独裁统治，克服由于专制独裁而对人民造成的种种灾难。顾炎武选择从改变学风入手，强调经世致用的实学作风和"博学于文、行己有耻"的学术观，希望通过学风与士风的改善，崇实黜虚，整饬士风，以此改善社会伦理道德秩序、醇化社会风俗，拯救王朝的覆灭。王夫之则站在维护封建君主制的基础上，希望通过对义利关系的正确理解与处理，并借助吏治的改革，使君主与统治阶级都能自觉树立以天下百姓之利为利的合理利欲观，以此保证广大民众自然合理的欲望能得到满足，实现他的王道社会理想。这些改革社会现状或构建理想社会的方案，不同程度地闪耀着民本主义的思想光芒，甚至包含着丰富的现代民主意识。但这些思想在他们所生活的那个专制主义登峰造极的时代，只能是一种理想的社会乌托邦。尽管如此，他们对现实的深刻洞见尤其是对专制君主体制罪恶的剖析，以及对建设美好社会的执著向往与追求，既为当时的人们提供了一种超越的思维向度，也为后世留下了一笔珍贵的思想财富。

第七章

中西文明撞击中的文化
自觉与道德理想构建

明朝覆灭、满族人入主中原被时人称为"天崩地解"，而清末西方列强的入侵则使中华民族面临"三千年未有之变局"。李鸿章上同治皇帝的折子中说："臣窃惟欧洲诸国，百十年来，由印度而南洋，由南洋而中国，闯入边界腹地，凡前史所未载，亘古所未通，无不款关而求互市。我皇上如天之度，概与立约通商，以牢笼之，合地球东西南朔九万里之遥，胥聚于中国，此三千余年一大变局也。"① 这一变局使中华民族面临前所未有之危机，集中表现在：一是器物实力方面的危机，一向对西方的科技不屑一顾、认为是"奇技淫巧"的天朝上国面对西方的洋枪大炮束手无策，斯文扫地；二是国家主权面临的危机，自古以来中国人引以为豪的"天下之中国"的地位动摇了，中国不再是世界的中心，不再是可以引四夷来朝的文明帝国，而是任人宰割、肢解的睡狮；三是民族文化面临的危机，中国是世界四大文明古国，而且是绵延不断、唯一没有出现过断裂的文化系统，在漫长的历史进程中曾将文明播撒向世界各地，而作为这一文化核心的伦理秩序更是中国人持守几千年的治国法宝，而这一切都由于被动挨打的现实而动摇了。正如马克思所说："英国的大炮破坏了中国皇帝的威权，迫使天朝帝国与地上的世界接触。与外界完全隔绝曾是保存旧中国的首要条件，而当这种隔绝状态在英国的努力之下被暴力所打破的时候，接踵而来的必然是解体的过程，正如小心保存

_____

① 《李文忠公全书》之《奏稿》。

在密闭棺木里的木乃伊一接触新鲜空气便必然要解体一样。"① 当然，这一变局也为中国人更好地认识自我、摆脱专制走向现代化提供了契机。最关键的是它使中国人从"文化幻觉"中走了出来，更清醒理智地审视自己的民族、自己的文化，并以此为起点，走向了全面的变革与解放。

一　中西文明的碰撞与近代中国知识精英的文化自觉

一个有着悠久历史和深厚文明积淀的民族，对本土文化的反思与批判以及对外来文化的接受，要比其他没有历史重负的民族困难得多。这一方面源于对本土文化悠久而深厚内涵的认同以及基于这种认同而产生的认为本土文化具有无可比拟的优越性的发自内心的自信。另一方面则是面对更具强势的外来文化时，出于深厚的民族文化情感而产生对本土文化的固执坚守和对外来文化的拒斥。王四达将这种文化心态称之为"文化幻觉"，认为："'文化幻觉'是一种文化病理学现象，它是指文化落后民族在不了解外界先进文明的情况下自我感觉良好的一种文化醉意。从全球历史的角度看，民族的文化醉意具有一定的必然性，它是'地域史'时代民族自我中心主义在相对封闭环境中的产物。不过，'文化幻觉'是比较而言的，当某一民族文化在本地区鹤立鸡群时，其自豪感并非幻觉；但当世界性的先进文明已经出现，如不了解世界的变化，依旧坐井观天、孤芳自赏，那就是一种地地道道的'文化幻觉'。然而，在人类历史由'地域史'走向'全球史'的过程中，先进文明必然以其强大的优越性与感召力冲垮落后民族的文化堤防，促使落后民族的思想精英率先从'文化幻觉'走向'文化自觉'，即从民族的自我文化认同走向世界的先进文化认同，并由此推动本民族的思想解放、观念变革直至社会转型。"② 王四达的这段论述准确地概括出了中国人在近代鸦片战争后面临挑战时的心理。而中国近代的知识精英却率先从这种"文化幻觉"中觉醒并开始了中国社会变革之途的艰难探索。

（一）近代中西文化交流及其对晚清社会的影响

从史料看，中华民族自汉唐时起便与外国有了大规模的文化交往。如两

---

① 《马克思恩格斯选集》第 1 卷，人民出版社 1995 年版，第 692 页。
② 王四达：《从"文化幻觉"到"文化自觉"——鸦片战争前后精英思想的嬗变及其启示》，《社会科学》2002 年第 4 期。

汉时与西域各国的交通及由此开辟的丝绸之路，魏晋时佛教的传入和中国文化的外传，盛唐时中国与日本、朝鲜等国的文化交流等。但当时的交往对象主要集中在亚洲国家，且交流过程始终以中国为核心，以中国文化为主导。那时，中国人对自己的文化有足够的信心，也善于兼收并蓄，主动吸取外来文化并能很好地融通之。中国人因自己文化的优越与自信而表现出的恢弘大度赢得了周边国家的尊重与心甘情愿的臣服。正是在这样的心态下，中国人最终走向了文化上的唯我独尊，并导致封建王朝后期的闭关锁国与故步自封。梁启超说："中国环列者皆小蛮夷，其文明程度又无一不下我数等……纵横四顾，常觉有上天下地惟我独尊之慨，始而自信，继而自大，终而自画，而进步之途绝矣。"① 中国真正与西方国家（意指欧美）的交往则于明末清初才开始。当时，中国已经出现了内生的资本主义生产因素，与此相联系出现了市民阶层和市民意识，中外交流处于一个相对平等的关系之中。交流的主要途径是西方传教士的传教活动。当时利玛窦、汤若望等一批欧洲耶稣教会士怀着神圣的宗教使命来到中国，给中国带来了天文、历算、数理、医学等西方文明。为了让中国人接受，他们采取了许多中国人乐于接受的方式，如利玛窦为了取悦当时的士大夫，努力学习汉文化和儒家经典，而且在衣着、行为举止等方面将自己扮演成一个儒士。他们的真诚与执著赢得了当时士大夫的接纳与部分有识之士的认同与合作，并一定程度上影响了当时中国知识界部分学者的学术风向，如徐光启的《农政全书》、宋应星的《天工开物》、方以智的《物理小识》等，都改变了此前学界空谈性理的风气，追求经世致用，初步显示了近代科学思维的风貌。对于晚明清初的这次中西文化交流，于语和等认为："随着西方耶稣会士的来华，西学传入中国，它使中国文化第一次遇到一种高势能异质文化的挑战，这正是鸦片战争之后的中西文化交流的前奏。"②

　　总体而言，当时中国人并没有意识到学习西方科学文化知识的重要性与紧迫性，其积极主动性远不如来自西方的传教士。因此，交往的范围是比较有限的，西方传教士也很谨慎，除了数学、历法、地理、水利、军火制造等科技知识和宗教思想，极少将西方社会科学类的知识介绍到中国来。后来随

---

① 梁启超：《新民说》，中州古籍出版社 1998 年版，第 119 页。
② 于语和、庚良辰主编：《近代中西文化交流史论》，山西教育出版社 1997 年版，第 45 页。

着"礼仪之争"① 的发生，传教士被逐，第一次中西文明的交流就此中断，中国失去了一次了解西方世界的绝好机会。此后，清政府持续了一百多年的海禁和闭关，限制了中外正当贸易的发展和中国资本主义生产关系的成长。中华帝国处在一种与世隔绝的状态中，对外部世界尤其是西方资本主义及其文化的迅速发展茫然无知，更为严重的是在清朝统治阶级当中，形成了一股虚骄保守、拒绝进步的顽固势力。相反明末清初，来华的传教士将中国文化介绍到西方后，却对西方社会产生了很大影响，尤其是记叙了中国风土人情、伦理道德、政治法律、宗教信仰等方面知识的《利玛窦中国札记》由金尼阁带回欧洲后，被译为多种文字，广泛传播，使西方人更全面深入地了解了中国，也激发了他们进入中国的欲望与野心。而中国人则在对西方所知有限的信息不对称情况下，继续沉浸在天朝上国的自我满足与盲目乐观中。②

鸦片战争后，中西方文化的交流主要是在西方强势主导下进行的，且是伴随着洋枪洋炮和鸦片进入中国的。当时的西学东渐带有明显的强制性，其传入的方式主要有：一是传教士活动，大批传教士进入中国，并且利用清政府的赔款在中国举办教会学校，推行西方教育；同时大量创办报刊，介绍西学。据《中国近代报刊史》统计，19 世纪 40—90 年代，传教士先后在中国创办了 170 余种中、外文报刊，几乎垄断了当时的中国报业。二是租界文化，各国在中国设立租界，使西方的生活方式以及法律、制度等直接在中国国土上实践，并在中国境内强力推行各种商业活动，直接从日常生活方面影响中国人。康有为对西方文化最早的认识就来源于上海租界。1882 年，康有为赴北京参加顺天乡试，路过上海时，到租界的"十里洋场"兜了一圈。康有为在痛感国家主权的沦丧和中国人的奇耻大辱的同时也看到了租界的繁华，觉得西人的治术有不少值得借鉴的地方，于是感叹"道经上海之繁盛，益知西人治术之有本"。一种强烈的时代感和民族的责任心，推动这个年仅 25 岁的青年人，开始跳出八股制艺的拘禁，向西方世界投去了更多探索的目光。③

当然面对列强在中国的肆掠，清政府也被迫作出了一些回应，并在回应

---

① 即利玛窦在中国传教时，为了吸引更多中国人入教，允许中国人教的教徒保存其原来的习惯仪式，如对祖先和孔子的崇拜，清初时罗马教皇以为此做法，破坏了基督教的教义，要求完全按照规定的仪式入教，并令不服从此命令的传教士退出中国，清王朝盛怒之下，将传教士逐了国境。

② 参见于语和、庾良辰主编《近代中西文化交流史论》，山西教育出版社 1997 年版。

③ 参见马洪林《康有为大传》，辽宁人民出版社 1988 年版，第 40 页。

的过程中逐步形成了一些接受西方文化甚至主动学习探究的主张。主要表现在：一是推行洋务运动。洋务运动是由清朝高级官员曾国藩、李鸿章、左宗棠、张之洞等人推行的，涉及军事、政治、经济、外交等方面事务的"自强"运动，试图通过学习西方先进技术，发展新型工业、增强国力，维护清政府的统治。二是向外选派留学生。1872—1875 年清政府分批派出四批幼童赴美国留学；甲午战争后，清政府通过省派、大学堂派、练兵处派、进士馆留学、贵胄游学、部派等途径，多方罗掘留学经费，特别接受美国的"庚子"赔款作为留学经费，向日、美等国派出大批留学生，并取得了一定成效。三是翻译介绍"西学"，当时在中国境内的翻译机构，有京师同文馆、江南制造总局附设的翻译馆以及广学会等。

在近代中西方文化的交流过程中，涌现出了一大批知识精英，他们积极探索、研究西方的科技、政治以及观念文化，并结合中国传统文化和当时的社会实际，寻求救国之路，逐渐形成了文化的自觉，推动了中国社会的现代化进程。

（二）近代知识精英的文化自觉

余英时先生在《士与中国文化》一书中曾借杜牧关于"盘之走丸"的概念来解释中国士的文化传统。到了近代，应该说这种"士"的断裂活动全面展开，并从盘内的横斜圆直运动最终出了"盘"。因此，"知识精英"代替了"士"或"士大夫"，因为士或士大夫的概念无法涵盖近代知识精英们的思想与活动。当然，脱胎于士人阶层的近代知识精英仍然秉承了传统士的文化传统，如以天下为己任的社会责任感和在乱世探索重建社会秩序的理想追求等。所不同的是传统士或士大夫的思维方式是在专制体制框架内来思考问题的，其追求目标一是通过完善专制制度，使体制更具人性化或人道关怀，最大限度地体现"仁"的要求；二是以三纲五常的基本道德原则与规范教化百姓，醇化社会风俗，以维护社会的长治久安。而实现这些目标的手段就是致君行道和社会教化。他们不会也不可能对制度本身的合理性及其人道属性进行考量，更不会对传统伦理秩序是否合道德性产生质疑，尽管历史上也曾出现过一些"异端"思想，但并未影响主流文化的传承。晚明黄宗羲对君权的质疑及其合理性的否定，清中后期戴震对"后儒以理杀人"的揭露，可算是传统这"盘"内较剧烈的震动与断裂，对后世知识精英的文化自觉也具有启蒙意义。但对整个传统社会而言，这些震动与断裂只是局部的批判与修正，并未产生普遍性的社会影响而成思潮，更没有对传统秩序形成根本性的动摇。只有到了近代，面对民族与国家的危亡，在中西文化的交流与撞击中，知识精英们才开始由对传统专制体制和伦理秩序的局部批判与修正转向全面的质疑、否定，进而对这一体制与伦理秩序赖以存在的深层文化因素进行批判，将以往那些"无所逃于天地间"的神圣信条置于分析、研究与批判的对象范畴内，在全社会形成了一股重新认识、评价、批判传统文化的思潮，并在这种思潮中彰显了近代知识精英的文化自觉。那么什么是文化的自觉呢？张昭军认为："'文化自觉'是指一个民族站在世界历史高度对其自身文化的理性思考和创造性发展，是对民族精神的自觉反思和提升。"① 而近代中国知识精英的文化自觉确实是遵循这一逻辑展开的。文化的自觉源于观念上的觉悟，是一种抽象的思维，需要有借以表达的载体。近代中国知识精英的文化自觉是借洋务运动、维新变革与五四新文化运动等载体而得以表现的。而贯穿这过程的则是围绕如何认识评价中西文化的优劣，中西文化体用关系的处理，以及在融通二者后的文化创新等问题而展开的。其间出现了"西学中源"、"中体西用"、"儒家复兴"、"全盘西化"等不同观点和取向。

1. "西学中源"说

该说最早源于晚明时期，当时中国人发现由耶稣教会士介绍到中国的西方天文、历法、算术等知识，中国很早就有。如徐光启就认为西方的算术之学在古代中国就有；② 清初康熙皇帝在《三角形论》中也说："古人历法流传西土，彼土之人习而加精焉。"当时的天文学家梅文鼎认为是西人得到中国先贤"指授"，因而"有以开其知觉之路"。后来随着清政府闭关锁国，中西交流中断，"西学中源"说也沉寂下去。

到了19世纪中后期，由于现实的需要，"西学中源"说再度被掀起，并由早期的天文、历法、算术等领域扩展到政治制度层面。当时持这种观点的学者很多，皮锡瑞说西学出自周秦诸子之遗作；黄遵宪说出自墨子；刘桢麟则认为出自孔子六经。《湘乡东山精舍学规章程》综合各家观点说："西学之精莫非原本中国，其立教实源于墨子尚同兼爱、事天明鬼尤显然者，至通商、练兵之法，大半本乎《管子》，而设官多类乎《周礼》，用法亦类乎申、

---

① 张昭军：《近代中国的"文化自觉"》，《北京师范大学学报》（哲学社会科学版）2007年第1期。

② 参见徐光启《刻同文算指序》，载《徐光启集》，上海古籍出版社1984年版，第79—80页。

韩，重学、光学、汽学、化学、电学诸大端，散见于周秦各书，尤不可殚数。然则泰西格致之学，未有能出吾书者也。"认为除了"格致"（科学）之外，西学中的知识都可在中国的典籍中找到。当时知识界"普遍"认为，西方文化是中国古代传到西方而在中国却失传的知识，因此现在重新向西方学习，实质上是找回原本由祖宗发明的东西，是"礼失求诸野"。这种观点发展到极致时，人们认为所有外来文化都源于中国。黄遵宪、江衡等人说"泰西之学，实出于中国，百家之言藉其存，斑斑可考"。①连梁启超这样的学者也未能脱俗，他于1902年写《古议院考》，论证中国古代很早就有了类似议院（包括上议院和下议院）的机构和议员的设置。康有为也认为，中国上古的尧舜禹时代即相当于西方的民主、民权时代。孙中山也力图从古代传统文化中寻找"三民主义"的根据。

当然也有人对此说提出异议，如张之洞质疑说，西方的"格致"说（即科学），只是翻译西书时借用中国典籍中的术语，是名物、文字的偶合，"今恶西法者，见六经古史之无明文，不察其是非损益，而概屏之，如……诋铁舰为费，而不能用民船为海防之策，是自塞也。……略知西法者，又概取经典所言而附会之，以为此皆中学所已有，如……矜火器为元太祖征西域所遗，而不讲制造枪炮，是自欺也。……溺于西法者……以为中西无别，如谓《春秋》即是公法，孔教合于耶稣，是自扰也。……综此三蔽，皆由不观其通。……然则如之何？曰：中学为内学，西学为外学，中学治身心，西学应世事，不必尽索之于经文，而必无悖于经义"。②反对一味从经文中找西学依据，而不注重实际中的经世致用。

维新派的谭嗣同说，"西人格致之学，日新日奇，至于不可思议，实皆中国所固有"，③认为西方的天文等知识确实是中国古代就有的，但他不认为是由中国传给西方的，而是不同文明之间的暗合。这种理解应该是比较科学的，雅斯贝斯关于世界文明轴心期的观点，实际上已经向世人证明了古代独立发展的各大文明之间出现的暗合。严复对此进行了系统的论证，他以为科学技术源于人们的日常生活，是一种生活的经验积累，即使处在前文明时期的民族，其日常生活中的行为也可能符合科学的规律，只是"由之而不知其

①　《翼教丛编·湘学公约》。
②　《劝学篇外篇·会通第十三》。
③　谭嗣同：《谭嗣同全集》，中华书局1981年版，第123—124页。

道"，"知矣而不得其通"。他反对通过举几个中国古代的发明创造事例来与
西方近代科技成果争源头。① 他举例证明西方的近代科学技术都自有其本原：
"是以制器之备，可求其本于奈端（牛顿）；舟车之神，可推其原于瓦德
（瓦特）；用电之利，则法拉第之功也；民生之寿，则哈尔斐（哈维）之业
也。而200年学运昌明，则又不得不以柏庚（培根）氏之摧陷廓清之功为称
首。学问之士，倡其新理，事功之士，窃之为术，而大有功焉。"② 而陈继俨
等，则是站在世界性的高度，将中西方文化中共有的内涵提升到天下之公法
与公理的地位来认识，超越了狭隘的民族主义眼界，"夫理者天下之公理也，
法者天下之公法也，无中西也，无新旧者。行之于彼则为西法，施之自我则
为中法矣，得之今日为新法，征之古昔则为旧法矣"。③

　　总之，"西学中源"说在近代的兴起有着明显的功利目标，无论是洋务
派、维新派还是革命派都想借此表达他们的主张。因为近代初期，中国社会
民众尤其是一些保守派人士的"夷夏观"仍根深蒂固，对中国文化的独尊地
位也坚信不疑，他们反对、拒绝西学，严重地阻碍了中国社会的现代化，洋
务派、维新派代表们要突破这些思想禁锢，主张学习西方先进技术，必须找
到一条能够说服保守派的理由。于是借"西学中源"说来证明自己学习的仍
是祖宗的东西，是弘扬光大古圣先贤的思想，以此为自己行动的合理性提供
支持。当然也不排除论者中确实有一部分人出于对中国文化的情有独钟，真
诚地认为西学确实源于中国。但不管是出于哪种目的，这场争论的文化与社
会意义是显而易见的：一是拓展了国人对中国传统文化的多维解释，即从原
来专注于传统文化道德义理的狭隘理解拓展到对传统文化经济、政治、制
度、科技等全方位的解释。二是对西方文化有了一个较客观的认识与评价，
通过讨论特别是讨论反对派中关于"西学中有"说，即中西方文明暗合说，
将中西方文明置于平等的地位来理性地考察，挖掘了各自的优势，并对中西
方文化中具有世界普适性的内涵给予了充分的肯定，这是观念上的一大突
破，也是文化自觉的突出表现。"正是循着这种思路，维新人士突破了'夷
夏大防'的戒律和中西学的畛域，弥平了新旧法的界限，他们认识到，一些

---

① 严复：《严复集》第1册，中华书局1986年版，第52—53页。
② 同上书，第29页。
③ 转引自丁守和、方行主编《中国文化研究集刊》第五辑，复旦大学出版社1987年版，第
332页。

公理、法度是没有界限，不分彼此的。"①

2. "中体西用"说

面对已经显示其强大势能的"西方"文化，近代中国人再也无法继续原有的"华夏观"而简单地以华夏文明包容他者文化，而是必须在认真客观地分析中西文化各自特色与优势的基础上，以"自强救国"为目的，对西方文化进行有选择的利用。而"中体西用"观点的提出，正好为当时国人学习、引进、运用西方文化提供了理论依据和指导思想。魏源提出"师夷之长技以制夷"②，可以算是"中体西用"的最早表述。冯桂芬在《校邠庐抗议》一文中提出："以中国之伦常名教为原本，辅以诸国富强之术。"③ 主张在确保中国传统政治伦理秩序和道义信念不变的前提下，采用西方文明成果，以实现中国的富国强兵，标志着"中体西用"理论的初步形成。"中体西用"理论受到近代中国有识之士的广泛关注与认同，洋务派领袖们对此观点都进行了论述，张之洞说："中国学术精微，纲常名教以及经世大法无不具备，但取西人制造之长补我不逮足矣。"④ 他还说："夫不可变者，伦纪也，非法制也；圣道也，非器械也；心术也，非工艺也。""若守此不失，虽孔、孟复生，岂有议变法之非者？"⑤ 李鸿章也认为："经国之略，有全体，有偏端，有本有末，如病方亟，不得不治标，非谓培补修养之方即在是也。"⑥ 洋务派在主张引进西学方面已从器物层面的借鉴拓展到教育与人才培养方面，曾国藩说："欲求自强之道，总以修政事、求贤才为急务，以学作炸炮、学造轮舟为下手功夫，但使彼以所长，我皆有之，顺则报德有其具，逆则报怨亦有其具。"⑦ 当时中国政府分批向外选派留学生就是基于洋务派的这种主张。

随着中外文化交流的不断推进和中国知识界对西方文化了解的深化，"中体西用"理论也日渐丰富。李圭在《环游地球新录》一书中，提出对待中西方文化的态度是："……且取长补短，原不以彼此自域。则今日翊赞宏图，有不当置西人之事为而弗取也。是道德纲常者，体也；兼及西人事为

---

① 董贵成：《戊戌维新时期"西学中源"说的论争》，《自然辩证法研究》2009 年第 9 期。
② 魏源：《海国图志》，中州古籍出版社 1999 年版，第 67 页。
③ 张岱年主编：《中国启蒙思想文库》，辽宁人民出版社 1994 年版，第 67—69 页。
④ 《劝学篇·自序》。
⑤ 《劝学篇·变法》。
⑥ 《李文忠公全集》，奏稿卷九。
⑦ 《曾国藩全集》，岳麓书社 1994 年版，第 748 页。

者，用也。必体用皆备，而后可备国家器使，此尤今之所不可不知者也。"①

沈寿康在《万国公报》上发表《救时策》一文，提出："夫中西学问，本身互有得失。为华人计，宜以中学为体，西学为用。"准确完整地表述了"中体西用"的文化概念。自甲午战争后，"中体西用"成为了当时社会普遍接受的观念。"作为一种社会性思潮和文化趋向，'中体西用'并不简单地归属于某一阶级，也不仅仅成为某一阶层特定的理论模式，它是整整一代人或几代人共同具有的思维方式、学术文化特征。因此，生活在那个时代的思想家、政治家和知识分子，大都跳不出这种特有的思维模式。'从皇帝到内外臣工'，都在力倡'中体西用'。"②

康有为、梁启超等维新派人士也认同"中体西用"观，并对此进行了较深入的论述，提出了"融会中西之学，贯通中西之理"的学用主张，将"中体西用"推向新的高度。1898 年 6 月，梁启超受康有为之意拟就《奏请经济岁举归并正科并各省岁科试迅即改试策论折》，阐述了他们的"中体西用"思想：

> 中国人才衰弱之由，皆缘中西两学不能会通之故。故由科举出身者，于西学辄无所闻知；由学堂出身者，于中学亦茫然不解。夫中学体也，西学用也。无体不立，无用不行，二者相需，缺一不可。今世之学者，非偏于此即偏于彼，徒相水火，难成通才。推原其故，殆颇由取士之法歧而二之也……泯中西之界，化新旧之门户，庶体用并举，人多通才。③

"中体西用"理论的推行，是伴随着中国近代化发展而不断推进的一个动态过程，也是中国人在比较中对中西文化认识不断深化的过程。在这一过程中，"用"的范围不断扩大，从技艺的学习到新学教育的改革再到政治制度的变革，并直接动摇了中学的核心——传统的价值观念。而"体"的范围则日渐缩小并不断接受挑战。朱维铮在评价维新派的"中体西用"观时曾说："康有为在向中体西用论致敬的同时，也悄悄地修正了'用'的外延。

---

① 李圭：《环游地球新录》，岳麓书社 1985 年版，第 300 页。
② 戚其章：《从"中本西末"到"中体西用"》，《中国社会科学》1995 年第 1 期。
③ 汤志钧：《康有为政论集》上册，中华书局 1981 年版，第 294—295 页。

中体西用论原是鸦片战争前后旺盛起来的'经世致用'说的逻辑发展。它同魏源的'师夷之长技以制夷'的提法有亲缘关系。但迟至冯桂芬，便已在放大所谓采西学以致用的范围……例如财政、教育等方面的体制。这实际上已将西用的外延，由西艺扩展到西政，虽然并非西政的全部，但'用'的外延扩展，便意味着'体'的外延缩小。原先强调中学为体，说的是义理、制度都不可变。假如说西政可学，岂不意味着政体也可变，而义理不可变就失却实地，徒剩空言……所以，康有为一面发誓忠于'宋学义理之体'，一面却宣称'西学政艺之用'，显得立论自相矛盾。但倘若注意他将西政与西艺混为一'用'，则不难了解他的'微言大义'何在。"① 可见，在维新派那里，提倡"中体西用"实际上并不意味着对传统纲常名教发自内心的认同，一定程度上也是为其顺利引进西方文化而设置的理论道具。在这一过程中，中国的纲常名教与伦理秩序这些"体"的东西日益成为社会发展的桎梏，其存在的合法性也日益遭到怀疑。而文化自觉的群体也由少数知识精英逐渐向社会民众扩展。与此同时，在全面学习引进西学的过程中，中国的知识精英们也对西方文化进行了客观的分析、审视与批判，并在批判西学的同时重新回眸中国传统文化，对其进行否定之否定的认识。如近代史上学贯中西的严复便是代表，他力倡西学，主张全面引进西方的近代哲学、政治、经济、道德风俗、教育、宗教等主要思想意识，并借助西学尤其是西方进化论思想，以颠覆中国的封建统治秩序，"试图用以西方为主导而又深切关怀传统中国超验价值的思想范式代替传统的儒家思想范式"。② 但晚年的严复，在深入了解西方资本主义社会种种弊端后，开始重新关注中国传统，在观念上呈现出"回归传统"的趋势。"终其一生，严复都在致力于整合中西文化，努力构造植根于中国传统文化又超然于中西文化之上的新的文化体系。中西比较的重心发生转移，并非意味着他对早期的否定，而是他在经历世事变化后个人对传统文化的再反思，对传统文化否定之否定后的肯定。考察他早晚两期论述中西文化的具体内容，可以看出他旨在进行中西文化融通的治学特征。"③ 严复对中西文化的认识与融通，正是近代知识精英文化自觉的典型表现。

----

① 朱维铮：《音调未定的传统》，辽宁教育出版社 1995 年版，第 248—249 页。

② 杨献韬：《论严复对中国传统文化中的超验价值的深切关怀》，《辽宁行政学院学报》2000 年第 2 期。

③ 赵琳：《论严复中西文化比较研究的特征》，《重庆交通学院学报》（社科版）2005 年第 3 期。

　　总之，"中体西用"的理论框架到了维新变法之后已经无法再容纳中国社会进一步发展的要求了，于是构建一个全新的超越中西文化体用之争、更具时代性与普适性的新的文化体系就成为知识精英们必须面对的一个新课题。

二　近代中国社会的乌托邦构建与道德理想追求

　　鸦片战争用洋枪洋炮打开了中国的国门，西方列强开始在中国国土上肆意妄为，西方的各种文化思潮也以国人前所未见的方式纷至沓来。中国人"天朝上国"的意识在持续的社会动荡与专制体制摇摇欲坠的危机中走向终结；长期被奉为治世与立身法宝的传统纲常名教也在欧风美雨的冲击下失却思想统治地位。面对空前的民族危机、社会危机与思想危机，以救亡图存为己任的近代有识之士，苦苦探索追寻中国社会的出路。他们在分析探索导致中国社会危机诸种原因的基础上对封建专制体制及其思想根源进行了深入的揭示与批判，并借助西方进化论与民主思想等文化资源，试图通过对中西方思想的融通来对中国社会进行改良与变革，以此拯救中国走出困境，走向富强。正是在这救亡图存的理论探索与实践中，他们逐步形成了对未来社会的种种构想。

（一）太平天国"平等主义"的农民社会主义乌托邦

　　鸦片战争后，随着一系列不平等条约的签订，中国白银大量外流，清政府将损失转嫁到百姓身上，封建剥削更加残酷，社会矛盾不断激化，太平天国革命就是在这样的背景下爆发的。太平天国运动的领袖洪秀全出身普通农民家庭，也算是一个有知识的农民。屡试不中的经历使他对当时的社会现实和清政府极为不满，加上社会矛盾的激化，最终走上了反叛的道路。洪秀全将中国历代农民要求"均平"的思想与西方传入的基督教平等思想相结合，创立了所谓的"拜上帝会"。他的主张既反映了农民长期以来要求均平的渴望，又披着宗教神秘的外衣，因此在当时动荡的社会中极富吸引力，很快赢得了广大农民的响应，起义波及全国十余个省份，并在初步的胜利后创建了农民政权——太平天国。

　　太平天国运动是中国近代史上规模巨大的一次反封建反侵略的农民战争。它的斗争锋芒直指国内封建统治者，对中国的专制统治制度进行了无情的批判，揭开了旧民主主义革命的序幕，达到了中国旧式农民起义的最高峰。最为可贵的是太平天国革命在批判旧制度的同时，制定了系统的施政纲领。早在金田起义前，洪秀全就在他的"原道"三篇中初步描绘了他改造社会的理想，他从批判"私"入手，认为"私"乃是社会动乱的根源，号召大家一同努力，"挽已倒之狂澜"，改造现实的污浊社会，建立一个"有无相恤，患难相救"、"天下为公"的"大同世界"，实现"天下一家，共享太平"的理想社会。① 1853 年，太平军定都南京后，即颁布了《天朝田亩制度》，提出了以土地问题为核心的改造社会的方案，较全面地描绘了"天国"未来的美好蓝图，形成了一个农民社会主义的理想乌托邦。

一是建立在平均主义经济制度基础上的平等追求。

《天朝田亩制度》规定："凡天下田，天下人同耕。此处不足则迁彼处，彼处不足则迁此处。凡天下田丰荒相通，此处荒，则移彼丰处以赈此荒处；彼处荒，则移此丰处以赈彼荒处。务使天下共享天父上主皇上帝大福，有田同耕，有饭同食，有衣同穿，有钱同使，无处不均匀，无处不饱暖。"②

在平分土地的基础上，按照"天下大家处处平均"的原则，对财产进行平均分配，要求："天下人人不受私，物物归上主，则主有所运用，天下大家处处平均，人人饱暖"，并且认为这样分配是"天父上主皇上帝特命太平真主救世旨意"。将平均分配财产说成是上帝的意旨，赋予了这种制度以神圣性。③ 其战时实行的"圣库"制度正是这种意旨的体现。

《天朝田亩制度》还规定了婚嫁丧事等的开支，按统一标准由国库支付。这种平均主义的经济制度充分体现了传统中国历代农民的理想与愿望，尤其是对土地制度的规定超越了历代农民起义的主张，触动了封建制度的基础，而其对人人平等的身份上的规定则直接触及了传统专制等级伦理制度，因而遭到来自封建专制主义统治者及其卫道者们的痛恨。当然太平天国的这些主张在当时的历史条件下带有很大的空想色彩。"在社会生产力不发达、社会分工没有全面展开的情况下，《天朝田亩制度》使平均主义在生产资料与生活资料、社会生活与个人消费等方面都得到了比较完整的表达。因而，这的确是农民社会理想的集中体现。在自然经济基础上，建立人人平等的社会，

---

① 《原道醒世训》。
② 《太平天国资料丛刊》（1），第 321 页。
③ 同上书，第 322—366 页。

这本身就是空想的，并不可能成为社会通行的原则。"①

二是通过政治制度的设置来体现平等的要求。

太平天国将军队的建制运用于社会组织的建构，规定五家为伍，五伍为两，四两为卒，五卒为旅，五旅为师，五师为军。由二十五家组成的"两"是一个公有公享、自给自足，行政、经济、军事、教育、宗教几合一的社会组织。"两"内的人民过着绝对平均主义的生活。每两"设国库一、礼拜堂一，两司马居之"，其领导人称"两司马"，除了组织生产与生活外，还负责操办各种社会公共事务。各级领导人的产生，均采取逐级向上保举，核实后由天王任命。"举得其人，保举者受赏；举非其人，保举者受罚"，体现了传统大同理想中"选贤与能"的理想。在任职期限上，主张"凡天下诸官三岁一升贬，以示天朝之公"。这种政治组织设置及其运行机制，"实质上是一个军政合一、兵农合一的社会组织，也是实行平均主义的政治军事保证，具有'军事共产主义'的色彩"，② 较好地体现了民主的思想与要求，也是对封建专制主义的有力冲击与否定。

三是在文化教育方面，通过对封建纲常名教的揭露与批判来表达民主的愿望。

太平军注重思想文化教育，且在对传统文化的否定方面表现得非常激进，他们以基督教教义（经过改造的）来取代中国传统文化中的儒、道、释各家思想，对传统的宗教和意识形态横加挞伐。他们在攻城略地的过程中，毁坏孔庙学宫等儒教建筑，还设立"删书衙"对儒教典籍肆意删改。在人才的使用与选拔上，歧视正统儒学士人。太平天国还主张男女平等，女子在参军作战、应试做官等方面享有与男子同等的权利。太平军在文化教育上的积极宣传与实际操作，曾产生了极大的社会效应，在天国内部形成了一股截然不同于当时社会的积极向上的良好风貌。当时专门负责为曾国藩搜集太平天国情报的清政府官吏张德坚评价说："贼（指太平天国）虽无邪术，然虏人纯用换移心肠之法。……换好人为坏人，换坏人为极坏人。故凡从'贼'稍久逃出之难民，无不眼光闪烁不定，出言妄诞，视世事无可当意。于伦常义理及绳趋墨步之言行，询之皆如隔世。视我官吏若甚卑，不及'贼目'之尊

① 董四代：《传统理想与社会主义现代化》，安徽人民出版社 2005 年版，第 58 页。
② 同上书，第 59 页。

贵，毫无畏敬之意。"①　此处的"换移心肠之法"，用今天的话来说就是"洗脑"，这段意欲贬低太平天国的话，却从反对者的眼光中真实地反映太平天国在思想文化宣传方面的成效。

英国人呤唎通过把太平天国统治区民众与清王朝统治下民众的精神状态进行对比，得出结论说："满清奴役下的任何一个中国人的面部都表现了蠢笨、冷淡，没有表情，没有智慧，只有⋯⋯奴隶态度，他们的活力被束缚，他们的希望和精神被压抑、被摧毁。太平军则相反⋯⋯他们的自由风度特别具有吸引力⋯⋯纵使面对死亡，也都表现了自由人的庄严不屈的风度。"②

太平天国在文化方面的主张反映了广大农民实现解放的愿望和平等的要求，是洪秀全为农民设计的理想社会的重要组成部分。但由于在行为上的过于激进，特别是捣毁孔庙、推倒圣像等行为，已超出了当时还深受传统思想影响与浸润的民众尤其是士人的心理承受能力，特别是太平天国领袖们后期的实际行为表现已脱离了他们自己的主张，再度陷入封建帝王的生活方式中。因此，他们倡导的人人平等和选贤与能等思想也就沦为无法实现的乌托邦理想。

总之，太平天国吸取了中国传统大同理想中的合理因素，又融入了西方基督教的平等思想，在经济、政治、文化方面都提出了反封建的全新主张，较全面地反映了那个时代农民阶级的系统要求，是中国旧时代农民关于理想社会的一张完整蓝图。但它试图在落后的小农经济的基础上，通过平分社会财富，来建立"处处均匀"、"人人饱暖"的理想地上天国是根本不可能的。正如董四代所说："它的意义只是对封建制度的破坏与否定，而不带有建设性的意义。他们也不可能创造出新的生产方式，从而也就不可能从根本上改变封建制度。"③

（二）康有为"大同世界"的社会乌托邦

大同理想源于《礼记·礼运》篇的描述。原是对先秦诸子各家关于理想社会思想的提炼与集成，反映的是上古原始社会时期无剥削、无压迫，和谐恬静的美好社会图景。"大同"理想创立以来，一直是中国人不懈追求的奋

---

① 《贼情汇纂》卷十二。
② ［英］呤唎：《太平天国革命亲历记》，王维周译，中华书局上海编辑所 1961 年版，第 50 页。
③ 董四代：《传统理想与社会主义现代化》，安徽人民出版社 2005 年版，第 59—60 页。

斗目标，历代思想家在构想理想社会蓝图时都不同程度地运用了大同理想的思想内容，而每次农民起义也都借大同社会理想的某一方面作为他们号召民众的旗帜。但真正对大同社会进行全面系统论述的则是近代的思想家。而其中最具代表性的要数维新派的领袖康有为。

康有为（1858—1927），广东南海人。出身于一个"理学传家"的封建官僚地主家庭。青年时，曾从学于广东名儒朱次琦，受其影响，在学问上注重"通经致用"。也曾一度接受陆王心学，并曾潜心佛学。1879年和1882年，康有为先后游览了香港和上海，初步感受并领略到西方文化的魅力。他这样写道："薄游香港，览西人宫室之瑰丽，道路之整洁，巡捕之严密，乃始知西人治国有法度，不得以古旧之夷狄视之。""道经上海之繁盛，益知西人治术之有本。"受此影响，他开始"大购西书"，"大讲西学""尽释故见"①，试图从西方文化中寻找救国之路。

青年时代的经历赋予了他博杂的知识结构，形成了"即中即西"、"不中不西"的思想体系。在他的思想体系中既有儒家的今文经学、陆王心学、佛学，又有西方资产阶级的政治民主思想和进化论思想乃至欧洲的空想社会主义思想。他对大同理想的阐释也是建基于这样的思想体系上的。范文澜先生认为他是"混合公羊三世说、礼运篇小康大同说、佛教慈悲平等说、卢骚（卢梭）天赋人权说、耶稣博爱自由平等说，还耳食了一些其他欧洲社会主义学说，幻想出一个大同之世"。②

康有为大同理想的构想，集中体现在他的《大同书》里，《大同书》部分发表于1902年，到1927年由他的学生钱定安整理出版。用康有为自己的话来说，是因为担心时机未到，如公开将"陷天下于洪水猛兽"中。③由此可见，他清楚地知道自己构建的"理想世界"可能对中国传统思想产生的反动作用，也明白他的构想不会见容于当时社会，从中也可窥见康有为大同理想对现实的批判与超越意义。

由于受到西方资产阶级政治、思想、文化的影响特别是进化论和空想社会主义思想的影响，康有为一改中国历代思想家把大同社会看做美妙过去的思维方式，把眼光转向了未来。他附会秦汉之际儒家公羊派的"三世说"，

① 《康南海自编年谱》。
② 转引自隗瀛涛：《维新之梦——康有为传》，四川人民出版社1995年版，第375页。
③ 梁启超：《清代学术概论》，上海古籍出版社1998年版，第136页。

认为人类社会发展是由"据乱世"到"升平世（小康）"，再到"太平世
（大同）"，认为三世进化的最后目标是大同世。他还强行把孔子塑造成一个
改革家，并论证说由"据乱世"到"太平世"，是孔子的一贯愿望，以此证
明，他推行维新变法和构建大同社会都是秉承孔圣人之愿望。那么，他理想
中的"大同"社会到底是怎样的一个社会呢？

他构建的大同社会内容极其丰富，是一个平等、民主、富裕、文明、正
义的社会。具体包括以下几个方面：

大同社会是一个消除了国家界限的和平世界。实际上是一个浓缩的地球
村，这个地球村分作十个洲，每个洲按新划定的经纬线分作若干"度"，每
度选一小政府作为基层公共机关。整个地球村由全体公民选举议员和行政
官，组成大同公政府来管理。在这个政府里，一切政令法律，皆由大众公
议。全世界都采用大同纪年，统一语言文字，统一度量衡制度和货币制度。
由于在这个地球村里没有了家、族、乡、国的概念，一切财产归公，因而也
就避免了由于私念而可能产生的种种争夺，也就消除了历史上由于"自私相
争"而发生的"一战而死者千万"的惨状。他认为家庭、部落与国家等社
会组织是导致群体间冲突的根源，而国家的存在则是导致战争的根源，文明
不能阻止战争且会使战争更具破坏性。他说："古之争杀以刃，一人仅杀一
人；今之争杀以火以毒，故师丹数十万人可一夕而全焚。呜呼噫噫，痛哉，
惨哉！国界之立也。"① 因此要消除战争就必须消除国界。他认为家庭制度是
一种罪恶，家庭在太平世中实无置足的余地。萧公权认为康有为对家庭的痛
斥"事实上已毁灭了传统中国社会结构的基石，以及儒教道德系统的中
坚"。②

大同社会是一个人人平等的和谐世界。在大同社会里人人平等，没有贫
贱等级区别，也没有种族之别和肤色之别。没有男女之间的差别，女子可享
有与男人完全一样的独立人格，在受教育、被选举、社交、游观等方面，也
与男子有着同样的机会和权利；男女婚姻自由，完全根据双方意愿结合，婚
姻以合约形式成立，合约期满，可根据双方意愿续订或解除。男女可以在一
起劳动，在农场或工厂的公共宿舍中同居，生活无忧无虑，工余有很好的娱

---

① 康有为：《大同书》，罗炳良主编，华夏出版社 2002 年版，第 87 页。
② ［美］萧公权：《近代中国与新世界——康有为变法与大同思想研究》，江苏人民出版社
2007 年版，第 340 页。

乐和学习场所。康有为认为不平等是导致人类痛苦的根源。有意思的是他认为孔子是一个平等主义的倡导者："自孔子创平等之义，明一统以去封建，讥世卿以去世官，授田制以去奴隶，作《春秋》立宪法以限君权，不自尊其徒属而去大僧，于是中国之俗，阶级尽扫……无阶级之害。此真孔子非常之大功也，盖先欧洲2000年行之，中国之强盛过于印度，皆由于此。"① 他认为中国之所以走向专制是因为后人特别是蒙元与清朝统治者没有很好地继承孔子的思想，违反了孔子学说中的"公法"。就像他曾把孔子塑造成一个改革者为他的维新变法提供合理性依据一样，他再次借孔子以增强他的平等主义主张的神圣性。

大同社会是一个物质文明高度发达的社会。大同社会实行公有制，公农、公工、公商，各种生业均归于公。公政府设农部、工部、商部，分别管理天下农田、百工和商业，禁止私人经营。生产计划和产品销售，由商部会同农、工两部，根据社会需求和生产状况统筹确定。到那时，从事农工商等业的都成了工人，彼此间没有差别。工人素质高超，受过良好教育与培训，待遇也很优厚。劳动报酬，依劳动技能、经验阅历和劳动态度，分别等级。政府奖励发明创造。在大同社会里，劳动条件与生活环境得到彻底的改善，农场、工厂的规模很大，工人们住宿条件优越、设施完备。机器设备先进，劳动效率很高，每日劳动不过三小时，工人们有充裕的时间用于学习、游乐。农场、工厂设有图书馆、公园、剧院、音乐院，以及公共讲所或讲道院；设有公共餐厅、公共旅舍、公共商店。这些对未来理想社会的描绘，透露出康有为对当时西方科技发展条件下的社会生活方式已有相当的了解，并将所了解的知识赋予了他理想中的大同社会。

大同社会是一个福利型社会。在那个社会里，家庭的作用已经消失。人的一生都由社会公养、公教、公恤。妇女一经怀孕就入人本院。婴儿断乳之后即送怀幼院抚养，随后根据年龄依次入蒙学院、小学院、中学院、大学院。有病进医疾院。60岁后不能自养进养老院。贫而无依者入恤贫院。残废的人入养病院。死亡后由化人院负责料理。因此，在大同社会里，人们不必为奉养老人、抚育子女而劳累，也不必为生、老、病、死而发愁。因此也就不会因为有生活后顾之忧而争夺财富，整个社会自然处在和谐快乐中。永远快乐是康有为大同理想的最终目标。他认为："普天之下，有生之徒，皆以

---

① 康有为：《大同书》，罗炳良主编，华夏出版社2002年版，第135页。

求乐免苦而已，无他道矣。其有迂其途，假其道，曲折以赴，行苦而不厌者，亦以求乐而已。虽人之性有不同乎，而可断断言之曰：人道无求苦去乐者也。立法创教，令人有乐而无苦，善之善者也，能令人乐多苦少；善而未尽善者也，令人苦多乐少，不善者也。"① 他对各种痛苦的揭示，本身就包含着要在大同世中消除这些痛苦，以实现人人"皆极乐天中之仙人也"的美好愿望。

　　大同社会是一个整体道德水平极高的社会。那里没有犯罪，也没有官司，发生争议请评事人评定曲直，因此可以不设监狱，也不需要司法机关。在那里，窃盗、骗劫、赃私、欺隐、诈伪、恐吓、占夺、强索、匿逃、赌博以及谋财害命等种种社会弊端都因为社会良好的民生保障和人与人之间的平等关系而绝迹。整个社会美好、和谐、幸福。对道德秩序的追求是贯穿康有为大同理想始终的一条主线，无论是对专制制度、私有制、家庭、男尊女卑以及种族歧视的否定与批判，还是对公有、平等、自由的主张、向往与追求，都隐含着对旧道德的批判（既有对中国传统道德的批判也有对西方资本主义体制下道德的批判）和对新道德的追求。张灏认为："从早年以来，康有为的思想就被两种独立的关怀所支配，一是他对于中国生存的政治爱国主义关怀，一是他对于人生和世界意义的普遍的道德——精神关怀。在其1885—1887 年间的哲学著作中，这两种关怀仍是支离的。但是在康氏 90 年代创立的道德历史世界观中，这两种关怀已被饶有意味地衔接在一起。他的爱国关怀被表达为在现代实行的政治改良主义，而其道德关怀则反映在向着未来普遍共同体有计划行进的历史远景之中。因而，他的政治志向不再与其道德—精神渴望相冲突，而是已成为导致这种渴望最终实现的历史过程中的一个必要步骤。"②

　　康有为对大同理想的阐释已完全不同于《礼记·礼运》中关于大同世界的描述，也迥异于历代思想家关于大同理想的构想。他的大同理想既是对近代中国现实及其专制体制的否定，也包含着对西方资本主义私有制的批判，同时也是对二者的超越，其对当时社会及后世的启蒙意义是不容忽视的。

　　萧公权说："他不顾眼前败坏的制度和社会，而展望在完美制度和理想之下的想象中的社会，终于描写出他的大同见解。他足可称为中国第一个乌

① 康有为：《大同书》，罗炳良主编，华夏出版社 2002 年版，第 10—11 页。
② ［美］张灏：《危机中的中国知识分子》，新星出版社 2006 年版，第 62 页。

托邦作者，他的大胆设想足令他与其他国家的伟大乌托邦思想家并驾齐驱。……康氏在此并不关注维护中国价值或移植西方思想，而是要为全人类界定一种生活方式，使人人心理上感到满足，在道德上感到正确。"① 萧氏认为近代知识分子认为康有为反动地抗拒"新文化"，因而鄙视他，是因为他们没有看到《大同书》，因而不了解康有为。他认为康有为一直"是未被认识的先知。事实是，康氏及其不知情的跟随者反映了共同的历史变局：毫无选择地把中国从传统主义中解放出来，在几十年中将其推向陌生的现代化之途"。②

范文澜认为，康有为著《大同书》目的是要为中国的资产阶级指路。康氏意图将阶级斗争的现实隐藏于大同之中，以助此一阶级的延续。③

（三）梁启超关于新公民道德人格的塑造及其理想追求

目睹了近代中国面对西方的种种惨败和改良主义失败之后，近代知识精英们开始从文化上探索救亡图强之路。其间经历了由主张"西学中源"到"中体西用"，再到向传统复归，最后到主张建立一种融通中西、具有世界普适意义的新文化体系的复杂体认过程。在这过程中，近代中国知识精英们逐渐从传统文化的"幻觉"中走出，走向近代意义上的"文化自觉"，为中国的现代化开启了思想启蒙之路。同时，他们自身也实现了从传统"士"与"士大夫"到现代"知识分子"的过渡。从封建体制内挣脱出来的他们开始以理性的眼光客观地分析与考量中国传统文化，并将考量的角度由对制度与纲常伦理的批判转向对国民性的审视与批判，在此基础上提出构建新型国民性格与新型道德理想人格的要求。在这方面作出重要贡献的是梁启超。

梁启超在对传统道德包括在这种道德滋养下形成的国民性进行深入批判的基础上，对照借鉴西方尤其是日本的伦理学教育内容，提出了构建一套新的国民道德体系或新公民道德体系的思想。梁在撰写《新民说》之前，已经接受了较多的西学知识，已深切感受到中西道德观的差异。因此，他的《新民说》在论述各类道德组成要素时都是在中西对比的基础上展开的。但直接

---

① ［美］萧公权：《近代中国与新世界——康有为变法与大同思想研究》，江苏人民出版社2007年版，第329—330页。

② 同上书，第362页。

③ 参见范文澜《中国近代史》，人民出版社1978年版，第322页。

刺激他关注并积极构建新民道德体系的则是流亡日本的经历，而且他就是在流亡日本时完成他的《新民说》的。此前，他阅读了日本文部省关于日本高中伦理学课程的训令，对训令所涵盖的各个科目及其完整性留下了深刻的印象。他认为日本的伦理学包括个人、家庭、社会和国家等科目，甚至包括像人性和一般的人生这样一些抽象的题目。相比之下，传统的中国道德体系在有关这一问题上显然过于狭窄。这种比较刺激了他要为中国设计一套新的道德体系的想法。①

"新民"是儒家经典《大学》开篇的一个重要概念，意指儒家经世的核心在于道德修养与对人的革新。梁启超继承并发展了《大学》中关于新民的革新含义，赋予"新民"以"新的公民"之意。在维新变法失败后流亡日本期间，即从1902年开始他在《新民丛报》上连续登载题为"新民"的文章，较系统地提出了一套新的人格理想与社会价值观，集中体现在《新民说》一书中，部分见之于此前的《十种德性相反相成义》。

梁启超试图通过新民德的塑造来改变中国的国民性，并以此作为他实现救亡图强的理想之一。因此，他对塑造新民德之于国家富强的重要意义给予了深刻的关注。他在《新民说》开篇即强调："国之有民，犹身之有四肢、五脏、筋脉、血轮凹也。未有四肢已断、五脏已瘵、筋脉已伤、血轮已涸而身犹能存者；则亦未有其民愚陋怯弱，涣散混浊，而国犹能立者。故欲其身之长生久视，则摄生之术不可不明，欲其国之安富尊荣，则新民之道不可不讲。"② 他还就将政府与人民的关系比作"寒暑表之与空气"，说："国民之文明程度低者，虽得明主贤相以代治之，及其人亡则其政息焉，譬犹严冬之际置表于沸水中，虽其度骤升，水一冷而坠如故矣。国民之文明程度高者，虽偶有暴君污吏虔刘（劫掠、杀害）一时，而其民力自能补救之而整顿之，譬犹溽暑之时置表于冰块上，虽其度忽落，不俄顷则冰消而涨如故矣。然则苟有新民，何患无新制度？无新政府？无新国家？非尔者，则虽今日变一法，明日易一人，东涂西抹，学步效颦，吾未见其能济也。"③

梁启超的新民道德涉及公德与私德、权利与义务、自由与自治、自尊与自强（民气与民智）、个体与群（民族/国家）等的相互关系及其应有的正

---

① 参见［美］张灏《梁启超与中国思想的过渡（1890—1907）》，新星出版社2006年版，第102—104页。

② 梁启超：《新民说》，中州古籍出版社1998年版，第46页。

③ 同上书，第48页。

确态度。

首先是公德与私德。

梁启超将道德分为公德与私德两个范畴，"人人独善其身者谓之私德，人人相善其群者谓之公德"。他认为私德公德都是不可或缺的，"无私德则不能立。合无量数卑污虚伪残忍愚懦之人，无以为国也。无公德则不能团。虽有无量数束身自好、廉谨良愿之人，仍无以为国也"①。但相比之下，中国传统私德比较发达，而公德则很缺乏，《论语》、《孟子》所阐述的道德，十分之九属于私德的范围，而公德不到十分之一。他还将儒家的五伦与西方划分家庭、社会和国家三个伦理范畴进行对比得出结论说，儒家父子、夫妻、兄弟三伦相当于西方的家庭一伦；儒家的朋友一伦可归入西方的社会伦理；儒家君臣一伦可归入西方国家伦理。认为将社会伦理关系仅限于朋友之间显然不可能，而将公民的政治关系缩小到孤立的君臣关系更是荒谬。因此，儒家伦理除了私德即家庭伦理较发达，其公德包括社会伦理与国家伦理都是有严重缺陷的。因此，他认为中国道德建设的任务在于倡导公德。② 梁启超将"群"的概念引入公德，认为群是国家公民对他的同胞怀有一种强烈的团结意识，以及具有组织公民社团的能力。认为儒家传统由于过于强调修身而淡化甚至忽视了群的意识，并认为群的意识的缺乏是导致当时中国积弱的重要因素。"今吾中国所以日即衰落者，岂有他哉，束身寡过之善士太多，享权利而不尽义务，人人视其所负于群者如无有焉。人虽多，曾不能为群之利，而反为群之累，夫安得不日蹙也？"因此，梁启超疾呼要进行一场道德革命，创立一种新道德，使之能"因吾群、善吾群、进吾群"。否则将导致"智育愈盛，则德育愈衰，泰西物质文明尽输入中国，而四万万人且相患而为禽兽"的局面。③ 近代中国虽然已开始进行思想的启蒙，但在对待传统文化与西方文化的态度上，大多遵循"中体西用"的准则，所谓"中体"即是认为以儒家伦理道德为本位的传统价值观，因此从洋务派到维新派，谈变法、谈维新，却不敢谈道德革命。梁启超却大胆提出了"道德革命"的主张，是需要勇气的，正如他自己所说："道德革命之论，吾知必为举国之所诟病。顾吾特恨吾才之不逮耳，若夫与一世之流俗之人挑战决斗，吾所不

① 梁启超：《新民说》，中州古籍出版社 1998 年版，第 62 页。
② 参见梁启超《新民说》，中州古籍出版社 1998 年版，第 62 页。
③ 梁启超：《新民说》，中州古籍出版社 1998 年版，第 62—65 页。

惧，吾所不辞。"① 可见他力主破除中国国民头脑中的旧思想、旧观念，实行道德革命的决心。

其次是权利与义务。

梁启超认为，人的权利是天赋的，如果压制、禁锢人的权利，就是对人道的践踏、摧残。"天生人而赋之以权利，且赋之以扩充此权利之智识，保护此权利之能力，故听民之自由焉，自治焉，则群治必蒸蒸日上。有桎梏之、戕贼之者，始焉窒其生机，继焉失其本性，而人道或几乎息焉。"② 他把人的权利与人的智识、自由与自治相结合，已经完全跳出了传统关于个人权利的定位。他认为中国传统将为我、利己当成为"恶德"而予以否定是对个人权利的剥夺。因为人一旦失去利己的思想，也就自动放弃了权利。而放弃了权利最终也就放弃了责任。"故人而无利己之思想者，则必自放弃其权利，弛掷其责任，而终至于无以自立。"③ 他认为，儒家传统主张"以直报怨、以德报德"，强调谦让，本是高尚君子的美德，但如果作为普遍原则来要求，则必然成为怯懦之徒的借口，更为严重的是造成国民"无骨无血无气"的劣根性。他认为中国传统道德几千年来这种"习非成是"错误导向最后造成的结果是："使勇者日即于销磨，怯者反有所借口，遇势力之强于己者，始而让之，继而畏之，终而媚之。弱者愈弱，强者愈强，奴隶之性，日深一日。"这样的国民面对剧烈的竞争只能是无立足之地。④ 他还从国民与国家的关系出发，指出要振兴国家就必须伸张民权。"民权兴则国权立，民权灭则国权亡。为君相者而务压民之权，是之谓自弃其国；为民者而不务各伸其权，是之谓自弃其身。故言爱国必自兴民权始。"⑤

梁启超在阐述了权利的思想后，提出权利与义务是对等的观点。"义务与权利，对待者也。人人生而有应得之权利，即人人生而有应尽之义务，二者其量适相均。"⑥ 个人主张权利，争得自身的权利，不仅是对于我们自己应尽之义务，而且是"对于一公群应尽之义务"。同样对他人、公群、国家尽义务也是出于对权利的尊重。他揭示了中国传统社会专制政体下，统治者长

① 梁启超：《新民说》，中州古籍出版社 1998 年版，第 66 页。
② 同上书，第 121 页。
③ 《十种德性相反相成义》。
④ 参见梁启超《新民说》，中州古籍出版社 1998 年版，第 92 页。
⑤ 梁启超：《饮冰室合集》，中华书局 1989 版，第 76 页。
⑥ 梁启超：《新民说》，中州古籍出版社 1998 年版，第 177 页。

期享有无义务的权利，同时剥夺民众的权利、强加给民众以无量之义务的现象，是极不正常的。梁启超引入社会达尔文主义的竞争规律来说明权利义务的关系，认为若遵循自然竞争之规律，则权利义务必然是对等的，譬如最初的为君者，必是他有过人之处，以其才智得此位，但进入世袭制后，得君位者获得的权利就是不正当的。因此，专制统治者为了保证其不正当之权利就要破坏"天演大例"，"使竞争力不能遵常轨"，由此导致了"一切权利、义务乃不相应"。但他认为，天演之规律是不能被长久违背的，就像水被堤坝截流终究要冲决而下，被扭曲的权利义务关系也终究要回复到"两端平等而相应"的本然状态上。最后梁启超充满希望地高呼："新民子曰：自今以往，苟尽义务者勿患无权利焉尔，苟不尽义务者，其勿妄希冀权利焉尔"。①

再次是自强与进取精神。

国民的自强与进取精神是梁启超高度关注并投入极大热情予以赞美的品德。《新民说》一书中的"论进取冒险"、"论进步"、"论自尊"、"论尚武"、"论民气"、"论政治能力"等章节都与自强与进取有关。

梁启超认为，中国之所以落后源于中国人缺乏冒险进取精神。而欧洲人之所以强于中国也是因为他们具有冒险进取精神。如果没有哥伦布四度航海就不可能"为生灵开出一新世界"；如果没有马丁·路德的不屈不挠，就不可能"开信教自由之端绪"……他还列举了克伦威尔、华盛顿、拿破仑等人的事例来说明欧洲之所以强大是与其民族的进取冒险精神分不开的。②

他借孟子的"浩然之气"来形容人类的进取冒险精神。认为无论个人还是国家是否具有此种浩然之气是决定存亡的关键。那么如何才能拥有这种精神呢？他认为需要具备四个条件：一是生于希望，"希望越大，则其进取冒险之心愈雄"。希望是文明进步的基础："人类所以胜于禽兽，文明人所以胜于野蛮，惟其有希望故。"二是生于热诚，"人生之能力，无一定界限，无一定程度，而惟以其热诚之界限程度为比例差。其动机也希微，其结果也殊绝。而深知夫天下古今之英雄豪杰，孝子烈妇、忠臣义士以至热心之宗教家、政治家、美术家、探险家，所以能为惊天地泣鬼神之事业，震宇宙而昭苏之者，其所得皆有由也。"热诚，往往可使一个人产生他在正常情况下无法达到的力量，如女人是弱小的，而为母爱所激发的女人是强大的。三是生

---

① 梁启超：《新民说》，中州古籍出版社 1998 年版，第 178 页。
② 参见梁启超《新民说》，中州古籍出版社 1998 年版，第 77—79 页。

于智慧，即要有真知灼见，要对自然界以及人类社会发展规律具有深刻的洞见。希望和热诚必须以智慧或理性为指导，否则就可能成为宗教、先哲、习俗、权势乃至其心之奴隶。所以，"进取冒险之精神，又常以其见地之浅深高下为比例差"。四是生于胆力，即要有不怕困难，勇于克服困难的气魄，他说"盖气力与体魄，常相依而为用者也"。他认为胆力是可以培养的，"精神愈用则愈出，阳气愈提则愈盛"。① 梁启超在论述进取、冒险精神的字里行间，流露出他对西方近代在征服自然与世界方面所表现出来的力量与信心的充分肯定，并希望借此来激励中国人的自强精神。

梁启超还论述了与自强、进取心相关的"自尊"、"尚武"、"毅力"与"政治能力"等相关公民道德品格。他崇尚自尊，认为自尊与不自尊是天民与奴隶的根本区别。"自尊者，有皑皑冰雪之志节……谡谡松风之德操……实使人进其品格之法门也。"② 他强调毅力，认为"人不可无希望……而养其希望勿使失者，厥惟毅力。故志不足恃，气不足恃，才不足恃，惟毅力者足恃"。③ 他崇尚武力，认为中国传统不尚武导致民弱国弱，与他族相遇无不败北，这是中国历史的污点，也是中国国民的耻辱。④ 他认为民气是国家与国民精神状态的体现，是一个国家存在的要素之一，同时他也认为，民气是不能独立发挥作用，需要民力、民智、民德的支撑。他认为缺乏政治能力而不是政治思想才是真正值得担忧的事情，基于这种认识他提出了培养富有才干的政治管理人员的紧迫性。

总之，梁启超迫切地希望中国人能尽快摆脱专制统治下的奴性，通过自强进取将自己培养成为既具备西方公民所拥有的现代精神品格，同时又能传承真儒"积极入世"和坚韧不拔之毅力的现代公民。他将自己对国家民族自强的希望，寄托在培养全新的爱国、富有社会责任感与团结意识，积极向上富有进取精神，能够积极主张权利同时又自觉履行对国家、社会、他人义务的全新形象公民。培养新公民是梁启超为 20 世纪初中国自强图存开出的药方，也是他塑造理想道德人格的寄托。时至今日，梁启超孜孜不倦致力于改造国民性、塑造新公民人格的努力，仍然是当代人面对的重要课题。他所希望塑造的道德理想人格于他所生活的时代来说，也只是一个未来的乌托邦。

① 梁启超：《新民说》，中州古籍出版社 1998 年版，第 79—83 页。
② 同上书，第 137—138 页。
③ 同上书，第 167 页。
④ 参见梁启超《新民说》，中州古籍出版社 1998 年版，第 184 页。

然而，以梁启超为代表的一代文化精英对中国文化及中国问题的思考的意义是划时代的。美国学者舒衡哲认为：在近代中国的文化启蒙中，梁启超是探究中国停滞不前的根源，并系统明确地提出改造中国的世界观的第一代知识分子（钱玄同是敢于反传统甚至与传统决裂的第二代，五四青年是最富创造性的第三代），如果没有梁启超、钱玄同等人痛苦的过渡阶段与彷徨阶段，五四学生们永远不会发现自己政治行动的使命，五四时期的自觉精神是近代中国前三代知识分子的集体结果；梁启超意识到自己身处濒死的儒家文士和新一代文化革命家的界线上，在维新变法失败后他开始反思"中国文化最普遍的弊病是什么？""中国人的思想缺陷是什么？"这些问题的思考标志着中国启蒙运动的开端；他是第一个向中国知识分子介绍自主理想的人，他宣传启蒙思想，并特别赞扬日本的启蒙运动（梁在流亡日本期间，深受日本明治维新思想影响），这使下两代人初次看到了五四启蒙运动的前景。①

---

① 参见［美］舒衡哲《中国启蒙运动——知识分子与五四遗产》，新星出版社 2007 年版，第33—38 页。

第八章

共产主义道德理想的确立及其实践挫折

　　近代中国知识精英的文化自觉及其对民众的文化启蒙，将中国思想界逐步从封建专制思想的桎梏中解放出来，同时也使其后来者们逐步摆脱了在处理中西文化时所遵循"中体西用"的固定思维框架，开始全面大胆地学习西方文化。学习的重点开始由以往的技艺、教育层面转向以政治文化和哲学文化为核心的社会科学方面。尤其是严复翻译的《天演论》、《法意》、《原富》，使中国人获得了西方资产阶级的哲学、经济学、法学、政治学、社会学、逻辑学等各个领域的知识。"这种由具体到抽象的过程，标志着中国先进知识分子对西学在认识上的深化。"[①] 学习的目标则由"师夷之长技以制夷"的自强救国，转向寻求一种能从根本上解决中国出路的社会制度与社会发展前途。这种学习目标的转向除文化的启蒙外还有深刻的社会原因：太平天国、维新变法的最终失败，向中国人证明了农民革命与士大夫的政治改良不能解决中国的问题；而一度给中国人带来巨大希望的辛亥革命在推翻清王朝的统治后仍然没有让中国人看到光明的前途，相反中国社会陷入军阀混战的更深灾难中，正如孙中山先生自己所说："夫去一满洲之痛苦，转生出无数强暴之专制，其为毒之烈，较前尤甚。于是而民愈不聊生矣。夫吾党革命之初心，本以救国救种为志，欲出斯民于水火之中，而登衽席之上也，今乃反令之陷水益深，蹈火益热，与革命初衷大相违背……"[②] 在这种局面下，

---

　　① 魏晓东：《契合与奇迹——中西文化碰撞中的马克思主义中国化》，开明出版社2000年版，第3页。

　　② 孙中山：《建国方略》之《孙文学说》，罗炳良主编，华夏出版社2002年版，第1页。

有识之士纷纷将目光转向西方的政治民主制度，以寻求救国良方。马克思主义及其共产主义思想正是在这样的背景下进入了中国的。

一　马克思主义及其共产主义理论在中国的传播

几乎所有的教科书在谈到马克思主义在中国的传播时，都用了一句极凝练的话：十月革命一声炮响给中国送来了马克思主义，中国的面貌由此焕然一新。而事实上，马克思主义被接受及其在中国的传播，到最后被确立为中国革命与建设的指导思想，经历了一个艰难的历程，是在近代中国有识之士经历无数的彷徨、摸索，对当时流行于中国学界的众多西方社会思潮，经过反复比较、论战与甄别的基础上作出的慎重选择，并在选择后经历实践的反复检验后而逐步确立的。

（一）新文化运动前中国知识界对马克思主义及其共产主义理论的介绍与传播

马克思主义在中国的传播，可以追溯到1899年上海《万国公报》上刊载的李提摩太与蔡尔康所编译的英国社会学家颉德的《大同学》，其中说："今世之争，恐将有更甚于古者。此非凭空揣测之词也。试稽近代学派，有讲求安民新学之一家。如德国之马客思，主于资本者也。"[①] 这是马克思的名字及著作、思想第一次在中国报刊上被介绍。李提摩太是英国传教士，与当时中国改良派关系密切，光绪曾赐予李提摩太三品顶戴亦即三品官待遇。改良派领袖之一梁启超1902年在《新民丛报》上发表的文章中，称"麦喀士日耳曼人，社会主义之泰斗也"，"麦喀士谓，今日社会之弊，在多数之弱者为少数之强者所压服"，他还对社会主义进行了评述，认为社会主义是"近百年来世界之特产物"，其"最要之义，不过曰土地归公、资本归公，专以劳力为百物价值之源泉"。他把社会主义分成极端社会主义和国家社会主义，认为前者在"今日之中国不可行，即欧美亦不可行。行之其流弊将不可胜言"，后者"其思想日趋于健全，中国可采用者甚多，且行之亦有较欧美更易者"。[②] 但总体上梁启超认为，中国当前不足以谈社会主义。可见，无论是

---

① 朱维铮等编：《万国公报文选》，三联书店1998年版，第620页。
② 梁启超：《新大陆游记》，湖南人民出版社1981年版，第48页。

李提摩太还是梁启超，都不可能自觉地在中国介绍与传播马克思主义，更谈不上信仰马克思主义，而是将当时活跃于欧洲的马克思主义作为西学的内容之一传入中国。彭继红认为："这个时期马克思的大名和他的一些观点进入中国，完全是西学东渐的大势挟带而来的，没有什么'阶级'目的和不带任何功利。也就是说，马克思主义是因为其当时在欧洲各国的巨大影响而在文化传播时不得不提到的。"①

　　辛亥革命领袖孙中山流亡欧洲时，曾阅读了《共产党宣言》。该书对他后来形成三民主义思想曾产生了深远的影响。由于孙中山的影响，1900 年代以后，革命派开始宣传马克思主义理论。1903 年，马君武在由日本中国留学生主办的《译书汇编》第 2 号第 11 期上发表了《社会主义与进化论比较》一文，将《资本论》列为马克思主义重要著作加以介绍。1906 年，资产阶级革命派、激进的民主革命家朱执信在《民报》上发表《德意志社会革命家列传》长文，该文第一部分题为"马尔克（Marx）"，以较长的篇幅介绍了马克思的生平及《共产党宣言》和《资本论》等经典著作的基本内容。朱执信称赞《共产主义宣言》乃"马尔克之事功，此役为最"，认为《共产党宣言》是马克思最重要的成果，并敏锐地看出马克思学说中包含的阶级斗争的重要思想，对《共产党宣言》提出的"至今一切社会的历史都是阶级斗争的历史"的思想，作了进一步的介绍和阐释。朱执信还在该文中着重介绍了《资本论》的主要观点，如劳动价值论、剩余价值论和无产阶级贫困化的理论，认为《资本论》是马克思的重要著述，称赞"马尔克此论（剩余价值学说），为社会学者所共尊，至今不衰"。②他因此被认为是中国介绍《资本论》的第一人，也是十月革命以前在中国"宣传、介绍《资本论》最突出的一位"。此外，国民党中的宋教仁、叶夏声、廖仲恺等先后在同盟会机关报《民报》上发表的相关文章，从不同的角度介绍马克思、恩格斯的思想尤其是《共产党宣言》及共产主义运动。

　　无政府主义是兴起于 19 世纪 40 年代欧洲的一种文化思潮。其代表人物有德国的施蒂纳、法国的普鲁东与俄国的巴枯宁和克鲁泡特金。无政府主义崇尚绝对的个人主义，仇视一切组织、制度、国家和政权，主张以没有权利

---

① 彭继红：《传播与选择：马克思主义中国化的历程（1899—1921）》，湖南师范大学出版社 2001 年版，第 55 页。

② 朱执信：《朱执信集》上集，中华书局 1979 年版，第 10—11 页。

支配的各个团体的自由联合代替国家政权，以共产代替私有，主张以绝对平均主义实现社会公正与平等。①无政府主义传入中国形成了很多流派，其中与反传统思想派结合形成了以李石曾、杨笃生为代表的"新世纪"主义，与国粹派结合，形成了以刘师培、马叙伦等人为代表的"天义"派。辛亥革命后，这些人于1912年5月在广州成立晦鸣学社——"中国内地传播无政府主义之第一团体"，开始大量翻印介绍在巴黎出版的宣传无政府主义的书籍；1913年8月，又创办了晦鸣学社的机关刊物《晦鸣录》，以宣传无政府主义，并在广州成立了无政府主义新村；1914年7月又在上海成立了无政府共产主义同志会。中国无政府主义，以进化论和科学主义为旗帜，主张反对封建专制、倡导民主、自由、平等，反对封建迷信。这些思想主张契合了当时正在苦苦求索却仍未找到出路的知识分子的精神需要，同时又因为与早期马克思主义者和革命党人的政治主张相近，也赢得了这两派的支持。早期马克思主义者把无政府主义当做一种进步的思潮，视其为"同盟者"，且他们在成为真正的马克思主义者之前，大都受到无政府主义的影响，毛泽东和新文化运动的领袖李大钊、陈独秀等都明确表示曾经受到无政府主义思想的影响。1920年下半年，马克思主义者和无政府主义还曾合办了《劳动界》、《劳动音》和《劳动者》等刊物。无政府主义和早期马克思主义之间的友好与合作关系，为马克思主义在中国的传播提供了媒介条件，推进了马克思主义的传播。更为重要的是，由于当时中国人对真正的马克思主义缺乏了解，常把无政府主义与马克思主义相混同，因此，随着无政府主义成为五四运动前中国社会极有影响的文化思潮，马克思主义或说社会主义思潮对中国人的影响也随之扩大。此外，无政府主义还有意识地通过介绍马克思主义理论的某些部分来推动无政府主义在群众中的传播，从而也起到了宣传马克思主义理论的作用。但是，无政府主义与马克思主义毕竟有着本质的区别，所以随着人们对马克思主义认识的深化，二者的分歧乃至斗争也就不可避免。

　　总之，新文化运动之前各种对马克思主义的介绍与传播是零星的，缺乏明确目的的，因而也是不科学的。但这些介绍与传播活动一定程度上让中国人尤其是知识分子更多地了解了西方的政治思想与文化思潮，也激发了人们了解、学习、掌握马克思主义的愿望，推进了人们研究马克思主义思想真谛并运用它来拯救中国革命事业的决心与努力，为后来马克思主义的中国化奠

---

① 参见高瑞泉《中国近代社会思潮》，华东师范大学出版社1996年版，第323—326页。

定了一定的基础。

（二）新文化运动期间中国进步青年对马克思主义及其共产主义理论的介绍与传播

新文化运动原是以批判传统文化特别是传统旧道德，追求西方科学与民主为宗旨的思想解放运动。十月革命胜利后，新文化运动的骨干们开始将他们所倡导的民主与科学与对马克思主义和苏联社会主义革命的认识相结合，并将工作的重心转向对马克思主义的宣传与传播，开启了中国早期知识分子系统宣传、介绍和传播马克思主义的新阶段。

随着 1917 年俄国十月革命的胜利，中国的先进分子迫切希望更直接、真实地了解马克思主义理论，于是开始注重翻译和搜集马克思主义原著。1918 年，李大钊和陈独秀一起创办《每周评论》，开始陆续刊登《共产党宣言》的一些章节，李大钊 1919 年在《新青年》上发表了《我的马克思主义观》一文，介绍并摘译了《共产党宣言》的重要思想，在当时传播马克思主义方面起了重大的启蒙作用。1920 年 3 月，李大钊积极倡导并成立了"北京大学马克思学说研究会"，研究会下设"亢慕尼斋"（英文 Communism 的音译）图书室和翻译室，着手搜集翻译马克思主义原著。1920 年，由中国共产党早期成员陈望道翻译的《共产党宣言》第一个完整的中文译本问世，立即受到中国先进分子的热烈欢迎而行销一时。马克思主义唯物史观、政治经济学和科学社会主义的基本观点也逐步被介绍到中国先进分子中，如 1921 年 5 月，中华书局出版的《唯物史观解说》等。这些翻译与推介工作使得中国早期的马克思主义者逐步摆脱了原来对各种社会主义思潮的模糊认识，开始步入真正的马克思主义者行列。

赴国外留学的知识分子是介绍与传播马克思主义思想的重要力量。维新变法失败后特别是甲午战争失败后，一大批有识之士奔赴日本、欧洲等地寻求救国之路。日本是中国留学生最早选择的去处，也是留学人数最多的国家，中国最早接触到马克思主义的人大多为当时留学日本的青年知识分子，其中包括李大钊、陈独秀、李达、李汉俊、周恩来、杨匏安等。根据彭继红的研究，1919 年以后，日本对马克思主义的介绍与热情达到顶峰，被舆论界称为是"马克思的时代"，研究宣传马克思主义历史唯物主义的学者脱颖而出，其中河上肇博士就是日本当时译介马克思主义的先驱，其译著对中国进步青年产生了很大的影响。李大钊和李达都深受其影响，李大钊的许多文章就引用了他的译文。① 周恩来留日期间，也曾以极大的热情阅读了河上肇的《贫乏物语》、《社会问题研究》和幸德秋水的《社会主义神髓》等进步刊物，并深受其影响。早期马克思主义者杨匏安在日本留学期间受到社会主义思潮的影响，后来写下许多宣传马克思主义的文章，对马克思主义的三个组成部分内容作了系统而详尽的介绍。

1919 年到 1920 年前后，为了寻求掌握真正的马克思主义，许多有识之士选择到作为马克思主义发源地的欧洲留学。根据张允侯等著的《留法勤工俭学运动》一书记载，到了 1920 年年底，在法全体勤工俭学的中国青年已达 1600 余人。他们中有志于改造中国社会的青年，到了法国后通过深入了解资本主义社会的真实情况，思想认识产生了飞跃，纷纷转向马克思主义。蔡和森在法国勤工俭学期间，努力收集有关马克思主义、俄国革命的资料，如饥似渴地阅读各种社会学说书籍，很快确立了对马克思主义的信仰。他在给陈独秀、毛泽东等人的信中，称自己为"极端马克思派，极端主张唯物史观，阶级斗争，无产阶级专政"。当时，留法青年还有周恩来、向警予、李立三、李富春、蔡畅、陈延年、陈乔年、陈公培、陈毅、邓小平、聂荣臻、王若飞、李维汉等。

十月革命胜利后，一批中国进步青年为了掌握有关俄国社会主义革命的第一手资料，选择赴俄国留学。当时赴俄的中国知识分子有瞿秋白、任弼时、刘少奇、肖劲光、罗亦农、彭述之等。瞿秋白于 1920 年秋，以北京《晨报》通讯员的身份前往苏俄，在俄国期间，他系统地学习和研究了马克思列宁主义，进行了实地考察，以亲身经历写下了《俄乡纪程》、《赤都心史》两本通讯集和许多专题报道，向国内介绍他在俄国的见闻与感受。在俄的经历使他较好地实现了向马克思主义者的转变，并且成为中国早期共产党人中杰出的马克思主义理论家。在国内，以李大钊为代表的早期马克思主义者，与国外进步青年遥相呼应，在各种报纸杂志上大量地翻译刊登有关俄国的历史和现状的文章，开始阐述马克思主义同十月革命的关系，认为布尔什维主义"就是革命的社会主义；他们的党，就是革命的社会党；他们是奉德国社会主义经济学家马客士（Marx）为宗主的；他们的目的，在把现在为社

---

① 参见彭继红《传播与选择：马克思主义中国化的历程（1899—1921）》，湖南师范大学出版社 2001 年版，第 65 页。

会主义的障碍的国家界限打破，把资本家的独占利益的生产制度打破"。① 相
对于日本和法国的传播途径，俄国途径具有无法比拟的优势。彭继红认为：
"对马克思主义中国化来说，它（俄国途径）是最晚的然而也是最为有力的
一条途径。因为……这次传播一改过去语言符号渗透的形式，以雷霆万钧的
行为语言直接敲打同其国情有某些相似之处的中国大门，在煽起了革命的热
情之后，才有理论的跟进。这种行为语言所形成的语境其暗示作用、催化作
用和激励作用及所造成的直接现实的结果，是远非言语、符号所造成的语境
所能够比拟的。因为行为语言所造成的语境更形象、更生动、更直观、更具
有典型性和引导力。毫无疑问，这种强烈的典型意义所呼唤出的直接结果就
是仿效，就是模仿。在强大的苏维埃俄国行为语言语境的辐射下，中国进步
青年选择'走俄国人的道路'，那就是一种由时势创造出来的历史的必
然。……也许这就是马克思主义中国化道路一经走上了俄国的轨道就一日千
里、蓬勃发展的内在原因。"② 这种被马克思主义理论实际运用的成功案例煽
动起来的革命热情，有力地坚定了中国人民的革命信心，促进了中国新民主
主义革命的迅速发展，但同时也为后来中国革命的挫折埋下了伏笔。

　　总之，经过新文化运动期间对马克思主义的系统介绍与宣传和此期间早
期马克思主义者与无政府主义等其他非马克思主义思潮的论战，尤其是通过
对马克思主义与俄国革命关系的考察，中国的青年知识分子对马克思主义的
基本理论以及建立在这理论基础上的未来社会发展趋势——共产主义社会，
都有了较明确的认识，对中国社会的前途与命运也有了更清晰的认识，并在
这一认识的基础上开始探讨如何在中国的国土上，实现马克思主义所构建的
未来美好社会的具体途径与方案。至此，中国人所要考虑的不再是要不要马
克思主义和共产主义的问题，而是如何实践马克思主义和实现共产主义的
问题。

（三）中国现代知识分子的形成及其向共产主义理想的归属

　　以梁启超、严复等人为代表的那一代知识精英正处在从传统士人或士大
夫向现代知识分子过渡的阶段上。他们曾一度出于传统的人生价值追求参与

---

① 李大钊：《李大钊文集》，人民出版社 1984 年版，第 599 页。
② 彭继红：《传播与选择：马克思主义中国化的历程（1899—1921）》，湖南师范大学出版社
2001 年版，第 77 页。

到科举的行列中，但又积极倡导新学，对传统的教育制度尤其是科举制度提出了毫不留情的尖锐批判，并努力促成了 1905 年科举制度的终结。他们与传统的道德观念有着剪不断理还乱的复杂纠葛，他们秉承了传统士人以天下为己任的道德情怀，同时又对由传统道德文化所孕育的国民劣根性进行了深刻的揭露与批判；他们力图摆脱传统道德文化的束缚而成为新时代的新民，却又对传统道德文化有着强烈的依恋并在晚年不同程度地走向了对传统道德的回归。因此，很难将他们简单地划入传统士人（士大夫）的行列，却也不属于现代意义上的识分子。

而在新文化运动期间成长起来的新青年，生逢军阀混战时期，对传统封建体制及其治理下的社会生活没有切身的体验更无丝毫留恋，对现存的体制更是缺乏应有的信任和道德认同。因此，他们生来就没有一个可信赖因而愿意归附的政权体制。他们生活在体制外（至少在心理上），因而能够跳出个人利益的狭隘眼界，以先觉者的理性眼光来审视现存的政权与社会，并以社会良心作为评判的标准来揭露现存制度的腐败与罪恶。他们缺乏对传统道德文化的认同，有的是对民族危亡的深度忧虑以及对造成这种危亡的封建腐朽政治体制和专制道德文化的仇视。他们"摒却了梁启超这代更为传统化的学者们的告诫和担忧。他们坚信科学和西方文明，同时对中国的文化变革愈来愈失望。……他们要从中国内部来改变它，进而拯救它"。[①] 他们确实一定程度上代表了这一时代社会的良心。

关于"知识分子"概念的源起，按照台湾大学叶启政教授的考证有两种说法。一说源自东欧。其一特指 19 世纪 30 年代至 40 年代把德国哲学引进俄国的一小部分文化人。这些人带回西欧社会思想及生活方式，不满当时俄国的状况，或者满怀乌托邦的理想高谈阔论并模仿西欧上流社会的生活方式，或者着手实际的社会改革，他们当中后来产生出不同的思想群体，如民粹主义、马克思主义、自由主义、新康德主义等。其二专指 19 世纪 40 年代形成于波兰，在心理特征、生活方式、社会地位、价值体系等方面都独具特色的文化阶层。他们为了维持其独具特色的生活方式，设立了一套自己的教育体系，在此体系中，学生学习各方面的知识，突出培养强烈的领导意识与社会责任，由此环境培养出来的人非常重视自己的学历并以此为荣，他们勇

---

① ［美］舒衡哲：《中国启蒙运动——知识分子与五四遗产》，新星出版社 2007 年版，第 19 页。

于批判社会，以国家大事为己任。这种源自东欧的知识分子内涵可表述为：知识分子是一群受过相当教育、对现状持批判态度和反抗精神的人，他们在社会中形成一个独特的阶层。

根据上述有关"知识分子"概念的源起，有人将知识分子概括为"社会良心"，认为"他们是人类基本价值（如理性、自由、公平等）的维护者。知识分子一方面根据这些基本价值来批判社会上一切不合理的现象。另一方面则努力推动这些价值的充分实现……所谓'知识分子'除了献身专业工作以外，同时还必须深切地关怀着国家、社会乃至世界上一切有关公共利害之事，而且这种关怀又必须是超越个人（包括个人所属的小团体）的私利之上的"。①

五四期间的中国青年知识群体承担着时代文化启蒙的重任，但他们并不满足于仅仅做一个文化上的先觉者和社会价值的评判者。他们无论在思想意识上还是实际行动上都坚持以国家、民族利益为己任，始终站在救亡图存的第一线。"他们不再自封为启蒙运动的先驱，而是试图赶上历史的变化，把自己改造成为'知识分子'——政治化了的知识阶层的一员，或从字面上来说，是一个更大的，具有阶级意识的国家中最富知识的那一部分人。"② 作为"政治化了的"、"具有阶级意识"的知识分子，应该可以说是在五四运动中成长起来的知识分子主体意识上的又一次自觉，其标志是从向西方学习，迷信、依赖西方的学术文化思潮转向对马克思主义的信仰，并以马克思主义理论来分析、认识、观察直至解决中国的问题。事实上，在早期马克思主义中国化的过程中，他们在介绍传播马克思主义理论方面发挥了不可替代的作用。五四运动以后，特别是共产党成立并确立自己的奋斗目标后，他们积极主动地融入新民主主义革命的各项事业中，其中很多人成为了中国共产党早期的核心人物，如李大钊、陈独秀、瞿秋白、邓中夏等。而其他活跃在文化界的知识分子则利用其专业优势口诛笔伐，在另一个战场上履行着为共产主义事业而奋斗的神圣职责，如鲁迅、夏衍、左联五烈士及众多的进步知识分子。

---

① 转引自王炯华《关于知识分子"新概念"》，《学术界》2004 年第 2 期。
② ［美］舒衡哲：《中国启蒙运动——知识分子与五四遗产》，新星出版社 2007 年版，第 12 页。

二　马克思主义经典作家对共产主义理想的阐述

从马克思、恩格斯、列宁、斯大林到以毛泽东为代表的中国共产党的各代领袖都从不同的时代背景、不同的环境和不同的角度对共产主义社会理想进行过理论阐述，并将这些理论运用于具体的社会革命与建设实践，为我们留下了有关共产主义社会理想的丰富思想。

马克思在《1844 年经济学哲学手稿》一书中，通过论述劳动异化问题，比较具体地论述了共产主义社会的特征："共产主义是私有财产即人的自我异化的积极的扬弃。因而是通过人并且为了人而对人的本质的真正占有；因此，它是人向自身、向社会的（即人的）人的复归，这种复归是完全的、自觉的而且保存了以往发展的全部财富的。这种共产主义，作为完成了的自然主义，等于人道主义，而作为完成了的人道主义，等于自然主义。它是人和自然界之间、人和人之间的矛盾的真正解决，是存在和本质、对象化和自我确证、自由和必然、个体和类之间的斗争的真正解决。"① 这是马克思早期对共产主义社会的构想，此后他又不断地对共产主义理论进行了补充，分别在《德意志意识形态》、《共产党宣言》、《资本论》等论著中进行了阐述。1875年在《哥达纲领批判》中，马克思对共产主义社会理论已经有了较清晰的认识，改变了原来经常将共产主义与社会主义混同使用的想法，明确地将共产主义社会分为第一阶段（即社会主义）与高级阶段，并重点对高级阶段的特征进行了描绘："在共产主义社会高级阶段上，在迫使人们奴隶般地服从分工的情形已经消失，从而脑力劳动和体力劳动的对立也随之消失之后；在劳动已经不仅仅是谋生的手段，而且本身成了生活的第一需要以后；在随着个人的全面发展生产力也增长起来，而集体财富的一切源泉都充分涌流之后……只有在那个时候，才能超出资产阶级权利的狭隘眼界，社会才能在自己的旗帜上写上：'各尽所能，按需分配'！"② 。

恩格斯作为马克思的亲密战友与学术合作者，在许多论著中对共产主义社会进行了类似的论述。1847 年恩格斯在《共产主义原理》一书中，对共产主义社会作了较具体而深刻的描绘："由社会全体成员组成的共同联合体

---

① 马克思：《1844 年经济学哲学手稿》，人民出版社 2000 年版，第 81 页。
② 《马克思恩格斯选集》第 3 卷，人民出版社 1995 年版，第 305—306 页。

来共同地和有计划地利用生产力；把生产发展到能够满足所有人的需要的规模；结束牺牲一些人的利益来满足另一些人的需要的状况；彻底消灭阶级和阶级对立；通过消除旧的分工，通过生产教育、变换工种、所有人共同享受大家创造出来的福利，通过城乡的融合，使社会全体成员的才能得到全面发展。"①

列宁将马克思主义的基本理论运用于俄国的社会主义革命，取得了十月革命胜利并建立了世界第一个社会主义国家。他对共产主义的理解重点在于人与人之间的平等以及建立在平等基础上的去除了旧观点、旧心理和旧习气的共产主义新人的塑造。他说："所谓共产主义，严格说来，就是无代价地为社会工作，不考虑每个人的差别，丝毫没有旧观点，没有守旧心理，旧习气，各工作部门间的差别以及劳动报酬上的不同等。"②

中共领导人刘少奇则以朴实浅显的语言描绘了他与当时中国人对未来共产主义社会的美好憧憬：未来的共产主义社会"没有剥削者、压迫者，没有地主、资本家，没有帝国主义和法西斯等，也没有受压迫、受剥削的人，没有剥削制度造成的黑暗、愚昧、落后等。在那种社会里，物质生产和精神生产都有高度的蓬蓬勃勃的发展，能够满足所有社会成员的各方面的需要。那时，人类都成为有高等文化程度和技术水平的、大公无私的、聪明的共产主义劳动者，人类中彼此充满了互相帮助、互相亲爱，没有尔虞我诈、互相损害、互相残杀和战争等等不合理的事情。那种社会，当然是人类历史上最好的、最美丽的、最进步的社会"。③

马克思主义经典作家所构建的、其后继者们所设想的未来共产主义社会应当具备的基本特征是：生产力高度发展到能够满足全体成员需要规模，能够完全实行全民所有制；消灭了三大差别和旧的社会分工，彻底摆脱了一切旧思想、旧观念、旧习气的影响，实现了每个人的自由全面发展；实现了"各尽所能，按需分配"，劳动已成为人们生活第一需要；国家已经完全消亡；全体人的道德水平普遍提高。在这样的社会里，人的价值得到最高程度的体现，"从前各个人联合而成的虚构的共同体，总是相对于各个人而独立的；由于这种共同体是一个阶级反对另一个阶级的联合，因此对于被统治的阶级来

---

① 《马克思恩格斯选集》第 1 卷，人民出版社 1995 年版，第 243 页。
② 《列宁全集》第 30 卷，人民出版社 1957 年版，第 160 页。
③ 《刘少奇选集》上卷，人民出版社 1981 年版，第 122 页。

说，它不仅是完全虚幻的共同体，而且是新的桎梏。在真正的共同体条件下，各个人在自己的联合中并通过这种联合获得自己的自由"。① 从马克思主义经典作家们对未来共产主义社会特征的描述中可以看出，他们对未来社会中的人寄予了无限的关怀，他们所描绘的共产主义社会的所有特征都是为实现人的自由而全面发展的宗旨服务的，生产力的高度发展、物质财富的涌流，私有制的消灭，社会分工与劳动差别的消失，个人与自然、社会矛盾的消除，所有这些特征的具备，都是为了实现"每个人的自由发展是一切人的自由发展的条件"的最高目标，都是为了实现"人对自己本质的真正占有"。

因此，在共产主义社会里，个人与个人，个人与集体之间的利益是一致的，个人的发展不仅不会妨碍别人，还会互相促进，从而使每个人都能得到全面发展。到那时，阶级已经消失，国家不复存在，社会主要靠道德的权威来维持，共产主义的道德风尚和精神面貌将成为指导人们生活的准则。生活在那样的社会里的人是具备了自由而全面发展条件的真正占有人的本质的人，自然也就是不同于以往一切社会中人的全新的人。这样全新的人自然应当拥有全新的道德品质，就像列宁说的应该"丝毫没有旧观点，没有守旧心理，旧习气"的能够"无代价地为社会工作"的共产主义新人。② 后来毛泽东将此归结为"全心全意为人民服务"的共产主义道德情操。

马克思、恩格斯不仅阐述了共产主义社会的特征，还在对资本主义社会种种弊端进行深入揭露的基础上，就共产主义实现的可能性及途径进行了论述。这些思想集中体现在《共产党宣言》中。马克思、恩格斯在《共产党宣言》中指出："资产阶级的生产关系和交换关系，资产阶级的所有制关系，这个曾经仿佛用法术创造了如此庞大的生产资料和交换手段的现代资产阶级社会，现在像一个巫师那样不能再支配自己用符咒呼唤出来的魔鬼了。""资产阶级的关系已经太狭窄了，再容纳不了它本身所造成的财富了……资产阶级不仅锻造了置自身于死地的武器，它还产生了将要运用这种武器的人——现代的工人，即无产者。"③ 这些建立在对资本主义社会深入考察基础上的论述，揭示了资本主义社会自身无法克服的矛盾及其必然灭亡的规律。在此基础上，马恩进一步指出资本主义社会必然为共产主义社会取代的历史必然。"代替那

① 《马克思恩格斯选集》第1卷，人民出版社1995年版，第119页。
② 《列宁全集》第30卷，人民出版社1957年版，第160页。
③ 《马克思恩格斯选集》第1卷，人民出版社1995年版，第277—278页。

存在着阶级和阶级对立的资产阶级旧社会的，将是这样一个联合体，在那里，每个人的自由发展是一切人的自由发展的条件。"① 又说"我们所称为共产主义的是那种消灭现存状况的现实运动"，"共产主义的产生是由于大工业以及大工业带来的后果，是由于世界市场的形成，是由于随之而来的不可遏止的竞争，是由于目前已经完全成为世界市场危机的商业危机，是由于无产阶级的形成和资本的积聚，是由于由此产生的无产阶级和资产阶级之间的阶级斗争"。② 马恩的这些经典论述说明共产主义是一个完全不同于传统各种社会乌托邦理想的社会蓝图，它不是从某种观念出发，不是凭个人的良好愿望或主观臆想而"构建"起来的乌托邦，而是从社会发展的客观规律出发而推导出来的作为历史发展必然结果的未来美好社会。"马克思的共产主义模式超越了乌托邦，它以历史主义的原则研究人和人类社会，最终在无产阶级革命的实践中科学合理地提出并现实地践行了共产主义理想生存模式。"③

三　中国共产党奋斗目标的确立
及其理想追求的乌托邦激情

1921 年 7 月 23 日，中国共产党第一次全国代表大会在上海召开，正式宣告中国共产党的成立。明确规定以马克思列宁主义为自己的指导思想，以实现共产主义为自己的奋斗目标。中国共产党的成立是中国历史上开天辟地的大事，它标志着经过自鸦片战争以来半个多世纪漫长的艰难探索，中国人终于迎来自己民族与国家的美好前景，从此有了明确的奋斗目标。1922 年 7 月，中国共产党第二次全国代表大会召开，提出了中国革命分为两步走的宏伟规划，即第一步是完成反帝反封建的民主革命任务，第二步是完成社会主义革命的任务，最终目的是"达到一个共产主义的社会"。这也是党的最低纲领和最高纲领。共产主义远大目标和近期任务的确定，为中国共产党人的行为指明了方向，提供了动力。但有了目标与动力并不意味着行动的一帆风顺，中国共产党人在向每一个阶段性目标迈进的同时都伴随着挫折与牺牲，但每一次挫折与牺牲都使党对共产主义的认识得到进一步的升华，也都更加

---

①　《马克思恩格斯选集》第 1 卷，人民出版社 1995 年版，第 294 页。
②　同上书，第 87、210—211 页。
③　李斌：《超越乌托邦——马克思共产主义的现实性》，《长白学刊》2009 年第 6 期。

坚定了自己为理想奋斗的信念。而无数中国共产党人为理想而付出的牺牲，也不断地唤醒着广大民众，最终使原本只是作为少数共产党人奋斗目标的共产主义成为全民族的共同理想。在这一理想的推动下，经过 28 年艰苦卓绝的努力，终于迎来了中华人民共和国的成立。

以毛泽东为首的中国共产党人将马克思主义基本原理创造性地成功运用于中国革命与社会主义建设实践，并在实践中更加坚定了共产主义的理想信念。毛泽东在《新民主主义论》中，高度赞扬了共产主义的社会理想："共产主义是无产阶级的整个思想体系，同时又是一种新的社会制度。这种思想体系和社会制度，是区别于任何别的思想体系和任何别的社会制度的，是自有人类历史以来，最完全最进步最革命最合理的。"[1] 中华人民共和国成立后，毛泽东以共产主义理想鼓舞和号召全国人民，以愚公移山的精神，进行全面的社会主义现代化建设。革命胜利与国家独立的喜悦、翻身解放当主人的自豪、新中国建立初期社会主义改造的顺利完成、第一个五年计划取得的丰硕成果，使初生共和国的人民涌动着一股创造的激情和为实现共产主义事业而奋斗的理想主义精神。

自 1957 年开始，共和国的建设事业逐渐偏离了马克思主义的正确航向，片面地追求生产关系的变革：1958 年 5 月召开的八大二次会议，提出了"鼓足干劲、力争上游、多快好省地建设社会主义"的总路线。这条总路线反映了广大人民群众迫切要求尽快改变我国经济文化落后状况的普遍愿望，但由于急于求成，片面强调经济建设的发展速度，忽视了经济建设所必须遵循的客观规律，其结果导致了以片面追求工农业生产和建设高速度为标志的"大跃进"运动在全国范围内的展开。同年 8 月，中央政治局在北戴河举行扩大会议，作出《关于在农村建立人民公社问题的决议》（以下简称《决议》），把"大跃进"和"人民公社"[2] 化运动迅速推向高潮，以高指标、瞎指挥、浮夸风和"共产"风为主要标志的"左"的错误，开始严重泛滥。《决议》认为人民公社建成以后，再经过多少年，社会产品极大地丰富了，全体人民的共产主义思想觉悟和道德品质都极大地提高了，社会主义时期还不得不保存的旧社会遗留下来的工农差别、城乡差别、脑力劳动与体力劳动的差别，

---

① 《毛泽东选集》第 2 卷，人民出版社 1991 年版，第 296 页。

② "公社"是 19 世纪空想社会主义者对未来理想社会提出的"许多美妙的天才设想"之一，新中国建立后实行的"人民公社"制，试图通过不断改变生产关系的办法来促进生产力的发展，事实上也带有空想的色彩。

都逐步地消失了，我国社会就将进入各尽所能、各取所需的共产主义时代。《决议》强调："人民公社将是建成社会主义和逐步向共产主义过渡的最好的组织形式，它将发展成为未来共产主义社会的基层单位。"最后，《决议》还充满激情地说："看来，共产主义在我国的实现，已经不是什么遥远将来的事情了。"① 在这样一种政治和社会氛围之下，"人有多大胆，地有多大产"、"不怕做不到，就怕想不到"、"大干二百天，跑步进入共产主义"之类的乌托邦激情语言伴随着被这种激情所燃烧的一系列荒谬行动，终于使共产主义理想化为泡影。与此同时，在政治领域一味地强调以阶级斗争为纲，其结果是使被无限放大而又激烈持续的阶级斗争深入到社会生活的方方面面，严重地冲击了国家正常的经济生活、政治生活和个人的日常生活，直至酿成"文化大革命"那样的历史性灾难，其结果不仅没能使个人获得自由而全面的发展，相反基本权利也得不到保障。在文化建设上推行高度一元化，要求人们在思维方式、言行举止方面整齐划一地遵循统一的标准，压制了人们思维上的创造性。凡此种种不仅给中国的社会主义事业造成了严重的挫折，更为可怕的是它使人们对社会主义制度的优越性、共产主义实现的可能性产生了怀疑。

理性地分析这段历史，教训是深刻的。这种理想主义的悲情结局告诉我们，现实与理想的"是"与"应当"是两个不容混淆的问题。将"是"归结为"应当"，其后果会导致实用主义，而将"应当"归结为"是"，实践的后果必然是"乌托邦"的悲剧。何中华在《哲学：走向本体澄明之境》中分别阐述了上述两种倾向的危害性。从哲学上说，这种带有"乌托邦"色彩的社会主义目标，就是陷入了把"应当"归结为"是"的误区。他认为："把'应当'归结为'是'，乃是'理想'沦为'空想'的学理上的机制。我们无疑需要捍卫和坚持崇高的理想，但理想只是意味着一种逻辑的可能性。如果把它误解为经验上的可能性，就会犯怀特海所谓的'错置具体性的谬误'（fallacy of misplaced concreteness）。"他还引用了马克思、恩格斯对共产主义的论述，马克思说："共产主义对我们说来不是应当确立的状况，不是现实应当与之相适应的理想。我们所称为共产主义的是那种消灭现存状况的现实的运动。"② 恩格斯认为，对共产主义蓝图"愈是制定得详尽周密，

① 参见 1958 年 9 月 10 日《人民日报》。

② 《马克思恩格斯选集》第 1 卷，人民出版社 1995 年版，第 87 页。

就愈要陷入纯粹的幻想"。① 并据此认为应当对共产主义理想采取一种冷静与谨慎的态度。"共产主义在经验可能性上乃是一个无限开放的概念，它决不可能有一个经验上的完成从而成为时间意义上的终结。……因此，从哲学上自觉地把'应当'与'是'区别开来，使'应当'摆脱事实判断之经验性的束缚，无疑是避免'乌托邦'悲剧重演的学理保障。"②

这种关于"应当"与"是"的区别，同样适用于道德领域。新中国建立以来，与经济领域的"大跃进"、"共产风"相映成趣的是思想道德领域的高标准、高要求及其在实践中的强制推行，其结果导致偏激狂躁、缺乏节制的道德乌托邦。这种缺乏制的道德乌托邦以"全心全意为人民服务"和"毫不利己，专门利人"以及个人利益对集体利益的无条件让渡等神圣面目和要求出现，并以不容置疑的绝对权威规范人们的日常生活，造成对个人私人领域和世俗欲望的无情剥夺。这种误区正如李小娟所说："它取消和抹煞了极端超越的神性道德与世俗道德之间的界限，用片面化的神圣道德来规范和要求人们的现实生活，从而使它必然与人们的日常生活处于紧张的对立之中。它关注的是高了还要再高的单向性的道德理想，因而必然要否定世俗生活的合理性、个人私欲的合理性，也便因此否定了人们日常生活道德的合理性……这种抽象的二元对立同时也便宣告了道德理想主义的独断性。既然道德标准是神圣和既定的，那么，人们在它面前就只能仰目注视并尽心践行而不能有任何异议；既然道德标准高高在上、纯而又纯，那么……也就不能以宽容的态度来承认世俗道德的丰富性和历史性，而是欲用强烈的道德激情来评判和拯救现实生活世界，用绝对的善的标准来规范和强制现实生活世界，从而呈现出一种思想上的极端排他主义倾向。"③

四　毛泽东对共产主义道德理想的阐释及其实践

作为一代伟人，毛泽东的道德理想并非普通个人所向往的自我人格完善与追求，而是他按照乐观的估计能够很快实现的共产主义社会的道德标准而建构的共同理想，同时也是对他所处的那个时代社会整体道德建设状况及全

---

① 《马克思恩格斯选集》第3卷，人民出版社1995年版，第608页。
② 何中华：《哲学：走向本体澄明之境》，山东人民出版社2002年版，第148页。
③ 李小娟主编：《文化的反思与重建——跨世纪的文化哲学思考》，黑龙江人民出版社2000年版，第320—321页。

体民众道德素质与行为风尚的构想与诉求。毛泽东是一个理想主义者，他过于乐观地估计了共产主义社会实现的可能性，也过于乐观地估计了新中国建立之后全体民众的道德境界。他坚定地、一相情愿地认为社会主义新中国的公民经过共产主义的道德教育，理应成为具有坚定的马克思主义信仰，大公无私、全心全意为人民服务的思想境界，"愚公移山"的顽强意志，"改天换地"的英雄气概，艰苦奋斗、勤俭节约的生活品质，心灵纯洁的全面发展的社会主义新人。由于毛泽东的个人魅力，以及他道德理想中的合理成分，加上刚成立的新中国的鲜活气息，他的道德理想曾在实践中产生了奇迹般的力量，成为推动新中国各项事业发展的强大精神动力，为社会主义道德建设创造了成功的范例，为我们留下了宝贵的精神财富。但是，由于毛泽东忽视了当时的客观物质条件，片面扩大人的精神作用，特别是他将理想不分层次地以统一的方式和手段来复制与规范现实，结果使他的道德理想由于在本质上超越了现实社会民众的实际道德水准而遭受重大挫折，也使共和国的事业蒙受了重大损失。今天，在构建社会主义和谐社会的进程中，认真回顾与反思毛泽东的道德理想及其在实践中的命运，从中得到的不仅是可供借鉴的经验，更有深刻的启示。

（一）毛泽东对共产主义道德理想的解读

道德理想的形成常常是诸多因素共同作用的结果，其中生活经历特别是所受的教育是关键性的因素。纵观毛泽东的一生，中国传统文化、西方近代哲学特别是马克思主义先后对他产生了深刻的影响，中国传统"内圣外王"的修养观、西方近代"精神个人主义"的价值取向、马克思主义的道德思想，形成了他道德理想的基质。从主观愿望上来说，他希望以马克思主义的思想道德来教育、培养和塑造一代新人，但他却总是不自觉地将中国传统文化和西方"精神个人主义"的影响渗透到他所理解的共产主义道德理想中。这就使得他所构建的共产主义道德理想体系有着复杂的内涵。

一是全心全意为人民服务的道德意识。

为人民服务是毛泽东所构建的中国社会主义道德体系的核心，是他以人民为本位的基本理念在道德领域的体现。他希望在全社会树立全心全意为人民服务的普遍道德意识。"为人民服务"，在他看来既是共产党人的根本宗旨，也是各行各业从业人员的职业操守；既是道德教育的理想，也是公民实践的行为准则。毛泽东有过许多关于"为人民服务"的言论。早在革命战争年代，他就指出："我们共产党人区别于其他任何政党的又一个显著的标志，就是和最广大的人民群众取得最密切的联系。全心全意为人民服务，一刻也不能脱离群众；一切从人民的利益出发，而不是从个人或小集团的利益出发。"①

1944 年，他专门撰写了《为人民服务》一文，强调："我们共产党和共产党所领导的八路军、新四军，是革命的队伍，我们这个队伍完全是为着解放人民的，是彻底为人民利益工作的。"② 新中国建立后，毛泽东更加强调各行各业尤其是领导干部为人民服务的思想意识，他告诫广大干部："因为革命胜利了，有一部分同志，革命意志有些衰退，全心全意为人民服务的精神少了……共产党就是要奋斗，就是要全心全意为人民服务，不要半心半意或者三分之二的心三分之二的意为人民服务。"③ 为了切实将为人民服务的思想落实到实际中，他积极倡导"从群众中来，到群众中去"的工作方法，并把它确定为党的工作路线，即群众路线。他要求共产党员和革命干部，要向群众学习，要倾听人民的呼声。

总之，毛泽东希望并坚信他所领导的共产党领导干部能时刻牢记为人民服务的宗旨，各行各业的人们都能积极履行为人民服务的职责，从而在全社会范围内形成"我为人人，人人为我"的良好社会风尚，以尽快进入他所期望的共产主义社会。他积极宣扬雷锋精神，因为雷锋精神真实地体现了他的道德理想；他下决心处决刘青山、张子善，因为他不能容忍在实际中出现任何违背特别是侵害人民利益的行为。

二是大公无私的集体主义精神。

毛泽东"为人民服务"的"人民"并不是某个具体的个人，也不是个体的简单相加，而是一个群体的概念，是相对于阶级敌人而言的整体。因此，他强调的为人民服务内在地包含着集体主义的伦理诉求。毛泽东重视集体的利益，他指出："我们是以占全人口百分之九十以上的最广大群众的目前利益和将来利益的统一为出发点的。"他认为，"共产党人的一切言行，必须以合乎最广大人民群众的最大利益，为最广大人民群众所拥护为最高标准。"④ 在个人利益与集体利益的关系上，毛泽东既认为应当公私兼顾，又强

---

① 《毛泽东选集》第 3 卷，人民出版社 1991 年版，第 1094—1095 页。
② 同上书，第 1004 页。
③ 《毛泽东著作选编》，中共中央党校出版社 2002 年版，第 449 页。
④ 《毛泽东选集》第 3 卷，人民出版社 1991 年版，第 864、1096 页。

调在公私兼顾的基础上重视集体利益、长远利益和全局利益。他指出："公和私是对立的统一，不能有公无私，也不能有私无公，我们历来讲公私兼顾……应先公后私，个人是集体的一分子，集体利益增加了，个人利益也就改善了。""应当讲集体利益、长远利益、全局利益，应当讲个人利益服从集体利益，暂时利益服从长远利益，局部利益服从全局利益。"①

应当说，毛泽东关于个人与集体关系的理论观点是辩证的，他希望在统一集体与个人利益的基础上实现社会的发展与和谐，他期望每个人都能顾全大局，自觉地以集体利益为出发点和归宿，他满怀信心地在全社会宣扬并推行"毫不利己，专门利人"的精神。他的这一理想一定时期内曾在社会中产生了巨大的效应：集体主义原则被全社会广泛践行，大公无私的行为也随处可见，实践中出现了许多道德典范。但在实践过程中，由于对集体主义的理解特别是对个人利益与集体利益的辩证关系的认识出现了偏颇，把一些纯属正当个人利益的东西列入资产阶级的范围加以批判，使得全社会不敢言个人利益，最后导致了"个人利益再大也是小，集体利益再小也是大"的错误认识，甚至发展到强迫个人接受为集体利益无条件牺牲个人正当利益的行为指向，极大地挫伤了人们的积极性，也使"集体"成为"虚假集体"。

三是"改天换地"的英雄气概和"愚公移山"的顽强意志。

毛泽东是一个极富英雄主义色彩的伟人，早在青年时代就借《沁园春·长沙》一词表达了他"粪土当年万户侯"的傲视权贵的豪气和"问苍茫大地，谁主沉浮？"的改天换地的英雄气概。1959 年，他在《到韶山》中以一句"为有牺牲多壮志，敢教日月换新天"表达了磅礴的英雄气势。毛泽东崇尚英雄主义，但他心目中的英雄既不是传统社会中的帝王将相，也不是特立独行的江湖义士，而是在新民主主义革命时期和社会主义建设中普普通通但敢于向困难和权威挑战、不怕牺牲的广大人民群众。他明确指出："群众是真正的英雄，而我们自己则往往是幼稚可笑的。"② 他认为，人民群众有无穷的创造力，"世界一切事物中，人民是最可宝贵的。在共产党领导下，只要有了人民，什么人间奇迹也可以创造出来"。③ 人民是真正的铜墙铁壁，什么力量也打不破的。

---

① 毛泽东：《读苏联〈政治经济学教科书〉谈话记录论点汇编》，中华人民共和国国史学会编，1997 年。

② 《毛泽东选集》第 3 卷，人民出版社 1991 年版，第 790 页。

③ 同上书，第 1512 页。

　　毛泽东将英雄主义的精神与"愚公移山"的顽强意志结合起来，积极倡导愚公精神。1945 年，毛泽东在中国共产党第七次代表大会上，以"愚公移山"为题致闭幕词，他讲述了愚公的故事，并赋予了这个故事全新的内涵和时代精神，号召全党全军要学习愚公挖山不止的顽强意志和奋斗精神，推翻帝国主义、封建主义两座大山，以实际行动感动人民。此后，愚公精神也成为中国共产党带领全国人民战胜困难的强大精神动力，影响了整整一个时代的社会风气。

　　四是平等的"同志式"的人际关系。

　　毛泽东痛恨封建专制体制下等级森严的人际关系，希望在社会主义的新中国能建立起平等的"同志"式的人际关系，他坚决反对各种形式的特殊化。毛泽东在强调平等的同时，特别将关注的重点放在"小人物"身上，对他眼中的"小人物"包括历来被置于社会最底层的工人、农民，在传统社会一向处于卑位的年轻人和妇女寄予了无限的希望与关怀。20 世纪 50 年代末期，毛泽东读王勃《秋日楚州郝司戋崔使君序》一文时，抑制不住内心的冲动，信笔写下了以下批语："青年人比老年人强，贫人、贱人、被人看不起的人，地位低下的人，大部分发明创造，占百分之七十以上，都是他们干的……结论就是因为他们贫贱低微，精力旺盛，迷信较少，顾虑少，天不怕，地不怕，敢想敢说敢干①。"

　　毛泽东强调男女平等，认为"妇女能顶半边天"。在他看来，人与人之间没有高低贵贱之分，只是社会分工不同而已，他反复告诫党内干部，不要"摆老爷架子"、"摆官僚架子"，他甚至异常激烈地批评说："……有些人如果活得不耐烦了，搞官僚主义，见了群众一句好话没有，就是骂人，群众有问题不去解决，那就一定要被打倒。""我们一定要警惕，不要滋长官僚主义作风，不要形成一个脱离人民的贵族阶层。谁犯了官僚主义作风，不去解决群众的问题，骂群众，压群众，总是不改，群众就有理由把他革掉。"②

　　他主张在全社会建立相互平等的同志式的关系。在毛泽东时代，"同志"一词抹去了职业、身份与年龄的差别，全社会的人际关系确实达到从未有过的平等。毛泽东将平等的道德理想渗透到他所奠基的中国社会主义的各项制度中：经济上，坚持生产资料的社会主义公有制，人民当家做主，成为社会

---

① 周溯源编著：《毛泽东评点古今人物》，红旗出版社 1998 年版，第 461 页。
② 《在中国共产党第八届中央委员会第二次全体会议上的讲话》（1956 年 11 月 15 日）。

生产和财富的主人。政治上，坚持以工人阶级为领导、以工农联盟为基础的人民民主专政。文化上，坚持唯物史观，突出宣传人民群众创造历史的主体地位，倡导民族性、大众性。

（二）毛泽东共产主义道德理想的实践意义及其挫折

何怀宏认为，精英可以划分为思想的精英和行动的精英。他说："从对历史的确产生了真实的、能够在上面署名的一种影响看，世界上存在两种人：一种是更偏向于'观念的人'，一种是更偏向'行动的人'。前一种人主要是通过思想和艺术影响世界；后一种人主要是通过政治权力和军事暴力影响世界。""两者之间一个很大的不同就是：是否掌握着巨大的政治或组织的权力，这也是一种使观念现实化的力量。"[①]

思想的精英，能为改造社会提供观念指导，但其思想能否转化为改造社会的力量取决于是否有行动的精英选择了他的思想并以之为行动指导。而行动的精英对社会历史的影响关键则看他选择了什么样的思想以及以怎样的方式将思想转化为行动。而就 20 世纪的中国而言，毛泽东既是思想的精英也是行动的精英，他直接借助于政治的力量将自己的道德理想付诸实践，而且通过他的个人魅力迅速转化为群众的集体行动。正因为如此，毛泽东的共产主义道德理想对中国社会的影响是深刻且多层面的。

一是构建了一个完整的道德体系框架，为中国特色社会主义道德实践奠定了理论基础。

当毛泽东将马克思主义基本原理与中国实际相结合，领导中国人民取得了新民主主义革命的胜利后，尤其是在新中国建立初期国民经济的迅速恢复和工农业生产取得的巨大成就后，无论是他本人还是当时的中国民众都相信马克思主义所构想的共产主义社会在中国的实现是指日可待的。于是，构建一个与即将到来的共产主义社会相适应的道德体系也应是迫切而切实可行的。这个道德体系应当坚持以"为人民服务"为核心，以"集体主义"为原则，以"五爱"即"爱祖国、爱人民、爱劳动、爱科学、爱护公共财产"为基本规范（1982 年新宪法将"爱护公共财产"改为"爱社会主义"），以培养"五种人"即"一个高尚的人，一个纯粹的人，一个有道德的人，一

---

①　何怀宏：《思想精英与行动精英》，http://blog.sina.com.cn/hehuaihong。

个脱离了低级趣味的人，一个有益于人民的人"① 为道德实践目标。

毛泽东构建的这一道德理想体系，在长期的社会主义建设实践中，培养了一代又一代共产党人和人民群众，对人们精神境界的提升，对党风廉政建设和社会整体风气的改善，都曾发挥了巨大的作用，也为中国改革开放后精神文明的建设和当下社会主义核心价值体系的建设，奠定了理论基础框架。今天，面对市场经济条件下，由于市场逻辑的独断和理性计算所导致的人们理想的缺失与精神家园的荒芜，重温毛泽东的道德理想，并在合理取舍的基础上实现必要的超越，既是当代人精神生活的需要，也是构建和谐社会的目标之一。

二是确立了人民的主体地位，激发了广大人民当家做主的积极性。

毛泽东将马克思主义的基本道德原则、中国传统的民本思想和平民情怀有机结合起来，并统一于为人民服务的道德理想与实践中，突出强调了人民的主体地位。当毛泽东把"为人民服务"的道德理想渗透到党的执政理念中，并通过各项方针政策转化为群众的实际行动时，立即就对当时社会产生了直接的富有成效的影响。首先是"为人民服务"的道德思想深入人心，成为从领导人到普通人一致努力践行的座右铭和工作的出发点与归宿。一句"为人民服务"既表达了人们建设社会主义新中国的激情，也传递了和谐的干群关系、人际关系。其次是广大人民主人翁的意识空前高涨。新中国建立初期，主人翁意识与为人民服务热情的相互促进，曾创造了一个令所有经历过那段历史的人们难以忘怀的道德童话世界——忘我工作、无私奉献、彼此间信任与互助……以雷锋、王进喜等一批道德楷模为代表的千千万万普通百姓以前所未有的激情融入社会主义的建设事业中。这种理想状况的出现真实地表达了人们对以人民为本位的社会主义制度的拥护，也表达了他们对自己作为"人民"的主体地位被认可的喜悦与自豪。

然而，由于毛泽东在推行为人民服务的执政理念时，忽视了政治民主化、制度化建设，没有把"为人民执政"和"靠人民执政"有机统一起来，没有从民主政治层面找到"靠人民执政"的制度化途径与方式，而是诉诸大规模的群众运动。最终毛泽东的执政理念以及被他的理念所激发的群众热情在历经"反右"、"大跃进"、"文化大革命"的反复挫折，特别是市场经济价值观的冲击，终于走向低谷。但由他所倡导的"为人民服务"道德理想与价值诉求，却始终作为社会主义道德建设体系的核心，并被纳入党的执政理

---

① 《毛泽东选集》第 2 卷，人民出版社 1991 年版，第 660 页。

念和社会主义市场经济建设的各项制度中。当前，"以人为本"的执政理念
与"科学发展"和"和谐社会"政治目标的提出，社会保障制度的建立与
完善，国家税制的改革，"三农"政策的推行，正是以人民为本位、全心全
意为人民服务思想在新形势下的具体化。

三是张扬了人的主观能动性，全社会涌动着创造的激情。

新中国的成立，使毛泽东坚信精神的力量可以超越客观条件的限制。他
的自信心和他所倡导的"人定胜天"、"改天换地"的英雄气概和"愚公移
山"的执著顽强精神，成为新中国的道德主旋律。这一主旋律使当时中国人
的主观能动性发挥到了极致：那是一个充满激情、崇尚英雄的时代，一个富
有理想和抱负的时代，一个只讲奉献不求回报的时代……初生的共和国处处
充满着蓬勃的生机，焕发着催人奋进的气息。这种道德理想很快转化为现实
的力量：从新中国建立初期到1952年，短短3年时间，迅速恢复了曾遭受
严重破坏的国民经济，工农业生产达到历史最高水平。接着，制订和实施了
发展国民经济的第一个五年计划（1953—1957），经过五年的艰苦奋斗，取
得了令世人赞叹的成就。尤其是"一五"计划中大规模的工业化建设，初步
奠定了社会主义工业化的基础，构筑了新生共和国的"钢筋铁骨"，在新中
国的发展史上留下了光彩辉煌的一页。然而，无限膨胀的精神力量，反复
"透支"的个人主观能动性，终究为随即而来的"大跃进"、"共产风"直至
后来的"文化大革命"埋下了伏笔。

（三）毛泽东道德理想挫折的启示

当我们站在历史唯物主义的立场上，以理性的态度来分析、审视毛泽东
的道德理想以及在他的理想主导下的那段令人难忘的历史时，可从中获得许
多有益的启示。

一是中国在推进现代化进程中，必须树立全社会的共同道德理想。

如果说，改革开放30年，中国人得到最多的是物质的享受，那么失去
的却是精神的滋养。在市场经济的浪潮中，由于市场规则的独断与工具理性
的合谋，个体不知不觉中将自己的精力、智力、毅力，统统化成为搏击商场
和获取物质利益的资本，曾经的道德理想与价值追求在残酷的竞争与物欲垄
断下被一一碾碎。正如徐俊忠所说："现代化过程的迅速推进，加速了社会
世俗化的过程，冷漠道德理想成了一种普遍的心态"，"然而社会毕竟不能没
有追求，人也不能没有理想，心灵的饥渴不能靠物质财富来满足，我们的社

会需要道德理想来抚慰、滋养和震撼"。①

面对当下道德理想的普遍冷漠乃至缺失，回顾毛泽东的道德理想曾经给中国社会带来的激情澎湃，我们不想也不能做"非此即彼"的选择，正确的思路应是在新的历史起点上，重新高扬道德理想——坚持社会主义核心价值体系，并使之转化为全体社会民众的自觉需要。使人们在共同理想的关照下，不同程度地超越物欲的羁绊，张扬人的自由、尊严和价值。

二是道德理想目标的确定必须体现最广大人民的根本利益和要求。

任何一个道德体系，如果不能体现同时代最广大人民的根本利益，不能把人民的利益放在第一位，就不可能具有普遍的感召力和凝聚力，也不可能成为一个时代的共同理想。

新中国建立初期，毛泽东的道德理想之所以能在现实中产生奇迹，除了他的人格魅力外，最根本的是他所构建的社会主义道德理论体系真实地反映了人民当家做主的要求。从他的理论中，广大人民真实地体会到自己在社会中的主体地位与人格尊严，这是在中国历史上任何时代都不可能拥有的。毛泽东的人格魅力也是在长期的革命实践中，因为他始终突出人民的主体地位，注重发挥人民群众的积极性，坚持把人民的利益放在第一位的一贯做法而积累起来的。人民相信这位领导中国人民推翻三座大山、翻身得解放的领袖必定能再次领导中国进入共产主义的美好社会。他们将这种对美好未来的憧憬和坚定信心以及对毛泽东个人的崇敬与感恩，化作了建设新中国的强大力量。

后来，毛泽东的道德理想之所以在实践中遭遇挫折，仍然是因为他在实践中推行他的道德理想时，由于片面夸大人的主观能动性以及被基层歪曲而导致的违背他初衷的后果，损害了中国老百姓最基本的生活需求和合法利益，进而失去广大人民的普遍理解与支持。正反两方面的事实，再次证明了"得民心者得天下"的历史逻辑和伦理指向。

今天，在构建社会主义和谐社会的进程中，我们在制定和实施经济、政治与文化等各项制度、政策时，同样必须将最广大人民的利益置于首位。只有这样，构建社会主义和谐社会的目标才可能成为引领与鼓舞全国各族人民团结奋斗的强大精神力量。

三是必须处理好道德理想与道德实践的关系。

理想与现实从来都是矛盾的统一体。理想来源于现实，但高于现实，是

---

① 徐俊忠：《道德理想的解构与重建》，广东人民出版社 1996 年版，第 295 页。

对现实的关照、批判与超越。因此，理想可以感化现实，却不能代替现实；可以引领现实，却不能规范现实；可以在实践中积极倡导，却不能在实践中强制推行。毛泽东的道德理想是马克思主义与中国具体实际相结合的理论成果之一，但它是根据未来共产主义社会而设定的，它的基本要求和规范超越了当时社会的整体道德水准，因而也就具有了一定程度的乌托邦倾向。"大公无私"可以倡导也可以成为一部分道德精英的行为选择，却不可能作为社会的普遍要求。尤其是不应当以之为标准来评判人们的道德行为，把人们追求正当利益的行为列入"私"的范围而大加鞭挞与批判，其结果只能导致全社会在"无私"幌子掩盖下的自私自利，并由此损坏了作为基本道德要求的"诚信"品质。高原说："我们需要乌托邦，以显示人类文明自我批判和超越精神的永恒价值。但我们又必须警惕将这种精神乌托邦直接还原为现实，不能简单地以纯诗意的'宏大叙事'式的'美好世界'去取代这个不完美的世俗世界。""乌托邦的主要用途不是用来直接地在现实中实现的，而是对现实生活与现实社会的批判，是一个警世钟、坐标与航标。"① 共产主义理想应当是这样一种航标。

　　毛泽东的道德理想，是他按照未来共产主义社会的标准，对他所处的那个时代社会整体道德建设状况及全体民众道德素质与行为风尚的构想与诉求。这种理想并不能想当然地成为当时社会的共同理想，更不可能必然地成为社会中每个个体自觉的道德追求，对广大民众来说，这种理想是外在的要求，而不是自我内在的需要。要实现其转化，除了长期的观念渗透与耐心的引导教育，更重要的是要让民众感受到理想与现实的关联，使之确信理想实现的现实可能性，并将这种理想转化为实际的行动。新中国建立初期，全体民众热火朝天大干社会主义的良好状况，除了对毛泽东个人的崇拜与信任外，更主要的是他们真实地感受到社会主义制度的优越性，从而坚信即将实现的共产主义社会的美好前景。而当社会主义在实践中一再遭受挫折，而百姓也没有能够从当时的现实中真实感受到切身的利益时，他们便开始以怀疑和拒斥的心理来对待社会强加给他们的道德理想。当前社会主义核心价值体系，同样需要转化为全国人民发自内心的自觉与需要，才能真正在实践中发挥作用。

---

① 　高原：《极高明而道中庸——陶渊明论析》，甘肃人民出版社 2006 年版，第 285 页。

第九章

现代性反思与道德乌托邦重构

现代性，目前已然成一个全球性普遍关注的话题。在中国，现代性以不可逆转的态势急速发展，并向社会生活各方面拓展、渗透。人们为现代性带来的社会迅速发展和生活方式的日新月异亢奋、激动，为其提供的各种机遇、挑战忙碌、奋斗；但又为其所造成的社会分化、利益重组"怨恨"（舍勒认为现代性是"怨恨"心态）、焦虑，为其已经或可能产生的各种社会失序、生态危机困惑、忧虑。作为现代性必然结果的工具理性和全方位的世俗化正日渐显现为主导人们生活的价值取向，这样就使传统的道德理想主义以及相关的形而上层面的超越追求日渐淡化。作为一个后发现代化国家，如何面对并以积极的心态承受现代性业已产生并将继续持续不断产生的各种危机和风险，在积极促进现代性成长的同时，又以必要的警惕克服它可能带来的对人们精神与意义世界的消解，将是无法回避的紧迫任务。

一　中国社会转型与现代性成长历程

着眼于中国社会转型与现代性起始，可以追溯到 19 世纪后期，但真正意义上的社会转型与现代性发展应当始于 20 世纪 70 年代末 80 年代初。在这一个多世纪的时间里，迫于民族救亡和建立现代民族国家等重要时代主题，中国的现代性发展历经挫折，多次中断，它与现代民族国家之间的"错位"直到改革开放后才得以解决。因为中国的现代性是外源性的，事实上等同于西化。而中华民族要独立，就要反西方；要自强又必须发展现代性，学习西方。在现代性与现代民族国家双重历史任务面前，现代民族国家更紧迫、更重要。在矛盾的抉择面前，中国人选择了现代民族国家而牺牲了现代性，于是造成了现代性的中断。相反，欧洲现代性是社会自身发展要求提出来的，它没有救亡的压力，它的思想资源是古希腊罗马文化，因此与现代民族国家没有冲突；而且，现代性是根本目的，现代民族国家是实现现代性的手段，二者的关系没有被颠倒过来。① 因此，在中西现代性的对照中，探索中国社会转型与现代性的特征并对其进行切合实际的界定，是我们真实认识把握社会转型与现代性及其发展艰难历程的前提。

（一） 中国社会转型与现代性的界定

为了更全面地理解现代性，不能不涉及社会转型问题。社会转型是一个内涵极其丰富的概念。不同领域的学者可从各自不同角度对其进行界定与阐释。最一般的广义上的理解是指一种社会形态向另一种社会形态的转化。这种转化"包括社会基本制度或体制与社会生活方式之显形结构和社会文化心理与道德信仰之隐形结构的革命性改变"。② 即是指社会整体结构包括经济、政治与文化观念的全面转化。由于社会各个结构部分转化与变迁的方式、进度与程度不尽相同，文化观念层面的转化与变迁常常是潜在的，且常常滞后或超前于经济、政治层面的转化与变迁，所以人们有时也将社会经济、政治、文化等任意一个社会结构领域的变迁来指称整体的社会转型。这种理解方式，既有其合理之处但也不尽科学，因为经济、政治和文化观念要素都不可能脱离社会整体而独立地发展和变迁。但同时，上述任何一项社会结构要素的变迁又都是社会整体转型的特殊表现，从经济领域的变迁便可看出社会整体变迁的现状与趋势，同样，文化观念的转变也必然可以找到其经济、政治的背景因素。因此，社会转型必然是指整体意义上的转化与变迁。

当前学术界所探讨的社会转型，主要是指近代以来世界范围内发生的由传统社会向现代社会的整体性历史转变与变迁。雷龙乾将之概括为："社会从传统形态向现代形态实现结构性、整体性转变的历史过程，同时也是人类存在方式从传统形态向现代形态的现代化转变。"③ 中国的社会转型正是从这种意义上说的。

---

① 参见杨春时《现代性与中国文化》，国际文化出版公司2002年版，第11页。
② 万俊人：《现代性的伦理话语》，黑龙江人民出版社2002年版，第162页。
③ 雷龙乾：《中国社会转型的哲学阐释》，人民出版社2004年版，第7页。

　　徐海波在借鉴西方有关专家的现代化与社会转型理论的基础上，将社会转型的一般内容概括为六个方面。一是工业化，即由农业社会向工业社会的过渡（必然引导人们生活方式的改变）；二是城市化，即由乡村社会向城市社会的过渡（必然促进和带动社会的经济、政治、文化等方面的发展）；三是民主化，即社会大众从对政治的冷漠、疏远到热情并普遍参与；四是世俗化，即从依附宗教到相信科学，打破"圣灵社会"的宿命论，相信科学和技术创新可以改造世界的过程；五是科层化，即基于精细分工的职位专业化、根据抽象规则建立的职阶体系，以及凭借业绩升迁的准则；六是理性化，即人们的观念和行为动机从只受宗教的或情感的因素支配到遵循普遍的理性原则的转化。① 显然社会转型是一个过程，而不是一种既成的结果，而且这个过程虽然可以预测却是不可控制的。

　　现代性是一个与社会转型相伴相生的概念。从某种程度上说，社会转型的目的与必然结果就是现代性的发育与成长。现代性是一个源自西方的概念，英国的安东尼·吉登斯对其有过系统的论述，他关于现代性的论述被学界视为是现代性的权威解释。吉登斯的以下三段话是经常被引用来作为分析理解其现代性思想的经典话语：在 1990 年出版的《现代性的后果》一书中说："现代性是指社会生活或组织模式，大约 17 世纪出现在欧洲，并且在后来的岁月里，程度不同地在世界范围内产生着影响。"② 1991 年他出版的另一本关于现代性的专著《现代性与自我认同》中说，现代性是"指在后封建的欧洲所建立而在 20 世纪日益成为具有世界历史性影响的行为制度与模式"，"现代性大略等同于工业化的世界"。③ 在 1998 年出版的《现代性——吉登斯访谈录》一书中，他对现代性进行了较为明确清晰的阐述，认为"在其最简单的形式中，现代性是现代社会或工业文明的缩略语。比较详细地描述，它涉及：（1）对世界的一系列态度，关于实现世界向人类干预所造成的转变开放的想法；（2）复杂的经济制度，特别是工业生产和市场经济；（3）一系列政治制度，包括民族国家和民主"。④

---

① 参见徐海波《中国社会转型与意识形态问题》，中国社会科学出版社 2003 年版，第 4 页。

② ［英］安东尼·吉登斯：《现代性的后果》，田禾译，译林出版社 2000 年版，第 1 页。

③ ［英］安东尼·吉登斯：《现代性与自我认同》，赵旭东、方文译，上海三联书店 1998 年版，第 16 页。

④ ［英］安东尼·吉登斯：《现代性——吉登斯访谈录》，克里斯多弗·皮尔森、尹宏毅译，新华出版社 2001 年版，第 69 页。

　　吉登斯虽未明确给出现代性的定义，但他关于现代性的论述至少给我们传递了以下信息：现代性是源自欧洲的组织模式与行为制度，包括以工业生产和市场经济为主要特征的经济制度、以民族国家和政治民主为主要内容的系列政治制度和相应的世界观、价值观，事实上就是现代社会或工业文明的简称；现代性自产生以来已经历三个多世纪的发展，在世界范围内不同程度地发生着影响，时至今日现代性已是一个全世界都必须面对的不可逆转的全球化现象。此外，我们还可以从吉登斯对现代性的相关论述中窥见他对现代性问题的谨慎态度，也折射出现代性的丰富内涵及其发展的复杂性与发展后果的不可预见性。

　　现代性曾给西方社会带来了巨大的福祉，它不仅将人们的思想从宗教的禁锢中解放出来，而且极大地推进了资本主义经济的发展和科技进步，但现代性在不断推进的过程中其负面效应也日渐显现，它如同"一个马力巨大又失去控制，里面充满紧张、矛盾、你冲我突的引擎，它咆哮着试图摆脱我们的控制，而且甚至能够把它自己也撕得粉碎。这种难以驾驭的力量压垮了那些敢于正面抵抗它的人"。① 现代性因此招致多维的反思与严厉批判。

　　中国的现代性是从西方引进的。是在中国面临民族危亡的严峻形势下，部分有识之士（近代知识精英）为救亡图存开出的药方。洋务运动、戊戌变法与辛亥革命是启动中国现代化运动和追求现代性的最初尝试。在这些中国的现代化追求中，知识精英们虽有一定的西学知识，但更具深厚的中学背景，在思想观念上虽具有开放的世界性眼光，但又深受传统思想影响，因此他们在对传统的批判与对西方现代性的认同上都不是十分彻底的，特别是当时恰逢西方主要资本主义国家各种矛盾充分暴露之际，在引进西学与现代化成果方面尤为慎重，大多只能在"中学为体，西学为用"的框架内设计中国的现代化方案。因此，中国的现代性不同于欧洲，是源于民族国家发展的内在需要，而是迫于外在压力，很大程度上是为救亡服务的。这大概也就是后来中国的现代性一再中断并让位于其他更迫切的社会任务的根源所在。

（二）中国现代性的成长历程与现代知识分子的艰难求索

　　中国的现代性最初是作为救亡手段而定位的，这是导致其成长艰难的首要因素。由于作为救亡的手段，必然处在一个被选择的处境上。随着民族救

---

① 张颐武主编：《现代性中国》，河南大学出版社 2005 年版，第 7 页。

亡任务的日渐紧迫和建立现代民族国家目标的确立，现代性自然让位于现代民族国家。"现代性既然只是救亡手段，是为现代民族国家服务的，因此这个手段可以用，也可以不用。只要能救亡，不管是现代性还是反现代性，都可以用。中国人为了民族独立，先用学习现代性方式，后又用反现代性方式，因此才有中国历史的大转折、大迂回。"①

从历史的事实看，从洋务运动到五四新文化运动期间，中国知识分子对现代性的接受是有选择的。向西方引进的主要是形而下层面的现代性要素，西方的哲学、宗教、艺术等形而上层面的因素则始终被拒斥。由于对传统文化的天然依恋，许多在初期主张西化的思想家甚至像严复、梁启超这样有着深厚西学渊源的卓越思想家，晚年都不同程度地走向了对传统的复归。因此，此间中国的启蒙运动并没有导致对传统尤其是儒家文化的决裂与否定。当然，在此期间推动的系列西学运动如引进西方的科学技术甚至政治制度以及选派留学生等毕竟触动了中国的传统根基，埋下了现代性的种子。

五四新文化运动一出场就以一种激进的彻底反传统的态势，以"科学"、"民主"为旗帜，试图通过推翻统治中国人思想观念长达 2000 多年的孔圣人形象，达到"脱圣入俗"的思想解放。鲁迅、陈独秀、瞿秋白、胡适、傅斯年、吴稚晖等一批文化健将以其对传统伦理的深刻揭露与批判，推动了这场思想解放运动，从文化上树立了把中国推向现代的目标。然而，五四运动在思想启蒙上的任务并没有完成，就被更重要的救亡任务所取代，曾经立志不谈政治的知识分子中的一些人，很快投入到后来风起云涌的革命运动中。反帝反封建的政治主张和建立社会主义国家的目标，契合了当时背离传统、失去体制依托的知识分子自我认同的需要，极大地激励了他们的参与热情。随着社会救亡运动取代启蒙运动成为时代主流，知识分子对现代性的追求也被对新的独立民族国家的向往所取代。虽然新民主主义革命仍将反封建反传统思想禁锢作为重要主题，但反帝反侵略则是更具有全民凝聚力的主题。

新中国建立以后，中国共产党和中央政府虽然从主观上希望中国能尽快摆脱贫穷落后，走向现代化，但当时初生共和国经济发展与政权巩固仍占绝对重要地位，特别是由于意识形态上的一边倒和复杂的国际环境，中国现代化主题一直处于悬置状态。"文化大革命"前后十余年，现代性更是成为被批判和拒斥的对象。直至改革开放，中国的现代性发展才正式启动。

---

① 杨春时：《现代性与中国文化》，国际文化出版公司 2002 年版，第 11 页。

　　中国现代性发展艰难曲折的第二个原因是缺乏传统文化资源与观念意识的支援。中国的现代性是外源性的，一出场便是站在传统的对立面，是以对中国传统的反动而被定位的，因此无论是普通民众还是知识分子在接受上不同程度地存在着一种心理障碍。更为重要的是作为中国传统思想文化精髓的重义轻利、天人合一、仁爱谦和等价值观和被传统士人视为最高理想的"内圣外王"观念，不仅不能为现代性提供支持，而且与现代性内涵的利益追求、民主政治、个人主义与自由竞争格格不入。当代新儒家代表们极力挖掘儒家思想中的现代化资源，如原始儒家的民本思想等，但原始儒家的民本思想主要体现的是圣贤明君出于仁民爱物的人道情怀或政权巩固的需要而表现出的对民生的关怀，并非现代意义上的民主思想，与现代性所要求的建立在市民社会基础上普遍的权利要求的民主是完全不同的。此外，传统中国是以血缘关系为纽带建立起来的宗法制社会，缺乏现代性成长所需要的社会土壤。因此，总体上看，中国传统文化能够挖掘出克服现代性负面效应的资源，却并不天然地具备支持现代性成长的要素，它对现代性的意义在于现代性充分发展之后而非在现代性培育与发展的初期。杨春时曾断言："中国本土文化缺乏现代性因子，无论儒、释、道都难以生发出现代性，不能成为现代化思想动力。"① 相较而言，马克思主义传入中国之后之所以能很快成为中国知识分子的信仰，源于马克思主义所倡导的为人民服务思想和集体主义精神，能与中国传统思想中的民本主义和群体意识契合。

　　今天中国的现代性虽可冠之以"中国特色"，但从其核心内涵来看仍是外来的，它在中国的健康成长仍需要与中国本土文化资源进行长期的磨合、渗透。这个磨合、渗透过程，一方面是指以现代性业已体现的制度模式、生活方式和价值观念，可以引导推动中国本土资源实现由传统向现代的顺利转化，使现代性的成长与中国的社会转型形成良性互动；另一方面是指充分挖掘中国本土资源中的合理内核，形成对现代性的有效规导，确保其充分、健康地成长。时至今日，中国现代性与本土资源之间的这种磨合与渗透并没有完成，二者之间仍有紧张与对立，表现在：一方面是现代性以其肆无忌惮的强力优势向社会各领域的全面扩张，使工具理性成为社会的主导价值，造成对传统价值观尤其是道德理想主义的挤压、冲击，使之日渐退守而边缘化。另一方面是传统文化对现代性的抗衡、抵制与扭曲的迎合，前者主要是保守

――――――――――

① 杨春时：《现代性与中国文化》，国际文化出版公司2002年版，第167页。

主义和道德理想主义对现代性的执著批判，这作为对现代性成长过程中的一种制衡是必要的；值得担忧的是扭曲的迎合，包括假现代民主程序实现专制意志，借自由幌子释放个人私欲等等，其实质是以现代性的名义来实施传统的"恶"，这既是对传统文化精神的背离，也是对现代性的滥用，从而导致了"道德沦丧"与道德"滑坡"。因此，中国现代性的健康成长，必须实现与传统文化精神在良性互动基础上的融合，成为真正意义上的"中国现代性"，而不仅仅是"中国特色"的现代性。陈赟认为："'中国特色'的表述本身意味着一种姿态或立场，但这一姿态或立场，并不与表达这一姿态或立场的主体相一致"，中国特色"表述的不是将中国的特有道路普遍化的努力，而是将西方普遍主义道路的特殊化落实，即将西方的普遍化建构的现代之路与中国的国情结合起来，并使之得到贯彻与实施"。他认为，隐藏在"中国特色"中的根本困境，即在摆脱西方中心主义的过程中我们发现了一种对之的根本性依附。① 中国的现代性只有摆脱了这种对西方的根本性依附才能真正成为中国的现代性，也才能获得中国本土文化的支援。

　　中国现代性遭遇挫折的第三个原因是中国现代知识分子的人生境遇和对现代性的矛盾心态。中国历史上的每一次思想解放和观念变革都是首先由知识精英开启并推动的：明末清初对传统君主专制思想进行批判的是当时的士人；近代推行洋务运动与戊戌变法的也是当时的知识精英，变法失败后积极主张西学并致力于介绍传播西学的还是知识精英；五四新文化运动更是由知识分子策划并领导的。现代性作为全方位的思想解放与启蒙运动，更离不开知识分子的努力与推动。可以说知识分子对现代性的认同态度以及基于这种认同所付出的努力，将在很大程度上关系到现代性的成长。中国现代知识分子对现代性的追求远远不如传统社会士人对"内圣外王"理想目标的追求那样肯定、执著和义无反顾，而是交织着一种既渴望又怀疑、既追寻又排斥、既肯定又批判的复杂矛盾情绪。这种复杂情绪是与现代性的复杂性和知识分子的境遇相关的。首先，现代性对中国人来说，从来就不是一个清晰的概念，对它的认识就是一个始终没有明确定论的动态过程。这就决定了中国人尤其是民众对它的接受不可能没有怀疑与阻力，受其影响，知识分子对其推介也不可能没有犹疑。其次，现代知识分子虽不像前现代士人那样与传统文化有着密切的关联，但却不可能完全摆脱传统的影响，传统文化中士人的精

---

① 　参见陈赟《现时代的精神生活》，新星出版社 2008 年版，第 120 页。

神气质，如以天下为己任、治国平天下以及追求超越的精神生活等仍是他们
安身立命的精神家园，他们追寻现代性的目的很大程度上也是出于这种使命
感，但现代性内涵的自由主义、个人主义与世俗化价值导向又将直接冲击他
们的精神家园。这就导致了内在的矛盾冲突。再次，中国现代知识分子始终
存在自我身份认同上的困惑，传统科举制度的终结使他们失去进入现行体制
的路径，紧接着的军阀混战与政权频繁更迭更使他们成为政治上的"流民"；
新民主主义革命目标的确定和新中国建立初期社会主义建设的目标，为他们
提供了用武之地和精神家园，但这期间的政治主题恰恰是反现代性的，他们
的精力主要投注到革命运动和为共产主义理想的奋斗中。"文化大革命"期
间他们中的大部分人成为接受改造的对象，基本丧失了话语权。改革开放为
他们提供了表达意志的权利与可能，但也造成了知识分子内部的急速分化，
有人顺利融入市场经济社会，成为时代的弄潮儿；有人坚守传统的精神家园
和道德理想主义阵地，矢志不与世俗合作；有人彷徨观望不知所措，走向了
随波逐流，丧失了独立的性格；在对待现代性问题上也出现截然不同的态
度，即出现了维护现代性与批判现代性的对立。虽然知识分子对现代性的不
同态度，使人们对中国现代性的负面效应有了较清醒的认识，这对克服现代
性尤其是工具理性对社会生活的全面渗透而带来的消极影响发挥了应有的作
用，但同时也延缓了现代性的进程。

二　中国社会转型与现代性的成效

中国真正意义上的社会全面转型与现代性发展，应当始于 20 世纪 70 年
代末与 80 年代初，我们考察中国社会转型与现代性的成效也是以此为起点
的。这场重新启动的社会转型与现代性发展，从其性质上看已完全不同于近
代的现代化运动，已经不存在与现代民族国家的矛盾，发展现代性已成为中
国社会主义现代化的内在需要，是目的不再是手段。社会转型、现代性与社
会主义目标之间是一致的。当然，由于中国现代性的外源性没有改变，虽然
近代中国的启蒙尤其是五四新文化运动为当今的现代性建设积累了一定的思
想资源，但总体而言中国的现代性仍然是西方化的，因此现代性与传统文化
之间的矛盾与冲突仍然存在。这种矛盾的存在一定程度上影响了中国现代性
的成效。但总体而言，新一轮社会转型与现代性建设经过 30 多年的努力，
已对中国社会实际产生了巨大甚至可以说是颠覆性的影响。中国今天的巨大

变化，包括万俊人所说的"社会基本制度或体制与社会生活方式之显形结构和社会文化心理与道德信仰之隐形结构"方面的转变，是 30 年前的中国人包括中国改革方案的设计者们无论如何无法想象的。如果，我们对照徐海波关于社会转型内容的六个方面，即工业化、城市化、民主化、世俗化、科层制与理性化来看，30 多年来中国的社会转型体现在这些方面的成效虽不尽如人意，如工业化、城市化等都还处在承前启后的转折时期，民主化程度也还不高，但却有力地推动了中国经济结构、社会结构、思想文化结构、人们的道德观、价值取向、生活方式、婚姻家庭结构、人际关系等的大变化，而且将中国的发展纳入到一个不可逆转的既定轨道。中国的现代性也在持续的成长中日渐显现其成效，当然这里的成效包括正负两方面。

　　万俊人曾将"现代性"得以生成的基本因素概括为：扩张性的市场经济、在自由与平等之间徘徊的政治民主、由普遍主义信念支撑着的科学理性、世俗化的生活方式，以及由"进步"或"进步主义"所规导的社会文化理想、历史目的论和道德价值目的论，等等。[①] 他所说这些因素实际上也是作为现代性（普遍意义上的现代性而非特指中国现代性）的成果展示的。如果我们将这些因素用来对照当下中国的现代性成效，都能不同程度地在现实中找到可供验证的案例。以下我们将按照这一思路选择市场经济、世俗化和道德价值目的论在今日中国社会的实践，以此管窥中国现代性的成效，包括正面与负面的。

（一）市场经济的正名、扩张与功利主义的蔓延

　　1992 年，经过改革开放十余年的实践摸索，经验和观念的积累都到了要寻求突破的时候。邓小平南方谈话首先从政治上实现了这种突破。长期禁锢中国人思想的要害——姓"资"姓"社"问题，随着中共十四大关于"建立和完善社会主义市场经济体制"目标的确立而得以消解。"市场经济"这个曾一度被等同于资本主义而遭到拒斥的"魔鬼"终于得到正名。这次思想解放与观念突破对中国历史发展的意义是无论怎样评价也不过分的，它不仅在感性层面上为人们合理的利益追求和欲望满足提供了制度保证，而且在理性层面上为这种利益追求和感性需要提供了伦理观念支持；同时，市场原则内涵的主体之间的平等要求还潜伏着对政治民主改革的深层诉求。这一切对

中国传统义利观包括革命战争时期建立起来的新传统价值观无疑是一次根本性的颠覆，它激发了整个社会的活力，为经济乃至各领域的快速发展提供了根本性的保证，也为政治体制的进一步改革和文化观念的更新铺平了道路。然而，市场经济有其自身的规律性，必然受"看不见的手"支配，它在西方社会长达几百年的历程中所暴露的诸如价值取向上的唯利是图、运行规则上的工具理性以及向社会生活的全方位扩张等问题，并不会因为冠之以"社会主义"而自行解决。因此，"社会主义市场经济"改革方案的设计应当内含着对一般意义上市场经济负面效应的充分估计以及基于这种估计的必要措施准备。但就中国的现实而言，这种准备无论是在理论上还是实践上都是不充分的。理论界对中国实行市场经济后，被长期压抑着的各种欲望一旦脱缰将会以怎样的气势与规模作用于当时尚未做好准备的社会，尤其对传统价值观被颠覆后如何建构一个新的能够为人们提供行为规导的形上价值体系，并没有提供有效的方案。理论的滞后和由于传统价值观的被颠覆而造成的形上价值缺失，使此后相当长一个时期内整个社会，包括人们的行为与观念处在一种茫然无序的状态中。随着市场经济及其原则的扩张，工具理性顺理成章地登场并成为社会的价值范导，功利主义价值观开始渗透到社会生活的各领域。其最突出表现的就是感性欲望的释放和对物质财富的无节制追求。一时间占有财富的多少或以财富为内涵的生活方式成为衡量个人价值、身份地位与能力的最重要甚至是唯一的标准。与此同时，社会为人们提供的各种机会包括政治待遇、接受教育的机会、享受各类层出不穷的高端消费的机会等是与其拥有财富的多少成正比的。这样的社会氛围与价值导向促使人们在体验财富带来的快乐与享受的同时，很自然地将人生价值与财富相等同。于是利益追求不仅合法，而且还成了实现"人生价值"的前提。在这种价值观的驱动下，唯利是图、利益至上成为相当一部分人的行为准则，功利主义代替了传统的道义论，逐渐成为社会的主流。

功利主义作为一种思想，可以追溯到 17 世纪英国资产阶级革命时期霍布斯、洛克等人的著作中。但作为一种伦理学派，则产生于 18 世纪末 19 世纪初。其创始人是边沁，集大成者是密尔。它的基本原则是"最大多数人的最大幸福原则"，其经典表述是："功利原则指的是当我们对任何一种行为予以赞成或不赞成的时候，我们是看该行为是增多还是减少当事者的幸福；换句话说，就是以该行为增进或违反当事者的幸福为准……这些行为不仅要包括个人的每一个行为，而且也要包括政府的每一种设施。"①

功利主义思想创立的初衷是为资本主义生产关系和资产阶级自由辩护，也为资产阶级政治改革提供思想武器，在资产阶级反对封建主义的斗争中曾发挥过积极的作用。马克思、恩格斯、毛泽东都曾对功利主义有过积极的评价。马克思和恩格斯在《德意志意识形态》中说："功利论至少有一个优点，即表明了社会的一切现存关系同经济基础之间的联系。""功利论一开始就带有公益论的性质，但是只有在开始研究经济关系，特别是研究分工和交换的时候，它才在这方面有充实的内容，在分工情况下，单个人的活动变成了公益的活动……"② 他们还说，正确理解的利益是一切道德的基础，而"每一个社会的经济关系首先是作为利益表现出来"，"人们奋斗所争取的一切，都同他们的利益有关"。③ 毛泽东认为："世界上没有什么超功利主义，在阶级社会里，不是这一阶级的功利主义，就是那一阶级的功利主义。"④ 毛泽东在此基础上提出"无产阶级的革命的功利主义"的思想，成为他伦理思想的实质与核心。他关于"为人民服务"的观点等也都是建立在这一思想基础上的。

应该说，功利主义理论有它自身的合理性，尤其是当我们把功利原则运用到为大众谋利时，就已经转向了集体主义。也正因为如此，功利主义曾一度风靡全球，并从伦理学领域扩展到政治经济领域，成为许多西方国家政府制定政策的指导原则。当然，功利主义的缺陷也是明显的：在理论上，它首先被指责为违背了事实与价值二分的原则，即模糊了"是"与"应该"之间的界限，功利原则赖以建立的前提——人的趋利避害的本性，是建立在经验判断基础上的事实判断，是一个"是不是"的问题，而不是一个"应该不应该"的问题。即从"人的本性都是趋利避害"的经验事实前提无法推导出"凡是能给人带来快乐和幸福或能减少、消除痛苦的行为就是应当的行为也就是道德的行为"的结论，正如黑格尔所说："如果感觉、愉快和不愉快可以作为衡量正义、善良、真理的标准，可以作为衡量什么应当是人生的目的的标准，那么真正来说，道德学就要被取消，或者说，道德的原则事实上也就成了一个不道德的原则了——我们相信，如果这样，一切任意妄为都

---

① 周辅成编：《西方伦理学名著选辑》下卷，商务印书馆1987年版，第211—212页。
② 《马克思恩格斯全集》第3卷，人民出版社1960年版，第484页。
③ 《马克思恩格斯全集》第18、1卷，人民出版社1960年版，第307、82页。
④ 《毛泽东选集》（合订本），人民出版社1964年版，第821页。

将可以通行无阻。"① 在实践中，功利主义带来了工具理性的滥用和利益追求的不择手段。由于功利的大小是一切行为价值合理性的最终标准，那么，就必然会导致人们对于工具性手段的推崇。在日常生活中，由于对功利主义的肤浅理解，所谓"最大多数人的最大利益"常被偷换成"我的最大利益"，由此导致了实践中普遍的唯利是图和对他人与社会利益的漠视。

（二）世俗化的盛行及其对超越价值的消解

中国社会转型或现代性成长的最显著的成效与标志之一，就是社会生活方式与价值观念的日渐世俗化。布莱恩·威尔逊将世俗化归结为以下相互关联的诸现象，即："政治权力对宗教机构的财产和设施的剥夺；先前各种宗教活动和宗教功能的控制权从教会转移到了世俗权力手中；人们花费在超验事物上的时间、精力和资源的比例下降；宗教机构开始衰微；在行为方面，宗教信条开始被新的行为标准取代，后者满足了严格的技术标准的要求。特定的宗教意识逐渐被经验的、理性的、工具主义的视角所取代；对自然和社会所作的神秘的、诗学的、艺术的解释被抛弃了，取而代之的是实事求是的描述，并且价值的和情感的因素也被严格地从认知和实证主义的思维中区分了出来。"② 布莱恩关于世俗化的上述概括是以西方宗教传统国家为背景而形成的。从中可以看出西方社会的世俗化，实际上"意味着宗教的维度（包括宗教制度、宗教行为与宗教意识）在社会生活中的衰退"，即"宗教的、形而上学的神圣因素从公共生活中退出，进入到个体的内在领域，以价值观的方式自我延续"。也就意味着"由宗教或形而上学世界观提供的普遍性的客观的道德问题，内在地被替换为私人性的趣味、偏好或风格问题"。③ 这个过程明显带有思想启蒙的意义，因此被称为世界之解魅过程，实际上也就是由"神本"向"人本"转化的过程，个人的主体性地位确立的过程。表现在人与神的关系上，不再是神创造人而是人创造神；表现在人与自然的关系上，自然不再是神秘的可敬畏的超越存在，而是等待人类改造与利用的物质资料，"那个在古代被视为超越了人的领悟力的自然，在现代，则被剥夺了意

---

①　［德］黑格尔：《哲学史讲演录》，商务印书馆 1983 年版，第 73 页。

②　［美］布莱恩·威尔逊：《世俗化及其不满》，载汪民安等主编《现代性基本读本》，河南大学出版社 2005 年版，第 738—739 页。

③　陈赟：《世俗化与现时代的精神生活》，《天津社会科学》2007 年第 5 期。

义与尊严，被扔进了精神漠不关心的外在领域"。① 个体主体性地位的确立，一方面将人提升到世界与存在的尺度的层次；另一方面，也将人抛入无依无傍的孤独境界——个体从组织与权威的束缚中解脱出来的同时也就意味着失去组织与权威的护佑，必须成为自我负责、自我主宰的自律主体。个人在社会中的行为选择除了遵循共同的法律准则与底线道德规范外，全凭自我内在的价值观与良知。这种缺乏共同理想与权威价值观指导的内在个体价值观，极易导向"任意"状态，而这种价值观上的"任意"在市场逻辑和工具理性的作用下便自然转向对物欲的无节制追求，造成经济主义、消费主义与物质主义的盛行。

世俗化造成了对宗教乃至一切外在于人的形而上超越价值的消解。这样的结论同样适用于中国，只要将西方的宗教因素替换成中国传统的神圣价值观——包括儒家的"内圣外王"的道德理想，全心全意为人民服务的共产主义道德情感以及其他一切神圣道德权威力量（集体组织与共同体共同倡导并遵守的价值观）与宗教意识等即可。30 年来中国的世俗化实践也确实达到了这样的效果。表现在人与自然的关系上，传统"民胞物与"、"参赞化育"的天人境界，被对自然无节制的掠夺所代替；原本由于人类的敬畏而被赋予神性的自然成了市场主体之间无情竞争的物质筹码，不计后果的大肆掠夺自然，造成了自然环境的持续恶化；"人不再将自然视为神圣的崇拜对象，不再具有'物吾与也'之诗意的情怀，而是视自然为待加工之原料，为人类实践改造之客体。总之，自然的神性在这里消退了，留下来的只是其可利用性。人在这里所争的是对自然界更多的支配与控制。人类只要已尝到了从自然索取的甜头，尝到了禁果，就不可能再退回到那靠天吃饭、臣服于自然的时代去了"。② 表现在个人与国家的关系上，国家不再是个人的情感归属与精神依托，而是基于契约关系的管理者、服务者，不再是个人必须无条件忠诚与敬畏的对象，而是可以监督甚至指责批判的权力委托方；个人之于国家也不再是可以任意左右的从属者，而是必须认真对待与尊重的权利主体。在 90 年代初开展的市民社会讨论中，甚至出现了主张建立市民社会，以市民社会作为抵抗国家侵犯个人屏障的理论，认为个人只有组织为自主性的社会，才

① 陈赟：《世俗化与现时代的精神生活》，《天津社会科学》2007 年第 5 期。
② 王南湜：《市场经济与传统文化的命运》，载李小娟主编《文化的反思与重建——跨世纪的文化哲学思考》，黑龙江人民出版社 2000 年版，第 525 页。

能有效地捍卫自己的基本权利。① 表现在个体理想的追求上，传统的"内圣外王"理想所倡导的个体内在道德修持被置换成对作为生存手段的各种技术的掌握；"治国平天下"的外王事业则为官衔、职称与资产所取代；"全心全意为人民服务"的宗旨自然也被替换成名正言顺的"有偿服务"。总之，个体的追求日渐趋向于凡俗物质世界，选择做一个凡俗人、追求凡人幸福，成了世俗化社会的主导价值。追求凡人的幸福与现实物质利益，又促使物质主义与消费主义的盛行。这既是当代中国社会转型与世俗化的趋势，也是已被经验事实证明了的当下社会实然状态。

（三）道德追求的功利化及其现实体现

市场原则的扩张与世俗化的盛行在道德层面的最直接体现是道德理想主义的失落与现实道德追求的功利化。传统道德观所崇尚的道义论被彻底颠覆，并为功利主义所取代。物欲的无限膨胀，使得强调精神超越的宗教和人生哲学逐渐退出当代人的常态生活视界。功利主义的盛行则使道德本身也成为获取利益的手段，传统的道义、信用等充满人道关怀的人际准则被抽取了情感内涵的合同与协议所取代，甚至基于血缘关系的人伦亲情也让位于物质利益的关系。道德生活不再是一种自我精神的滋养，个体的道德修持不是为了人生境界的提升，品德成为可供投资的市场要素，成为期待获利的资本。对建立道德回报机制的呼吁成为一个时期伦理学界关注的话题。葛晨虹认为道德主体在履行一定的道德义务后客观上应该得到相应的回报。否则，"必然导致道德评价与道德赏罚的不公，导致义务与权利、奉献与补偿、德行与幸福的二律背反。久而久之，在社会道德生活中就会形成一种恶性循环状态，德行成了有德之人的重负，缺德倒成了无德之人的通行证。……有德者默默奉献，无德者不履行义务反而享有他人的奉献。借用经济学中的一句话，即'劣币驱逐良币'"。因此，必须建立道德回报机制。② 笔者也曾一度是这种观点的拥护者，认为虽然道德主体主观上不应为获得回报而实施道德行为和履行道德责任，但一个公正的社会理应在制度上保证道德高尚者获得应有的回报，并且认为这是增强人们内在道德需要的前提与保证。③

---

① 邓正来、景跃进：《建构中国的市民社会》，《中国社会科学季刊》1992 年总第 1 期。
② 葛晨虹：《建立道德奉献与道德回报机制》，《道德与文明》2001 年第 3 期。
③ 参见沈慧芳《道德需要与制度公正》，《福建农林大学学报》（哲学社会科学版）2003 年第 4 期。

　　关于道德如何成为资本参与分配的探索也悄然见诸一些伦理大家的著述中。这大概可以看做是为在市场经济中日渐边缘化的道德争取栖息地的无奈举措，也反映出当代人道德生活的贫乏。面对这样的思维逻辑与生活样态，道德乌托邦精神自然失去生长的土壤而无所依托。传统的安贫乐道思想和"重义轻利"观念在功利主义的狂潮中迅速瓦解，那些超越物质层面的价值追求，如公正、诚信、同情等被不断挤压出人们的视界。治病救人、学术提升乃至见义勇为，一切"为人民服务"的行为都成了追逐利益的手段，道德本身也不例外。

　　现实中道德与经济之间的悖论，促使学者们试图从理论上探索并寻找解决这一问题的办法。"道德资本"的概念正是在这样的背景下提出的，"'道德资本'概念确实是创新性的概念，这种创新并不是以空想为基础的文字游戏，而是对社会实践发展的自觉的、理论的把握。在概念创新的背后，是社会实践发展的强烈要求"。[①]

　　2000年，王小锡教授提出了"道德资本"这一概念。他将经济学中的"资本"概念引入道德领域，认为"道德资本是指道德投入生产并增进社会财富的能力，是能带来利润和效益的道德理念及其行为"。[②] 他说："科学的道德作为理性无形资产，它能在投入生产过程中以其特有的功能促使生产力水平的提高；在加强管理伦理意识和手段中增强企业活力；在提高产品质量的同时降低产品成本；在培养和树立企业信誉的基础上提高产品的市场占有率。因此，道德也是资本。"[③]

　　"道德资本是无形的，它是人力资本的精神层面和实物资本的精神内涵……它渗透在生产过程的各个方面和多种层面。以它独特的独立的价值功能发挥着作用。"王小锡认为，道德资本是"精神资本"或"知识资本"的一种，它作为资本投入生产过程必然会形成一种其他资本无法替代的"力"。它是一种看不见的理性之手或理性力量，"能促使所有投入生产过程的资本实现理性化运作，牵引着人们实现利润的最大化"。[④] 他还借西班牙阿莱霍·何塞·G. 西松的话说："没有道德资本，其他形式的资本都很容易由企业的

---

① 王小锡：《五论道德资本》，《江苏社会科学》2006年第5期。
② 王小锡：《六论道德资本》，《道德与文明》2006年第5期。
③ 王小锡：《论道德资本》，《江苏社会科学》2000年第3期。
④ 同上。

优势转变为其衰败之源。"①

　　"道德资本"这一概念，一定程度上回应了"市场经济条件下道德如何可能?"这一社会普遍关注的问题。王小锡意欲通过"道德资本"理论体系的建构告诉人们，道德与市场原则并不是矛盾的，二者是可以统一的，市场经济并不排斥道德，相反它需要道德力量的协助与推动，所有的企业家，要想追求利益的最大化，就必须重视道德建设。他也提醒伦理学家们，不要一味地以道德来抵制利益的追求，而应主动地以道德建设来服务经济建设，来优化经济建设环境。道德不仅仅是目的，也可以在经济活动中成为手段，即道德对于人类来说应当是"目的性功能"与"工具性功能"的统一。他在《五论道德资本》摘要中所说的"道德资本"概念，显示了道德功能格局的历史变迁，即从道德的目的性功能居于主导地位，到道德的目的性功能与工具性功能相分离，再到道德的工具性功能异军突起;同时也体现了从"实物资本"到"人力资本"再到"文化资本"这一资本概念发展的时代趋势。他说:"倡导道德资本概念，研究作为资本的道德，从而强调道德的工具性功能及在经济建设中的作用，既有利于动员一切能够促进经济发展的元素，也有利于推动经济生活中的道德建设。"② 可以说，"道德资本"理论的提出是面对现实渴望解决现实问题的一种实用主义的选择与考虑，它将道德由神圣拉向了凡俗，由理想拉向了现实，同时公开表明道德作为一种工具存在的现实必要性与合理性，体现了伦理学应对市场经济条件新形势、新问题的一种自我调适。其潜台词是:在市场经济条件下，伦理学要继续占有一席之地，就不能高高在上，仅仅做一个是非善恶的评判者，一个道德沦丧的哀叹者和无奈的呐喊者，而应当积极主动地融入市场经济大潮中，在经济运行的各个环节发挥作用。王小锡说:"改革开放以来经济学家和经济活动家们不再关心经济生活的道德目的，但很关心经济生活中的道德工具，即哪些道德对于经济发展具有重要意义。对经济学家来说，一种品质或行为为什么是道德的，这不属于他们的研究范围，他们只关心一件事:从有利于经济发展的角度看，什么样的道德才是应该提倡的。"③

　　"道德资本"理论直接推动了企业文化的建设。随着经济体制改革的不

----

① 转引自王小锡《七论道德资本——道德资本的基本形态研究》，《道德与文明》2009 年第 4 期。

② 王小锡:《五论道德资本》，《江苏社会科学》2006 年第 5 期。

③ 同上。

断深化和现代企业制度的建立，企业文化的建设被提上了日程，而企业文化建设的重要内容是道德建设。王小锡在《道德资本论》中，就经济全球化条件下，企业道德资本的形成、企业伦理文化与企业经营机制的完善、企业道德精神的培育等问题，都提出了指导性的建议。他关于"道德资本"四种形态及其在生产过程中的功能作用的相关理论，论述了从企业管理制度建设直至商品生产与销售各个环节对道德资本的诉求。这四种形态包括道德制度形态、理性关系形态、主体觉悟形态、道德产品形态四种主要形态。一是道德制度形态，是指制度的道德化，即理性的制度本身不可能游离于道德"应该"之外，它应该是道德化（道德性）的制度，其功能是规范制约人的行为，避免因制度缺乏道德性而产生的摧残人性、扭曲人际关系进而影响经济活动预期效益的情况发生。二是理性关系形态，"它的主要功能是通过协调人际关系，减少人际'摩擦消耗'，提高生产效率和资源的利用率"，实现"1 加 1 大于 2"的经济效益。三是主体觉悟，它的着眼点是体现在从事生产、经营和服务活动的主体身上的崇高的价值取向和积极的人生态度，集中体现为主体的社会责任精神和道义精神。认为这是保证实物资本在生产过程中能够产生效益最大化的主体因素，也是道德资本的其他三种形态，即理性关系形态、制度化形态、物化形态的构建和再生产的保证。四是道德产品，是道德资本最终实现价值的依托，也是实现道德资本积累和增值的"关键的一跳"。认为如果这个跳跃不成功，摔坏的不是商品，而是商品所有者。因为"道德资本最终落脚于道德物化形态即道德产品上，所以可以获得良好的商业信誉和声誉，反过来，这种道德资本又会转化成实体资本，从而使得企业进一步做强做大"。[①]

实践证明，"道德资本"理论的提出是有其实现意义的。现在各国都强调文化软实力，并且都致力于通过增强文化软实力来提升在国际社会中的竞争力，这与企业重视将道德建设作为增强其实力的做法在道理上是一致的。其实就个人而言也不例外，个人的道德素质也是其综合能力的一个重要方面，甚至是其增强个体竞争力的核心要素。[②] 当然"道德资本"理论也留下了一些无法解决的问题，从"道德资本"的特性看，它在经济生活中发挥作

---

① 王小锡：《七论道德资本——道德资本的基本形态研究》，《道德与文明》2009 年第 4 期。

② 参见沈慧芳《美德：和谐社会的重要竞争力》，《福建师范大学学报》（哲学社会科学版）2007 年第 6 期。

用的机制是一个长效机制，需要一个过程，且其产生的最终效益是无法具体化、量化的，它的"利润"是不可预见的。而且在具体的某一环节中，经营者对道德的持守可能意味着对局部利益的让渡，经营者是否有这样的远见和耐心来坚持。如经营者对员工的人道关怀可能首先要有相应的"付出"，而这种"付出"是否必然带来员工的忠诚、生产效率的提高和产品质量的提升都只是一种可能，面对一种不确定、无法量化的未来"收益"，经营者是否有"预支成本"的动力和信心，等等。站在功利主义的境界上，如果这些问题不能有效解决，就不能保证企业对道德的持守，就可能因为眼前可见的利益而放弃道德追求。因此道德追求功利化的意义必然是有限的。

三　中国现代性的反思与批判

如前所述，中国的社会转型与现代性成长不仅仅是传统因素与现代因素之间的消长问题，还涉及西方文化因素与本土文化因素的相互转化、交融与整合的问题。这无形中增加了中国社会转型与现代性的复杂性，而中国现代性业已显现的成效也已充分证明了这一点。这就意味着我们不仅应当对现代性进行深刻的反思，同时还意味着需要反思的不仅仅是作为现代性共性的负面效应，还包括由于现代性的外源性而必然或可能产生的对现代性的误读或滥用而产生的超出现代性共性的中国现代性特性。

中国作为后发现代化国家，在推进现代化的过程中，应当对西方发达国家在现代化过程中业已出现的现代性及其负面影响有充分的估计，但对现代性可能给中国社会带来的冲击以及应对措施却缺乏必要的准备。实践中现代性所呈现的后果，已超出了现行规范体系所能有效控制的范围，导致了不同程度的"秩序混乱"。尤其是由于生活方式的改变带来的思想观念包括价值标准、道德标准与生活态度的转变，以及作为这些观念体现的行为后果，如利益角逐而产生的两极分化及其"马太效应"，形上层面（人文精神）的缺失导致的精神空虚以及理想失落，物欲膨胀导致的唯利是图与道德失范等，已经不同程度地挑战了中国民众的心理承受能力和社会的整体和谐，引发了有识之士对现代性的深刻反思与批判。

中国学界对现代性的反思与批判是紧随着市场经济的脚步而来的。1993年王晓明等在《上海文学》上的"旷野上的废墟"对话，矛头直指文学领域的"痞子化"指向，从大众文学的角度开启对中国现代性的反思与批判。

1994 年《读书》杂志第 3 期至第 7 期连续刊载《人文精神寻思录》系列讨论文章，矛头指向现代性背景下的世俗化、市场化、商品化及其对人文精神与理想主义的消解，探讨人文知识分子与人文精神的问题。后来人们将这场讨论称为 "90 年代人文精神大讨论"。王晓明、张汝伦、许纪霖、朱学勤等一批人文知识分子组织并参与了这场讨论。从讨论的具体内容来看，反思和批判的对象主要是人文知识分子自身。这样的安排是富有深意的，因为从常态看，人文知识分子应当是世俗化最坚决的抗拒者和人文精神与道德理想主义最忠诚的守护者，当人文知识分子不再持守而选择世俗化时，整个社会的现实便可以想见。从这次反思与批判的背景看，也确实很大程度上源于知识分子自身的问题，包括他们的时代境遇与内部分化。自 1978 年改革开放到 1992 年实施市场经济的十余年时间里，中国的人文知识分子始终是改革开放和现代性的积极支持者与推动者。由他们发起的 80 年代的启蒙运动，承继五四追寻自由平等的精神，从思想观念上支持了中国社会现代性意识的发展，客观上促进了作为现代性重要特征的政治民主制度与市场经济体制的建立。但中国现代性的发展尤其是市场经济原则的扩张，并未给它的积极倡导者和支持者带来预期的喜悦与满足，相反，知识分子们感到现实的发展越来越远离他们的理想，在世俗化的大潮中，他们所极力持守的人文精神面临失落的危机，而他们作为人文精神的承载者自身也被日渐边缘化，甚至再次面临失去话语权的危机。正如蔡翔所说："市场经济，不仅没有满足知识分子的乌托邦想象，反而以其浓郁的商业性和消费性倾向再次推翻了知识分子的话语权利。知识分子曾经赋予理想激情的一些口号，比如自由、平等、公正等等，现在得到了市民阶级的世俗性阐释，制造并复活了最原始的拜金主义，个人利己倾向得到实际的鼓励，灵肉开始分离，残酷的竞争法则重新引入社会和人际关系，某种平庸的生活趣味和价值取向正在悄悄确立，精神受到任意的奚落和调侃，一种粗鄙化的时代业已来临。的确，某种思想运动如果不能转化为普遍的社会实践，那么它的现世意义就很值得怀疑。可是，一旦它转化成某种粗鄙化的社会实践，我们面对的就是一颗苦涩的果实。知识分子有关社会和个人的浪漫想象在现实的境遇中面目全非。大众为一种自发的经济兴趣所左右，追求着官能的满足，拒绝了知识分子的'谆谆教诲'，下课的钟声已经敲响，知识分子的导师身份已经自行消解。"[1] 这是对当时人

---

[1]　许纪霖等：《人文精神寻思之三——道统学统与政统》，《读书》1994 年第 5 期。

文知识分子尴尬处境的真实写照。更让他们感到问题严重的是，受世俗化思想的影响，知识分子内部也出现了严重的分化，有些人放弃了对现实的批判立场，选择融入市场成为文化产业的经营者或是大众文化的制造者，以媚俗的方式迎合市场的需求。

而另一些人则坚守着人文精神与道德理想主义的阵地，对现实中物质主义种种现象尤其是知识分子中的"堕落"现象进行毫不留情的批判。文学界的张承志、张炜等，站在传统道德理想主义的立场上，将人文精神同理想的道德目标相等同，极力推崇与强调人文精神的终极性与纯洁性，对现实中物质主义现象尤其是人文知识分子中的媚俗行为深恶痛绝，以一种毫不宽容、决不原谅的态度，进行了无情的揭露与声讨。他们坚持以"纯正"的道德理想同污浊的现实世界相抗衡，渴望能通过永不放弃的持守，在人间建立一个道德乌托邦。面对文化领域的商业化行为，张承志认为："商业文化在中国的弥漫不仅是平庸，它关系到我们民族文明的生存，而我们的知识分子对此缺乏最起码的分析，或者干脆甘心做新的经济、文化买办。"① 面对大众文化已占据主流并控制了市场的状况和精英文化在抗衡中日益走向边缘化的残酷现实，萧夏林对人文精神的持守者们充满信心："我们仍然能看到拼死反抗的作家，仍然看到理想的圣战者，看到道德的坚决捍卫者，他们依然在信仰中坚守，在崇高中运笔，在苦难中呼喊。"② 这呼喊声中有着一种理想主义的悲壮，一种永不放弃的执著，恰似梭伦所说："作恶的人，每每致富，而好人往往贫穷；但是，我们不愿把我们的道德和他们的财富相交换。"③

相较于文学界的悲壮激昂，这场"人文精神大讨论"的主持者们则是以一种更具理性的姿态与方式表达了他们对现实的批判和对人文精神的追求，也包括对人文精神在中国是否可能的忧虑。他们反思的不仅仅是现实人文精神的失落，还将思维投向了中国传统文化以及近代以来的启蒙运动，试图从历史文化因素与知识分子的传统因素中，找寻当代人文精神失落的原因。在讨论中，他们还毫不留情地进行了自我剖析，王晓明写道："我总觉得，人之所以为人，就因为他不但要活得舒适，更想活得心安，在手脚并用去满足物质欲望的同时，他还要寻找一种精神性的价值，在那上面安妥自己的灵

---

① 萧夏林编：《无援的思想》，华艺出版社1995年版，第108页。
② 同上。
③ 转引自罗国杰等《西方伦理思想史》上卷，中国人民大学出版社1988年版，第48—50页。

魂。这就是通常所讲的'信仰'，或者换个学术气的词，叫作'认同'……可是，今天的中国人恰恰在这个认同上陷入了困境。最近一年，不断有读者来信问我，你为什么要参加'人文精神'的大讨论？我回答说，因为我觉得自己丧失了信仰，我在精神上没有根。"① 这样的言论透露出了当时人文知识分子对个体生命意义失去内在依据的恐慌与焦虑，以及对追寻或重构人文精神之可能性的悲观与怀疑情绪。而当时文学界连续展示的关于"知识分子之死"的主题似乎是有意在配合这种情绪，因为知识分子之死隐喻着社会转型时期知识分子社会担当精神的死亡。当然，这样的情绪也预示或表达着新时期知识分子人文精神的觉醒。

这场讨论或许没有取得预期的效果，用王晓明自己的话来说，整个讨论水平明显低于人们的期望。但是在中国现代性刚起步时就能敏感地意识到反思与批判的需要，并将这种反思付之行动，其意义大概已远远超出了讨论本身的学术水平（更何况那大概仅是王晓明本人的谦词）。摩罗曾这样评说："除了对知识分子的求道职能作了充分的呼吁与肯定之外，这场讨论什么问题也没解决，但它所提出的问题，不仅对于我们的当下生存，而且对于这个'五千年文明'，都是具有根本意义的。"② 直至今天的现实仍在提醒我们，这种反思与批判的向度是必不可少的，而中国学界对现代性后果的反思与批判也确实从来没有停止过。尽管无法测算或验证对现代性的反思与批判在多大程度上抑制了其负面效应的扩张，但可以肯定这种反思与批判必定是现代人在物欲裹挟中的一剂清醒剂，它使人们在现实主义与理想主义之间找到一种平衡，这也是现代性健康成长的内在需要。现代性在中国是一项未竟的事业，对它的批判与反思也将是一个永久的话题。

卢风与杜维明的讨论是新的历史时期对中国现代性反思与批判的延续。卢风将批判的视角放在了对在现代性意识形态支配下所形成的主流价值导向即经济主义、消费主义与物质主义存在的合理性的质疑上。他对现代文明以金钱为最通用的价值符号，以不同等级、不同档次的商品符号来标识人生意义的现象感到困惑。他不无忧虑地向美国人文社会科学院院士杜维明提出这样一个问题："如此粗俗的价值观（意指将追求物质享受视为人生的根本意

---

① 转引自摩罗《耻辱者手记——一个民间思想者的生命体验》，内蒙古教育出版社 1998 年版，第 66 页。

② 同上书，第 65 页。

义的价值观）居然能成为主流价值观，能指导制度建设，约束制度变迁，并且影响绝大多数的人生追求，原因何在?"① 其实卢风的问题是一个时代的问题，是对当代人诸多困惑和疑问的概括与提炼。我们不否认，当代少数人或者很多人在某些时候或瞬间可能会超越物欲的羁绊，期待过一种很精神的生活，甚至也会真心诚意地去实践这种生活。但这种期待和实践都不可能成为人们生活的常态。追求"孔颜乐处"的愿望与努力最终必然淹没于现代物质文明的海洋中。曾被中国前现代社会视为洪水猛兽的物质贪欲，在当代被普遍认为是社会进步的动力和创新源泉。

为什么会形成这样的状况？物质主义价值观盛行的终极原因到底是什么？卢风将此归结为是自由主义及其主张的现代民主政治制度。在他看来，在现代社会，物质主义经过现代媒体的"包装"，就体现为经济主义和消费主义，而经济主义和消费主义经过经济学家（英国的约翰·布鲁姆认为"经济学家是典型的自由主义者"）的论证，就成为了全面指导大众生活的"科学"。那么物质主义（表现为经济主义与消费主义）又是如何成为"科学"的呢？主要是由于自由主义所支持的民主政治，因为民主的基本原则是多数表决原则，表决的原则是少数服从多数。物质主义者们能够让发达的媒体通过广告和艺术传播他们的理念，从而强有力地影响公众，有效地争取多数人的支持，使立法和政策制定有利于他们。"作为多数人的物质主义者强有力地影响整个制度的调整和改变，而后这个制度又会进一步胁迫人们以物质主义的方式去追求人生意义，于是现代性的价值导向就是物质主义的价值导向。"② 其结果是，现代民主社会不承认任何人凭其信仰或境界而表现的卓越，但承认人们在商界、科技界、演艺界、体育界等所表现的卓越，而科技界、演艺界、体育界等又离不开商业，于是商界巨子（卓越者）成为最有影响力的人。③ "真正有远见卓识的人，能够看到文明危机的人，其声音却不能为公众所闻，不能影响制度的运作和改变，而那些没有多少远见卓识的人们却在强有力地影响着制度建设。正因为如此，物质主义、经济主义和消费主义的价值导向才得不到纠正。"④ 这种说法很自然让人想起美国迈克·奎恩

---

① 卢风：《现代性与物欲的释放——杜维明先生访谈录》，中国人民大学出版社2009年版，第3页。

② 同上书，第71页。

③ 参见上书，第4—5页。

④ 同上书，第37页。

《雅普雅岛上部落的奇风异俗》中那个金喇叭与民主的故事。在此，我们无意于讨论民主与金钱的问题，只是想说，现代社会，商家以及代表商业利益的物质主义者们为了商业利益，可借助民主手段有效地向大众灌输物质主义的理念，并能促成这种理念的大众化。按照这一推理，物质主义盛行的核心原因是民主政治。卢风认为这种价值导向不仅是错误的，而且是极度危险的，因为它所激励的人生意义的追求方式（即通过占有物质或金钱的多少来表明自我的价值）是错误的，它"通过制度，通过主流意识形态，通过媒体，激励着多数人以物质主义的方式追求人生意义，这样必然导致全球性的生态灾难或生态危机"。① 现在的问题是，能否因为民主政治导致了物质主义这种错误的价值观，而由此否定民主的积极意义呢？

杜维明认为肯定是不可以的，他说"现代民主因服从于'资本的逻辑'而导致了物质主义的流行，但它毕竟尊重了多数人的选择"。② 当代人不可能为了追求超越的精神生活而抛弃民主回到专制体制下。

那么，在民主体制下，可否产生普遍的超物质主义呢？也就是说在民主的框架内是否有使追求超物质的精神生活尤其是道德生活成为民众生活常态的可能呢？答案似乎是否定的，因为民主体制排除了道德政治化即借助行政手段在全社会推行整齐划一的价值观的可能。是追求过物质至上的生活还是道德至上的生活完全交由个人去选择。只要他的选择不触及法律，就不会受到来自其主观意志外的任何强制干涉。正如杜维明先生所说："如果我们希望民主框架能生发抑制物质主义的法律和制度，就只能寄希望于大众价值观的改变。"③ 因为大众能借助民主渠道改变制度，如果那些能改变或者说决定制度设置的大众能够虔诚地信仰某种真正追求精神超越的宗教或人生哲学，那么我们的制度设置就能摆脱"资本逻辑"的控制，而导向追求精神的超越。卢风与杜维明的上述分析已触及现代性及其后果产生的根本原因，同时也透露出现代性是一个不可能逆转的现象，对其负面效应的克服不应当也不可能通过消除现代性本身来解决。

与对现代性的反思与批判相伴相生还有对这种反思的反思。有学者认为，中国现代性发展出现的社会问题并不是由于现代性本身带来，而恰恰是

---

① 卢风：《现代性与物欲的释放——杜维明先生访谈录》，中国人民大学出版社 2009 年版，第 71—72 页。

② 同上书，第 6 页。

③ 同上。

现代性发展不充分的体现，因此对中国现代性的批判为时尚早。如陶东风在对照卢梭与张承志、张炜对现代性的批判时就认为，卢梭式的反现代性乌托邦思想在现代性业已成为主流，并滋生了诸多弊端的西方社会具有相当大的平衡与警世意义；而张承志与张炜式的批判在现代性尚未确立的中国，其负面意义要大于正面意义。[①]

　　陈刚针对精英文化对大众文化的拒斥进行了反思，认为大众文化并不是纯娱乐性的文化产品，它在现代生活中能对人的行为产生影响。它与社会现实密切相关，蕴涵着大量的对当代世界的解释，尽管这种解释有可能是扭曲的，或者说是被物化的，或者是一种纯粹的幻想，但这并不能减弱大众文化与现实社会的相关性。[②] 正是由于这种与现实的相关性，使大众文化拥有了无限的生命力，它一经形成并以一种难以抗拒的力量迅速占领了文化市场，就造成了对精英文化的致命冲击。这也是它引致精英文化强烈抗衡的关键因素。

　　赵景来则是站在全球化的背景下来反思学界对现代性的总体批判，认为"如果我们认定现代性是一种全球的历史进程，并且中国不可避免要进入现代化；那么现代性的一系列理念，一整套的价值观念和历史发展方向的设定，就不得不作为中国未来发展的必要的参照体系"。因此，就这一意义而言，"中国在把批判帝国主义霸权作为首要的理论目标时，不能忘记现代性的主导价值观念，对于中国现在的思想文化建设来说，还属于'未竟的事业'。在很大程度上，我们在中国谈论后现代主义，实际是针对僵化的文化秩序，针对长期存在的独断论，针对绝对真理的神圣性而言。现代性的基本意义对于中国的现状和未来发展来说，不是过时了，而是需要补上的一课"。[③]

四　传统道德理想主义的反思
与当代道德乌托邦的重建

　　道德理想主义在社会生活中的衰退，并不意味着人们就要放弃对道德理想主义和超越价值的追求。由于世俗化而退出社会公共价值系统的道德理想主义与宗教意识等形而上的价值观念，可以对社会秩序的建构发挥作用，并

---

①　参见陶东风《社会转型与当代知识分子》，上海三联书店 1999 年版，第 215 页。

②　参见陈刚《大众文化与当代乌托邦》，作家出版社 1996 年版，第 76—78 页。

③　赵景来：《90 年代哲学前沿问题研究述要》，天津社会科学院出版社 2002 年版，第 151 页。

时刻抵制、限制着世俗化观念的蔓延。中国的社会转型或现代性进程必须始终保持着对道德理想主义的诉求。

（一）道德理想主义的内涵及其当代反思

陶东风认为，"道德理想主义"作为一种"主义"，与通常所谓的"道德理想"有着质的不同，它被赋予了一种特殊的价值评价色彩，从一个普通名词上升为一种价值取向甚至信仰。① 他进而将道德理想主义的特征归结为以下几个方面：一是按照道德优先性的原则，将道德水平、道德状况作为评价社会优劣的最高甚至是唯一的尺度，并在此基础上走向对物质文明（包括城市化、世俗化、工业化）甚至对历史进步本身的激烈否定；二是置社会存在或物质生存层面包括现实的经济发展情况、体制完善与否等于不顾（甚至视物质为罪恶而歌颂贫穷），执著于理想化道德状态的追求；三是以对日常生活的超越与否定为起点，以愤世嫉俗的极端情绪和绝不宽容的战斗姿态，指向一种高标准的、超越的、准宗教化的道德，追求一种所谓的"终极关怀"与"终极价值"。②

陶东风所说的道德理想主义，是传统意义上的道德理想主义，也被称为"极端的道德理想主义"或"审美的乌托邦"，是传统哲学所积极倡导的价值观，为中西方大多数传统哲人所推崇。西方近现代学者在批判现代性时也往往以道德理想主义为武器。此种意义上的道德理想主义坚信对道德的持守将是个体走向完美人生境界的唯一归途；坚信道德社会功能的有效发挥将是确保社会朝着理想化方面迈进的唯一正确选择。

表现在政治领域，即主张道德对政治的绝对统率，柏拉图、卢梭、朱熹都是这样的道德理想主义者。柏拉图苦心"营建"的"理想国"实际上就是一个道德理想王国，其哲学王实质上是"至善王"、"道德王"，是道德的化身并负有醇化世风、教养众生的使命。③ 卢梭坚持政治与道德不可分离，在他的理想王国里，每个人都要毫无保留地向道德共同体转让自己的全部权利，以形成"公意"。他渴望有一位神明而富有美德的公意立法者，以德化政、以德化民，以人民的名义实行全面道德统治。④ 朱熹一生致力于"格正

① 参见陶东风《社会转型与当代知识分子》，上海三联书店 1999 年版，第 205 页。
② 同上书，第 205—206 页。
③ 参见贺来《现实生活——乌托邦精神的真实根基》，吉林教育出版社 1998 年版，第 116 页。
④ 参见肖滨《现代政治与传统资源》，中央编译出版社 2004 年版，第 260 页。

君心"和"致君行道"的努力。毛泽东也曾试图通过对共产主义道德理想的张扬来跨越生产力发展的现实鸿沟，直接进入共产主义理想社会。

表现在社会历史领域，是拒斥工业文明，拒斥城市化与世俗化。道德理想主义者们"把人性与人类社会的道德完善（当然是他们自己心目中的完善）看得比所谓'历史进步'更为重要，或者他们心目中的'历史进步'并非只是经济发展或民主建设"，"他们要为了自己心目中的至善至美而把历史拉回到'美好'的、纯洁的、未被污染的自然状态或上古时代，他们坚决地拒绝历史的进步（或者根本不把它看成是真正的进步），而不是为了历史的前进而暂时容忍'恶'的存在"。① 中国传统的道德理想主义者大多属于这种类型。卢梭认为，"人类的不幸大部分都是人类自己造成的"（确切地说他认为人类的不平等与疾病等大多是人类文明带来生活方式的改变引起的）。他说："如果我们能够始终保持自然给我们安排的简朴、单纯、孤独的生活方式，我们几乎可以完全免去这些不幸。"② 他认为，是人类的文明（理性）泯灭了人在自然状态下纯然的怜悯心，在他看来被现代理性所支配的哲学家已纯然失去了人类在自然状态下应有的同情心。"只有整个社会的危险，才能搅扰哲学家的清梦，把他从床上拖起。人们可以肆无忌惮地在他窗下杀害他的同类，他只把双手掩住耳朵替自己稍微辩解一下，就可以阻止由于天性而在他内心激发起来的对被杀害者的同情。野蛮人绝没有这样惊人的本领。"③ 张承志与张炜是这种意义上的道德理想主义在当代中国的继承者和积极的维护者，张承志明确认为"所谓古代，就是道德高尚的、清洁的时代"。张炜对"融入野地"的渴盼与向往表达了同样的精神追求，在他看来，城市是"被肆意修饰过的野地"，"残缺得令人痛心疾首"。他认为只有在未被修饰过的"野地"——滋生一切又滋润万千生灵的大地、旷野——里才能找到心灵的安顿与归宿。④ 陶东风认为这种道德理想主义，也是极端的民粹主义，其社会观是美化前现代的乡间礼俗社会以对抗现代的法理社会。⑤

表现在社会生活领域，是对物质文明的拒斥与对物质利益追求的强烈否定与批判。这是一种具有宗教情绪的道德理想主义，古希腊的哲学家、中国

---

① 参见陶东风：《社会转型与当代知识分子》，上海三联书店1999年版，第208—209页。
② ［法］卢梭：《论人类不平等的起源与基础》，李常山译，商务印书馆1997年版，第79页。
③ 同上书，第102页。
④ 参见萧夏林主编《愤怒的归途》，华艺出版社1995年版，第207页。
⑤ 参见陶东风《社会转型与当代知识分子》，上海三联书店1999年版，第215页。

程朱理学派、历史上的宗教家都持这种观点。如新柏拉图学派的创始人普罗提诺就明确提出"物质是罪恶的根源",认为人类唯一的希望乃是其灵魂脱离物质的世界,包括自己的身体,而返回灵魂的自己。9 世纪的约翰·司各脱·厄里乌根纳主张,整个自然界的历史是"精神"经过被造的世界而返转到自身,上帝借着他所造的万物而能够认识他自己的形象。他称这种辩证过程为"致富之异化",即物质与精神的异隔可以使精神更显出自身的意义。①

在当代中国,面对市场经济形势下物质主义的盛行,这种反物质主义的倾向在人文学者身上也表现得很突出。贺来将这种倾向称为是"人文精神探寻中的乌托邦情结","这种倾向把人文精神同某种绝对的道德目标相等同,它以反对物化,反对商业主义为旗帜,视物质主义为道德的最大腐蚀剂,因此,人文精神的要义便在于以'纯正'的道德理想同污浊的现实世界相抗衡,完美的道德境界最终将会外灌到现实世界中去,在人间建立一个道德的理想王国"。②

表现在文化领域,是对精英文化的推崇和对大众文化的蔑视与批判。"精英文化不可避免地带有乌托邦的色彩和超越的意识,属于精英文化的艺术作品一般都与社会保持一定的距离而对社会进行审美的审视。它们着重描述对社会乌托邦的憧憬追忆和由乌托邦失落引起的伤感困惑,并且使知识阶层的自我意识——主体——成为艺术作品的中心,这些作品一般都围绕着主体的失落、追寻、迷茫、重建展开,并形成了一整套主体性的文学理论。"③而大众文化乃"是一种被商业机制完全掌控的消费文化"④,"是在工业社会中产生,以都市大众为其消费对象,通过大众传播媒介传播的无深度的、模式化的、易复制的、按照市场规律批量生产的文化产品"。⑤

精英文化的持守者们,指责大众文化的创造者是媚俗,是对艺术的背叛。萧夏林指责这种媚俗与背叛现象是"赤裸裸地以耻为荣",认为在当今中国"理想信仰艺术和良知不再是中国作家心灵的依仗,金钱的欲望犬儒的幸福成为中国作家们的快乐追求,消解崇高躲避崇高遗忘崇高成为中国作家

---

① 转引自陈懋中《中庸辩证法》,学苑出版社 1989 年版,第 154 页。

② 贺来:《人文精神与乌托邦情结——对人文精神的哲学反思》,载李小娟主编《文化的反思与重建——跨世纪的文化哲学思考》,黑龙江人民出版社 2000 年版,第 146 页。

③ 陈刚:《大众文化与当代乌托邦》,作家出版社 1996 年版,第 32 页。

④ 南方朔:《主体的断裂和复归》,两岸中华文化学术研讨会论文,1995 年 10 月。转引自陈刚《大众文化与当代乌托邦》,作家出版社 1996 年版,第 22 页。

⑤ 陈刚:《大众文化与当代乌托邦》,作家出版社 1996 年版,第 22 页。

争先恐后藏身的伟大时尚。作家们放弃严肃和真诚泯灭对苦难和正义的关怀冲出道德和良知的长城，彻底放纵自己，解放自己，沉醉在堕落的自由中"。他们写作的目的"完全是一种商业化的金钱主义，一种中产阶级的享乐和梦想。因此，他们就退化成一种码字工，成为汉字的市场批发商"。他感叹，媚俗背叛已成为中国文坛的主潮，控制了市场的巨大空间。①

对现实的批判与超越是道德理想主义永恒的使命。任何一个时代与社会都需要这样一种批判与超越的向度。道德理想主义的存在是必要的。但它所主张与标示的标准太过高远，并且由于太过执著而极易走向道德专制。正因为如此，道德理想主义遭受的批判甚至超过了它对现代性的批判。当然就中国当下情况而言，道德理想主义已在世俗化的浪潮中日渐边缘化，因此它所遭到的批判还是比较温和的，大多是在同情与理解前提下的批判。

朱学勤主张为道德理想主义确立边际界限，即道德理想主义"应该定位于社会，而不是定位于国家；定位于政治监督，而不是政治操作"。肖滨补充说："道德理想主义应该定位于个人、政党，成为其价值准则、精神信念，而不是定位于大规模的社会重建。道德理想主义在获得清晰的边界限定之后，将成为现代文明中社会政治文化批判的健康资源。"②

陶东风认为，道德理想主义的意义在于"它对于现实的超越精神与批判精神，以及对于工具理性过分膨胀（对此的反思批判是从韦伯到哈贝马斯等思想学术大师所作的不懈努力）的纠正与平衡，在于它显示了超越于工具理性之上的个体道德情操的力量（我们在庄子、卢梭、托尔斯泰以及海德格尔等的言论中常常被这种精神与力量所打动、所震撼）。然而这种批判精神与批判力量必须在一定的范围内，在遵守其自身游戏规则及效域的前提下才是有益的、美的；这一范围与规则就是，以反现代性为宗旨的道德理想主义及审美乌托邦在一个现代性（如工具理性与世俗主义）业已成为主流社会作为对于主流的批判才是有意义的，它本身不能替代工具理性与世俗主义在现代社会中的作用，不能取代现代性的主流地位而直接成为社会建构的尺度"。③

道德理想主义对中国现代化进程中世俗化与工具理性的批判，以及反对者们对道德理想主义激进态度的批判都是中国知识分子从不同角度关注现实

---

① 参见萧夏林主编《无援的思想》，华艺出版社 1995 年版，第 1 页。
② 参见肖滨《现代政治与传统资源》，中央编译出版社 2004 年版，第 261 页。
③ 陶东风：《社会转型与当代知识分子》，上海三联书店 1999 年版，第 209—210 页。

与中国前途命运的体现，也是中国知识界在经历现代化的洗礼后，日渐走向成熟与理智的标志。这种多角度的思维方式不仅是学术繁荣的需要，更是中国现代化进一步健康发展的需要。

　　道德理想主义天然具有追求精神超越的向度，而且对物质主义抱有一种鄙视拒斥态度。因此，如果持守道德理想主义的人在社会上占有一定比例，而且一定程度上能够影响制度的设置和公共媒体的导向，那么就有可能借助于现代的民主政治和传媒等途径来引导全社会的价值导向，至少可以一定程度上阻止或延缓人们迈向物质主义的进程。然而这种愿望至少在当前也仅只是一种道德理想主义者借以安慰自己的乌托邦。因为，首先，真正意义上的道德理想主义者在任何时代只能是少数，尽管社会中许多人对经济主义、消费主义和物质主义及其导致的人与人、人与社会、人与自然之间关系的紧张等问题持强烈的批判态度，但并不意味着他们就是道德理想主义者，他们对现代性问题的批判恰恰是为了保证现代性在中国的健康成长，而不是为了抛弃现代性。因此道德理想主义在当前不足以成为影响社会的价值导向。其次，道德理想主义所倡导的道德优先原则（把道德作为衡量社会合理与否的唯一标准）及其可能导向的道德专制主义危险和它反现代文明、反物质的主张，并不具有感化人心的力量，相反却暴露了其理论自身的缺陷。因此，道德理想主义虽然能够在一定程度上为当代工具理性无限膨胀而产生的问题提供警示作用，但它本身也是一个需要反思的问题。它所倡导的高标准的、超越的准宗教化的道德，只能作为信仰存在于个人的内心，或作为一种审美的乌托邦引导社会，而不能作为日常生活的伦理准则或人际交往规则来要求所有的人。再次，道德理想主义对市场化、世俗化、工具理性化的批判仅仅停留在批判的层面，而不能提供了一个解决问题的方案，即不能"尝试构建一种不同于西方或不同于目前中国正在进行的现代化模式"，"他们常常是在自己的道德义愤上开始，也在道德义愤上止步"。[1] 此外，道德理想主义指责的所谓现代性问题并非真正属于需要反思的现代性问题，而恰恰是因为现代性不成熟而可能出现的问题，"现在最令人痛恨的许多不道德行为（如贪污腐化、以权谋私、公款吃喝、强迫嫖娼）绝不是现代化带来的，毋宁说是中国式前现代恶习的'借尸还魂'"。[2] 而且现实中许多所谓的"道德沦丧"现象

---

①　陶东风：《社会转型与当代知识分子》，上海三联书店1999年版，第217页。
②　同上。

实际上是对现代民主所倡导的最基础的道德规范的违背，而不是对道德理想主义者所倡导的超越价值与标准的违背。因此，就中国当下社会现实而言，道德建设最迫切的任务是尽快培养起适合现代社会所需要的公民道德意识及相应的行为规范。当然道德理想是不能放弃的，我们强调要对道德理想主义进行反思，旨在克服传统意义上的作为审美乌托邦的道德理想主义的极端化倾向，而努力构建一种更能反映人们普遍愿望的、更为宽容同时又能超越现代性与极端道德理想主义的新道德理想主义。

（二）　当代道德乌托邦的重构

人类不能没有理想，尤其是不能没有道德理想。因此，我们可以批判甚至消解一种理想，却不能在消解后不去做重构的工作而使理想处于空白。现代性曾经是摆脱了传统伦理价值观或宗教神圣价值观束缚的人们借以安顿自己心灵的现实理想模式，那么从现代性迷梦中觉醒的人们又该如何去安顿自己？再回到传统中去已然不可能，况且传统道德理想主义已被证明不可能承担起支配当代人价值取向的重任。因此，为了使从现代性迷梦中觉醒的人们不至于因为缺乏方向而成为新的精神流浪者，道德理想的重构将成为一个时代的课题。"传统的理想主义总是将意义的确证与某种终极的或具体的目标相联系……一种目的论的理想主义不是容易滑向对人性和个人的侵犯，就是因为过于实质化而走向幻灭，导致意义的丧失。当传统理想主义终于走向其反面，而留下一片信仰上的废墟时，究竟以一种什么样的策略拯救理想主义，以回应虚无主义的挑战？"[①]

这是一个当代人必须严肃对待的问题。通过对现代性与传统道德理想主义的双重反思，人们试图构建一种能够超越现代性与极端道德理想主义弊端的新道德理想主义。这种道德理想主义应当能够在肯定当代人物质追求合法合理的前提下，通过民众价值观的转变——由追求物质享受到追求精神超越，尤其是使受转变后价值观念指导下的生活方式能成为民众的常态生活方式。那么，这样的新道德理想主义何以可能呢？陶东风的思路是建立一种"市场经济条件下的新理想主义"，这种理想主义，不只包括道德的层面，而且包括社会的政治、经济、文化各个方面，它把一个社会的政治制度、经济

---

① 许纪霖：《另一种启蒙》，花城出版社 1999 年版，第 197 页。

状况以及文化综合起来，作为评价社会是否合乎理想的尺度①，以此改变传统自然经济条件下在处理经济、政治、道德三者关系时将道德置于中心地位的思维方式，克服传统道德理想主义的泛道德主义和道德至上主义思维方式及其可能带来的负面效应。其实，这种思路并没有脱离道德理想主义的理路，因为一个在政治、经济、文化各方面都合乎理想尺度的社会，也一定是一个经得起道德标准考量的社会。传统或极端的道德理想主义的主要问题并不在于其对道德意义的强调，而关键是在于它的道德标准有问题（如重义轻利、重义务轻权利等），且不够宽容，没有区分层次，把本该属于个体选择的行为上升至对民众普遍要求的强制规范。

陶东风主张道德理想应当分层次，"在一个世俗化的社会中，宗教性的道德与世俗性道德是必须分开的，前者是对于一个圣人的要求，而后者则是对于一个普通公民的要求。圣人当然是必须要有终极关怀的，而公民则只需遵守基本的道德伦理规范即可。中国当前整个社会的道德滑坡主要绝不是因为大家都不是圣人（在任何时代都不可能，此乃人的本性使然），或宗教性道德的空位，而是因为连基本的道德规范与法律制度都不能有效地建立与运转"。② 事实确实如此，在当代民主体制下，我们敬仰震撼人心的道德创举，但更迫切需要的则是全社会对公民基础道德规范的遵守。人们对彼此之间的相互尊重与宽容的期待远大于对义薄云天的精英壮举的向往。其实早在 20世纪初梁启超在其《新民说》中已经表达了这样的愿望。传统儒家道德理想的最大问题就是忽视了对普通民众基准道德的肯定与强调，而一味地追求君子风范和圣贤品德，最终导致"修身以取誉"的伪善寡欲主义，正如晚明传教士利玛窦在《天主实义》中所说："吾窃意贵邦儒者，病正在此常言明德之修，而不知人意易疲，不能自勉自修；又不知瞻仰天主，以祈慈父之佑，成德者所以鲜见。"③

高原等则借传统中庸思想，来解决极端理想主义与世俗化工具理性之间的矛盾，以期构建一种消除理想与现实二元对立的"极高明而道中庸"的"超俗而不绝俗"的道德理想境界。她以陶渊明的"桃花源"作为经典案例，论证了她关于新道德理想主义的设想。她认为，陶渊明创构并实践了一

---

① 参见陶东风《社会转型与当代知识分子》，上海三联书店 1999 年版，第 234 页。

② 陶东风：《社会转型与当代知识分子》，上海三联书店 1999 年版，第 223 页。

③ 转引自高原《极高明而道中庸——陶渊明论析》，甘肃人民出版社 2006 年版，第 65 页。

种"中庸"的"乌托邦"——桃花源，这是一种真正的中国式的"诗意地栖居"，是"极高明而道中庸"的"天人合一"境界，一种"高尚而又高妙"的极其超越且极富审美意味的"天地境界"的生活方式。它展示了一种"绝望变成升华，痛苦化为美丽"的真正的人生"幸福结局"，为后世留下了既有理想的超越性，又有现实的可操作性的精神智慧，其精神品质超越了或者过于"亢奋"或者过于"低迷"的精神状态，不仅能以清明的理性超越生活，又同时能以持久的激情热爱生活。① 高原将陶渊明的理想境界与同时代的阮籍与嵇康等人极端的"绝俗的超越"取向进行了对比，并在此基础上充分肯定了陶渊明的高妙之处。

传统儒、道、释各家都有自己追求理想境界的高妙之处。刘大杰则认为，陶渊明是超越了三家境界尤其是超越了儒家的"泛道德主义"和道家的"泛自然主义"境界的中国古代浪漫主义的最高表现。"在他的思想里，有儒道佛三家的精华而去其恶劣的习气。他有律己严正肯负责任的儒家精神，而不为那种虚伪的礼法与破碎的经文所陷；他爱慕老庄那种清静逍遥的境界，而不与那些颓废荒唐的清谈名士同流；他有佛家的空观与慈爱，而不沾染一点下流的迷信色彩。因此我们在他的作品里，时时发现各家思想的精义，而又不为某家所独占。在这种地方，就正显出他思想背景的丰富和他的作品的伟大。"②

当然，高原等人并不否定极端道德理想主义存在的现实必要性，但她与朱学勤一样认为需要为之确定边际。她说："'绝俗的超越'这种乌托邦不是用来让凡俗者'可操作的'，就像'珠穆朗玛峰'主要的用途也不是供狂妄的不知天高地厚的人们攀登的，而是一个供人们瞻仰的永恒高度，那是一种精神性的存在，是比照我们的渺小与庸碌的。失去了这样的坐标性的存在，自以为是的人们会更自视甚高；失去了这样的坐标，堕落的人们会更加速堕落！"③

以上论述，为我们应对社会转型所带来的现代性问题，以及克服极端的道德理想主义而导致的理想与现实的二元对立，提供了较清晰的思路和可供借鉴的方法。同时，也为我们正确理解并努力构建新时期道德乌托邦提供了

---

① 转引自高原《极高明而道中庸——陶渊明论析》，甘肃人民出版社 2006 年版，第 5—6 页。
② 刘大杰：《中国文学发展史》（上），中华书局 1941 年版，第 202—203 页。
③ 高原：《极高明而道中庸——陶渊明论析》，甘肃人民出版社 2006 年版，第 293 页。

思路。所谓的道德乌托邦，并不是通过与现实的对抗来显示其高妙，更不必以咄咄逼人的态势来强制规范现实，当然也不是通过特立独行的"绝俗"来逃避现实。它对现实的批判，应建立在能为不满于现实并为现实所困的人们，提供一个虽不可能当下实现却尽可能完美的境界，使人们在对这种完美的追求中体验生命的意义感受未来的希望。它对现实的超越，也不是对俗世简单的抛弃，而应是在"即世"中的"出世"，即在俗世中去感受超俗的意境，即"身植芸芸众生，身披万丈红尘；却不溺于口腹情性，不动于功名利禄，独存一股清气、一股正气……经世风俗雨的大浸染，经七情六欲的大诱惑，仍清洁白守，虽未离俗，亦有一身清爽之气和不媚不阿之态"的境界。①这便是当下我们意欲超越现代性工具理性与极端的道德理想主义所应有的态度。其实道德乌托邦并不神秘，其关键与核心是对人的关怀，批判也罢，超越也罢，都是试图为人的发展创设一个更加完美而人性化的"境遇"，尽管这"境遇"只是观念上的。因此，真正意义上的道德乌托邦拒绝任何形式的专制主义和对人的合理权利与愿望的剥夺；它主张保持一种超越的向度，反对人们因追求过度的凡俗利益而沉沦，但却无意于以凡俗为敌、视世俗为洪水猛兽，更不会胁迫所有俗世中人来陪伴这种超越的"坚持"；它为世人悬设一个理想，却并不致力于将理想还原为现实，以"诗意的美好世界"去取代世俗世界，而只是希望给世人一份警示，一个航标。罗素说："人们是充满激情的、固执的和相当疯狂的。这种疯狂可能会给他们自己和别人带来巨大的灾难。但是，生命的冲动尽管危险，人类若要存在下去且不丧失其特色，就必须保持这种冲动。一种可以使人们幸福生活的伦理学必须在冲动和控制的两极之间找到中点。"② 我们希望重构的道德乌托邦就应当是"在冲动和控制的两极之间"的中点。

　　"当意义的呈现从终极目的转向实践过程的时候，当目的被消解而过程被空前地凸出的时候，理想主义终于立于不败之地，终于找到了自己的栖身所在。这是不能被颠覆、被异化的精神乌托邦，这是经受了虚无和荒诞的洗礼，同时又超越了、战胜了它们的理想主义。理想主义不再是实在的、功利的，它被形式化、空心化和悬置起来了，悬置在最具审美价值和非功利的实践之中。"③

---

① 凸凹：《游思无轨》，中国广播电视出版社 1997 年版，第 40 页。

② ［英］伯特兰·罗素：《伦理学与政治学中的人类社会》，肖巍译，中国社会科学出版社 1992 年版，第 29—30 页。

③ 许纪霖：《另一种启蒙》，花城出版社 1999 年版，第 198 页。

第十章

社会主义和谐社会语境下的
道德理想诉求

和谐是一个极具传统意蕴的哲学范畴。中国传统文化中包含着丰富的和谐思想。儒家注重"仁"的践行，主张由亲及众推及万物，以实现人与人之间乃至人与一切生命有机体之间的亲和，达到"天人合一"的境界。道家推崇自然法则，主张"人法地，地法天，天法道，道法自然"，最终实现人与万物齐一的境界。佛家强调众生平等，肯定彼此之间的相即相入、相互交融。这些原本属于哲学范畴的和谐思想，被运用于人际交往、社会治理时，就转化成了一种伦理原则与治国理念，并通过"大同理想"、"小国寡民"与"极乐世界"等具体理想模式表达出来。虽然，迄今为止历史上有关和谐社会的理想都未曾真正实现过，思想家们设计的和谐社会理想模式也就被定格在乌托邦的影像世界中，但正是他们的天才构想与努力推动着人类社会不断向和谐迈进。和谐社会是一个没有终极的目标，任何一个时代的人们都只能在其可能的范围内使社会更加和谐。

一 和谐社会目标的确立和中国和谐社会面临的挑战

社会主义和谐社会是一个涵括了"人与人的和谐"、"人与自然的和谐"、"人、社会与自然的和谐"、"社会经济、政治、文化的和谐"在内的社会机体达致全面系统和谐，全体人民各尽其能、各得其所而又和谐相处的社会。这一社会的基本特征是：民主法治、公平正义、诚信友爱、充满活力、安定有序、人与自然和谐相处。从社会主义和谐社会的内涵与特征可以看出，社会主义和谐社会目标的提出，既是对传统和谐社会思想的继承和发展，又是应对当前世界局势与中国社会发展所面临问题的主动选择，其中饱含着深刻的人道关怀与道德理想诉求。这些理想诉求既是和谐社会目标的题中之义，又是建设和谐社会的重要保证。

社会主义和谐社会目标的提出有其深刻的时代背景。改革开放以来，随着社会转型的持续推进和现代性的发展，中国社会从经济、政治结构到价值观念都发生了根本性的变化。最突出的表现是生活方式的世俗化与价值取向的功利化。市场机制特别是竞争机制的作用，造成社会急速分化，贫富不均、城乡差别日益扩大，传统单一、稳定的生活方式，安贫乐道的价值观被日益增强的物欲碾碎，平静、安逸的心态被躁动、焦虑所取代，全社会民众的心理承受能力经受着前所未有的考验，社会发展面临着新的严峻挑战。

（一）个体心理和谐面临的挑战

个体心理和谐是社会和谐最深层的基础，是社会和谐的基本条件。构建和谐社会必须高度重视并关注、分析影响个体心理和谐的诸要素。就当下中国实际而言，大概可以归结为以下几个方面：

一是生存焦虑。这里的生存是指基于不同阶层、群体对各自生存条件最低限度的要求与期待而言的。个体最低限度的要求与期待是一个关键性的因素。生活在不同阶层、群体中的个体甚至同一阶层、群体中的个体在不同的阶段，由于生活环境（特别是交往对象/人际环境）和心理期待的不同，对生存意义的理解是不同的。一个来自贫困地区的农民工最初的生存焦虑在于能否在陌生城市立足，随着环境的改变，是否拥有交往群体平均水准的生活状况将会成为其新的期待。而对一个视知识为生命的知识分子来说，是否拥有最基本的研究环境将成为其最底线的生存要求。从这一意义上说，处在社会转型与现代性悖论背景下的社会民众永远也不可能拥有计划经济时代全民共同贫穷条件下的"满足"与"踏实"，其生存焦虑将是一个短时间内难以彻底消除的问题。

二是怨恨情绪。舍勒认为："怨恨是一种有明确前因后果的心灵的自我毒害，这种自我毒害有一种持久的心态，它是因为强抑某种情感波动和情绪激动，使其不得发泄而产生的情态"，是人类意识中出现的价值颠倒或价值崩溃的根源。① 这种被舍勒称为"资本主义时代精神气质"的变态情绪，普遍存在于转型期的社会中。这种情绪源于自我认同上的危机，即所谓的"无能感"或"自卑感"，是不甘心处于弱势地位却又确认自己已处于弱势且无法通过自身的能力或者努力而改变的一种无奈愤怒情绪；一种有着强烈复仇渴望却又没有具体复仇对象的隐忍情绪。"患者"极易将一切境遇比自己好的人甚至整个社会都当成复仇的对象。目前社会中出现的部分恶性犯罪尤其是一些缺乏明确动机的犯罪，很大程度上源于这种怨恨情绪，是个体在心理失衡状态下无预谋的临时冲动或是一种类似"同归于尽"的绝望。造成怨恨情绪的原因很复杂，概而言之可以归结为两个方面。一方面是社会的不公正。不公正又可以分为制度安排上的不公正和人为操作带来的不公正。制度安排上的不公正是任何一个社会尤其是转型期社会都难以完全避免的，是引发怨恨情绪的重要因素，必须也可以通过实践不断修正直至完善。人为操作的不公正则是由于社会强势群体利用掌握的资源，彼此之间联手共谋而造成的，常常借助现代民主程序或在合法程序的掩护下，冠冕堂皇地实现。这是引发怨恨情绪的关键因素。另一方面是个体心理的不健康。表现为平均主义的惰性心理和不求上进的忌妒心理。平均主义是中国传统文化中的负面因素，在计划经济时代得到了最彻底的体现，它抹杀了个体之间的差别，渴求借助政治强制铲平一切合理差距，其结果是使社会失去最基本的竞争活力而停滞不前。改革开放 30 多年过去了，可仍然有一部分人沉浸在平均主义的梦幻中。忌妒是一种无法容忍他人比自己好的人性弱点，经合理引导也可以转化为积极的上进心，成为生命进取的原动力，但处理不好也可以发展成一种毁灭性的破坏力，是一种毁灭他人也毁灭自我的阴毒心理，表现为一种难以排解的强烈痛苦。社会转型与现代性发展所造成的两极分化，激发了人性中潜伏的忌妒心理，带来了个体心理的不和谐。总之，这种个体怨恨心理一旦积累转化成集体性怨恨心理，将引发社会性的动荡。

三是信仰危机。信仰是疏导与化解焦虑、怨恨等不良情绪的有效途径。因为信仰能够使人获得心灵的慰藉和灵魂的安顿，以此克服基于物欲追求而引发的生存焦虑；信仰还能使心灵变得高贵，获得自我人格上的认同，从而克服自卑与无能感。即便是宗教信仰中的宿命论或原罪说也能通过因果轮回与赎罪等方式使人接受现状，从而克服上述怨恨与忌妒等不良心理。因此，

---

① 参见［德］舍勒《价值的颠覆》，罗悌伦译，生活·读书·新知三联书店 1997 年版，第 7 页。

信仰的存在是确保个体心理和谐的深层文化因素。中国在引进西方现代性的过程中，主要专注于科技、制度等形而下层面而常常忽视了形而上的哲学与宗教等观念价值；另外中国现代性发展的过程又必然意味着对传统价值观的否定与瓦解，儒家"天人合一"、"体用不二"等价值观及其包含的内在超越（相对于西方宗教关于彼岸世界的外在超越），经世俗化过程的"脱圣入俗"已退出当代人的价值领域，从而导致信仰的缺失。

（二）人际和谐面临的挑战

人际和谐是社会和谐的关键，也是社会和谐的综合体现。人际和谐包括个体与个体之间、个体与群体之间和群体与群体之间的和谐。改革开放与社会转型，使中国传统的社会结构发生了变化，最典型的是宪法规定作为国家领导阶级的工人队伍日渐边缘化，它在社会政治生活中的核心地位为新精英阶层所代替。特别是随着国企改革的推进，大量工人下岗后，成为为生存焦虑的带有普遍怨恨情绪的待业人员。而在改革中逐步崛起的民营企业家等则凭着其雄厚的资本和对社会的贡献而赢得了普遍的尊重与认同，并日渐成为影响社会事务的重要力量。文化产业的兴起与各行各业明星、大腕骇人的收入，加剧了社会的贫富悬殊。尽管每个人的绝对生活水平在不断提升，但较低收入阶层仍明显感到被剥夺，并由此引发心理不平衡。人类在"越来越多的选择、越来越激烈的竞争、越来越丰富的享受中，渐渐远离了田园牧歌时代的灵性与浪漫，失去了男耕女织时代的互助、宽厚与执著……现代化中的世俗和市场氛围助长了人的本性中的欲望、贪婪、功利、好斗、寡义的扩张"。[①] 这样的社会心理状态，使人际关系愈益复杂化、紧张化，信用危机与道德冷漠感成为人际交往中的普遍现象。

一是信用危机。残酷的生存竞争与利益角逐，越来越将人们的注意力引向对物质利益的追求。同时，人与人之间的交往方式，逐渐由传统面对面的情感交流，转向虚拟的网络交流和生意场上的合作谈判。传统上以情感为纽带的人际关系演变成以利益关系为主要内容的契约与合同关系。面对经常性的与陌生人之间的交往，彼此之间开始设防、猜疑，诚信成了一种稀缺资源。传统文化中的"君子一言，驷马难追"只能以艺术乌托邦的形式呈现。经济领域的假冒伪劣、政治生活中的暗箱操作、文化生活中的学术欺诈等以

---

① 叶南客：《中国人的现代化》，南京出版社 1998 年版，第 217—218 页。

不同的途径与方式渗透到人际领域，加剧了人与人之间的信用危机。

　　二是道德冷漠。道德冷漠一方面表现为人们道德受助期望的冷漠，即在现实中遭遇困境时，在情感上虽然迫切希望获得外界道德力量的关怀和帮助，在理智上却常常对这种缺乏互利基础的关怀和帮助表示怀疑，甚而拒绝，代之以选择自我消解和承受。这种承受可能使人变得坚强、自立，但同时也会使人在孤独无助的情感体验中失去热情而变得冷漠甚至残酷。这就导致了道德冷漠感的另一方面的表现，即道德义务感的冷漠。道德义务感的冷漠表现为现实中的个体，漠视他人的不幸和痛苦，以近乎一种麻木的心态来对待社会生活中的各种不道德现象。这种现象标示着人类本性中最原始的美德——"恻隐之心"在逐渐淡化。道德义务感的冷漠反过来又加剧了人们道德受助感的冷漠，形成一种恶性循环。更为严重的后果还在于，如果这种道德冷漠感成为一种普遍现象，就必然导致社会舆论监督的弱化与无力，就会使社会的不道德现象包括各种恶信行为处在一种不受约束、无人监督甚至近乎失控的状态下大行其道。

（三）人与自然和谐关系面临的挑战

　　现代工业文明与科技理性的最大的成效之一，是提升了人类改造自然、控制自然的能力。随着人类对自然规律的掌握和对自然认识的不断深化，自然由前现代时期人类敬畏的富有灵性的存在，变成人类认识与改造的纯粹客体和争夺对象。人类借助现代科技的力量，以"无所不能"的盲目自信，试图随心所欲地控制和主宰自然，最终在毫无反思的情况下走向了与自然的对抗。无节制地使用与开发自然，导致了自然资源的枯竭和环境的恶化，人与自然之间的和谐关系被打破，出现了紧张与对立。自然开始毫不留情地报复人类，各种源于生态危机的自然灾难此起彼伏，生存环境日益遭到破坏，空气污染，河水变臭，臭氧层被破坏，地球变暖，热带雨林的消失和荒漠化，人类面临巨大的环境灾难。造成人与自然之间关系紧张的原因是复杂的，但最主要的是以下两个方面。

　　一是人类中心主义价值观的导向。人类中心主义确信"人是万物的尺度"，并坚持以人类的利益和价值为中心，来处理人与自然的关系。它主张在人与自然的价值关系中，只有有意识的人才是主体，价值评价的尺度必须始终掌握在人的手中，人是宇宙的中心和仲裁，自然作为客体，只是"一个巨大的工具棚"，一个"供人任意索取的原料仓库"，其存在的价值取决于能否以及在多大程度上满足人类的需要。"人必然使自己成为全部自然界的中心；事实上他只能按自己的感受来判断事物；他只爱自以为对他生存有利的东西；他必然恨和惧怕一切使他受苦之物；……人类必然确信整个自然系为他而造，自然界在完成它的全部业绩时心目中只有人，或不如说，听命于大自然的强大因果在宇宙中产生的一切作用都是针对人的。"① 正是这种价值导向促使人类肆无忌惮、心安理得地掠夺自然，并由此导致人与自然之间的紧张。

二是工具理性的膨胀与驱动。工具理性，是通过精确计算功利的方法最有效达至目的的理性，是一种以工具崇拜和技术主义为目标的去道德化的价值观，它关心的是手段对达成目的的有效性，而不追问目的与手段的合道德性与否。现代社会，工具理性由于科学技术与世俗化社会环境的支持而无限膨胀，日益占据人类精神领域的统治地位。它鼓励并促使人们以最有利且有效的方式去实现自己的目标，并将手段的效用性作为判断其合理与否的标准。表现在人与自然关系的处理上，它追求自然资源的最大效用，由此导致人类对自然的无节制开发与利用，并引发了人与自然关系的紧张。无论是人类中心主义还是受工具理性所支配的价值观，都是源自西方的思想观念，但它们被引进到中国后其负面效应并没有得到有效克服，相反还瓦解了中国传统文化中丰富的和谐思想资源，阻止了中国传统文化资源的现代转化。

上述三个方面的和谐或不和谐都是相互联系、相辅相成的。个体内在心理的和谐有利于促进人际关系的和谐，而怨恨情绪的存在必然影响人际的和谐；相反，人际关系的和谐又是个体心理和谐的重要保证。人与自然的和谐即儒家所倡导的"天人合一"是个体内在心理和谐的最高境界。人对自然资源无节制的利用与掠夺，在导致人与自然关系紧张的同时，也引发了人与人之间出于争夺自然资源而产生的紧张关系。

二　社会主义和谐社会的道德理想诉求

当前影响社会和谐的因素虽很复杂，但最根本的是社会公正问题、人际信用问题和人与自然关系的处理。要推进社会主义和谐社会目标的实现，就要对社会不和谐的种种因素实现必要的超越。

---

① 转引自［德］狄特富尔特等编《人与自然》，三联书店 1993 年版，第 114 页。

（一）超越人情障碍的社会公正追求

公正之于社会和谐的意义在于，它能协调各社会阶层与群体之间的利益关系，避免或减少因为利益分配不公而产生的社会不安定因素及各种不确定的潜在矛盾；能平衡社会成员的心理，减缓乃至消除由于怨恨等情绪积压而造成的个体心理不和谐；能保证社会正常的竞争机制，增强社会的活力。

公正是人类追求的永恒价值目标。对公正最简练的表述是"得其所应得"，"应得"是一个历史概念，会随着时代变化而被不断赋予新的内涵。在现代民主社会，"应得"意味着权利与义务的恰当分配，即每个人由法律赋予的基本的自由、权利在未经法定程序被剥夺之前都是其"应得"，同时任何人在得到自己"应得"的同时，有义务不得以任何方式侵犯他人的自由和权利，否则将要受到相应的惩罚，而这"惩罚"本身也属其"应得"。通常情况下，社会公正的实现需要具备三个条件：一是制度的合理安排，即在内容上能明确社会成员的权利与义务，规定个人"应得"的范围，在价值导向上能充分体现社会的公平与正义，在效能上能最大限度地满足社会各阶层的利益要求。二是制度的有效落实，即制度执行者在行使公权的过程中，依法恪尽职守，确保制度安排的正义的有效兑现。三是公众对制度安排与落实情况的充分认同，包括对各自法定权利的维护与对他人法定权利的尊重，以及对各种侵权行为的有效抗争。这三个条件是相互联系、相互制约的，制度的安排是实现公正的前提与依据；制度的有效落实是实现公正的关键与保证；公众对制度的认可、信任与遵守是实现公正的社会基础，也是对制度安排公正性及其执行有效性的检验。

长期以来，思想家、政治家们致力于公正理论建设，并将理论建设运用到现实制度的设计上，通过制度的完善为社会公正提供保障。传统中国是一个崇尚德治的国家，人们将对公正的诉求更多地寄托在各级统治者个人的道德品质上，漠视了对制度建设的要求。改革开放以来，中国社会致力于各方面制度的建设与完善，但传统的思维惯性仍然存在并以巨大的力量作用于社会生活的方方面面，阻碍着现行制度的有效落实。

1. 人情对实现社会公正的障碍

人情是指人们在处理包括与亲属、亲戚、朋友及其他熟人（从同学、同乡、同事到日常生活中的各种利益相关者）之间关系时所持的情感倾向以及为这种情感倾向所支配的行为方式。人情本是一个中性词，并无善恶，与公正没有天然冲突。但是，如果人们在公共交往中，尤其是代表国家行使公权的公务人员，将人情带到职业生涯中，并因此而影响甚至干扰了职责的履行时，就必然成为社会公正的障碍。

一是人情阻碍了正当权利与义务的落实。制度的合理安排具体表现为各项法律、法规及相关规章，是实现公正的前提与根据。但制度规定的权利与义务还只是"应然"，它们要转化为现实还取决于广大公民自觉的遵守和制度执行者的恪尽职守。这里的恪尽职守既包括在原初程序上的"依法办事"、"坚持原则"和行使自由裁量权时的"不偏不倚"，也包括对既成事实的违规行为的有效纠正，即对侵占他人利益者予以惩罚，对利益被侵犯者予以救济，以此矫正由于原初执行环节带来的不公正，使人最终能"得其应得"。在这一过程中，制度的原则性和概约性赋予了执行者自主决定的极大空间，也为人情的介入提供了方便之门。能否按照统一的标准"依法办事"，在多大的范围内"坚持原则"以及是否能始终"不偏不倚"，几乎都取决于执行者内在的良知及其对制度与原则的敬畏之心。现实中，人情常以其温情脉脉的利刃，摧毁着制度执行者对良知的持守和对制度原则的敬畏。人情就像一张无形的坚韧无比、错综复杂、利益相随的网：从儿童入学到硕、博录取；从就业到职务提升；从一张小摊位的执照到一个公司的注册，其先后、快慢……无不包含着人情的因素，真可谓"无所逃于天地之间"。这种由人情导致的人为不公，使个体的权利义务处在一种不确定的状态下，个人的待遇不是依据法律和制度，而是依赖于执行者的任意，被公平地对待成了一种运气而不是权利。① 那些享受到人情温暖和关照的人们自然对这一"温情"世界无限感激。可那些被人情遗忘甚至是直接承受人情操作不公正后果的人们，要么不惜代价去努力寻求人情的捷径，使自己也成为不公正的制造者；要么在承受不公正中将其无助、失望与愤怒转化为对社会的怨恨甚至仇视。于是，社会的不和谐、不稳定就这么慢慢积累起来了。

二是人情放大了基于自然禀赋差异的不平等。人与人之间由于家庭、成长环境特别是个人禀赋而造成的不平等是一种客观的事实。面对这些客观的差别，要追求绝对的平等是不可能的，不承认这种差别"取其两端而拉平"，也是一种不公正。新中国建立后"平均主义"和"吃大锅饭"现象及其带

---

① 参见［英］A. J. M. 米尔恩《人的权利与人的多样性》，夏勇、张志铭译，中国大百科全书出版社 1995 年版，第 161 页。

来的后果就是最好的例证。米尔恩在论述被平等对待的权利时说："只要平等者被不平等对待，不平等者被平等地对待，或者，如果不平等者被不平等地对待，但其中相对的不平等并不均衡，那么，权利就受到侵犯。"① 人与人之间的这种差别甚至不平等只能体现在由个体禀赋而直接产生的后果上，而不能扩及机会与过程，社会提供的机会和资源必须平等地向所有人开放。

出于和谐发展与仁爱的要求，并不排除通过政策上的调剂，对弱者作适当的倾斜，这在一定程度上被视为公正的题中之意。"社会有必要也有责任进行初次分配后的社会调剂。社会调剂原则是公正的重要内容之一。"② 罗尔斯将实现"最少受惠者的最大利益"的假设纳入他的正义理论，也正是基于对公正的这种理解。他认为"人们的不同生活前景受到政治体制和一般的经济、社会条件的限制和影响，也受到人们出生伊始所具有的不平等的社会地位和自然禀赋的深刻而持久的影响，然而这种不平等却是个人无法选择的。正义原则要通过调节主要的社会制度，从全社会的角度来处理这种出发点方面的不平等，尽量排除社会历史和自然方面的偶然任意因素对于人们生活前景的影响"。③ 但这种调剂必须经法定程序以制度的形式来体现，绝对排除人情的任性干扰。人情的任性操作不仅会打破社会总体的公正秩序，更为严重的是导致强者愈强、弱者愈弱，放大了自然的不平等，导致现实的不公正。因为在通常情况下，一个人的先天条件、家庭状况、社会地位与其所拥有的人情资源是成正比的。这也就意味着越是强者，越是能获得人情的关爱，越是有能力"帮助"他人的人也越能得到他人的"帮助"，这就是所谓"强强联手"。社会能够提供的资源与机会的总量是有限的，由于自然的不平等而处于弱势的社会底层百姓，获得来自强势群体人情关爱的可能性很小，对于那些掌握了人情优势的人们来说或许只是举手之劳之事，在他们就比登天还难。于是，社会的不公正在自然不平等的基础上，又由于人情的放大，形成了畸形的累加。

三是人情导致制度调节功能的弱化甚至缺失。制度安排是实现公正的前提与依据，但必须以其有效的落实为前提。因为制度的有效落实，直接决定

---

① ［英］A. J. M. 米尔恩：《人的权利与人的多样性》，夏勇、张志铭译，中国大百科全书出版社 1995 年版，第 160 页。

② 吴忠民：《公正：从传统到现代》，《中共中央党校学报》2001 年第 3 期。

③ 转引自何怀宏《公平的正义——何怀宏解读罗尔斯的〈正义论〉》，山东人民出版社 2002 年版，第 16 页。

着人们应有的权利义务是否能转化为现实，也直接关系到由于人情因素而造成的不公正能否得到矫正。而制度是否能有效落实又取决于公众的信任度。信任度越高，制度就越能发挥其调节功能，其应有的威力也就越能得到体现。而其调节功能的有效发挥又反过来增强了人们对它的信任，以此形成一种良性循环。而人情的破坏作用恰恰在于它直接阻碍了制度的有效落实，使制度失去其应有的调节功能和在公众心中的威力，最终可能消解人们对制度的信任。对制度不信任的结果是，人们放弃对制度的依赖，转而去追求人情的捷径。其结果又为人情的泛滥创造了社会环境。

2. 人情障碍产生的原因分析

一是传统人际文化的深层影响。中国是一个极度重视人伦关系的民族，儒家"爱有差等"、"亲亲相隐"的思想观念，历经两千余年，已经渗透到民族文化的深层，体现到百姓的日常生活中。"爱有差等"，即以对父母兄弟之爱为同心圆的圆心，层层外推，逐渐扩充到对宗族、国家和社会的爱，最终达到"老吾老，以及人之老；幼吾幼，以及人之幼"① 的理想境界。作为这种思想的直接体现和必然要求是"亲亲相隐"，即为了维护最真实、最浓厚的"亲亲"之爱，亲属之间有"责任"在彼此可能受到惩罚时，互相"隐罪"，帮助彼此逃脱惩罚。这种对人情的尊重、对血缘亲情的关怀与呵护，有其符合人性之处。长期以来，在维护中国传统社会稳定与家庭和谐方面也确实发挥了重要的作用。更为重要的是，"爱有差等"所强调的"爱"包含着儒家一种强烈的道德责任。从儒家一贯倡导的"修、齐、治、平"与"内圣外王"来看，这里的"责任"绝对不只是对亲人无原则的庇护、关爱，为其非法牟利，更主要的是通过严格的教育和监督，助其亲人"弃恶从善"，提高道德修养。就"亲亲相隐"而言，很显然"隐"是事发之后出于"孝、悌"伦理要求与社会正义冲突两难选择中一种无可奈何的"权宜"措施，并不是允许和纵容亲人的胡作非为，更不是倡导为了亲友的利益而滥用职权。此外，儒家还积极倡导"推恩"，将对亲人之"仁爱"推广至天下人，以实现全天下一体之仁。但这种看似合情合理的思想观念，对中国社会实际所产生的负面效应，却是根深蒂固的。对亲情的重视经历代演变与强化，直接导致了中国人对规则和法律的淡漠，普遍存在的"以情代法"、"以情坏法"现象，严重地冲击着社会的公正。实践中，一个掌握了权力资

---

① 《孟子·梁惠王上》。

源有能力为他人提供帮助的人，如果拒绝关心亲友的利益、不为其苦痛着想并尽可能地给予帮助，就必然会遭到来自亲友甚至社会舆论的指责，并可能因此而留下"无情无义"的骂名。这种观念延续至今，为现实中的人情操作甚至人情滥用，提供了解释、辩护的借口。有了这种观念的支持与掩护，现实中，借人情之名行交易之实的现象也就畅通无阻了。

二是共同利益的驱动。"一个人的自我利益的视野只限于对他来说是最好的东西。作为其自我利益所在的那些条件就是使他个人能够尽可能好地生活的条件。他可能很关心他的家庭、他的朋友的幸福，甚至更为普遍关心所有与他有亲密或经常联系的人的幸福。这些人直接关系到他个人生活的质量，他的幸福在或大或小的程度上与他们的幸福相连。因此作为他的利益存在的那些条件，应该包括那些能使他们幸福生活的条件。"① 利益既可以是物质的，也可以是精神的，综合来说就是一种需要的满足。人的需要是多方面的，获得物质享受是一种需要，得到他人的感激与尊重也是一种需要，获得他人的友情更是一种需要，逃避指责也是一种需要。总之，对提供帮助者而言，其上述需要的满足可能来自被帮助者不同形式的回报，也可能体现在实施帮助过程中自我"价值"（被尊重、感激甚至被赞美等）的实现，也可能直接源于为利益共同体其他成员幸福的考虑。与此相应，帮助他人的方式与途径也是多方面的，为他人提供物质上的援助是一种帮助，为其创造成功的条件是一种帮助，为他人减少损失是一种帮助，为其摆脱困境也是一种帮助。自我需要的满足和价值的实现、亲友之间的相互帮助本来都是人之常情，假如个人需要的满足与价值的实现没有侵害到任何他人或社会的利益，再假如相互帮助的目的纯粹出于亲情和友谊且手段合情、合法，结果也有利于社会的整体和谐，这种互助就是既利他又利己之举，应作为一种美德加以提倡。但问题的关键是，现实中提供帮助的资源多半是源于个人的岗位职权。因此，一个人所能提供帮助他人的机会与其所在的岗位的重要性成正比，而他所能得到的回报或者说"价值"的实现程度又是与其所提供的帮助成正比。因此，这种所谓的人情事实上就成为了一种利益的交换。在其利益所及的范围内确实实现了既利己又利他。这种互惠互利的人情交易，使得受益者乐此不疲，忘记或者常常忽视了其行为可能给陌生人带来的无形的侵害

---

① ［英］A. J. M. 米尔恩：《人的权利与人的多样性》，夏勇、张志铭译，中国大百科全书出版社1995年版，第49页。

和对社会公正的破坏。而且由于人情交易与复杂的情感因素相纠结，使之从内容到形式上都不同于以纯粹权力或金钱为交易的腐败，其危害性是潜移默化的，不易引发强烈的民愤，当事人承担的风险不大。相反，如果选择坚持原则，拒绝为亲友、熟人或是利害关系人提供自己职权范围内的帮助，那么他可能面临的风险是亲友的指责、熟人的怪罪和利害关系人的"以礼相待"。在这种情况下，他的行为虽然维护了陌生人的利益，坚持了社会正义，却可能得不到应有的肯定或感谢。利益的权衡常使人们选择将道德的风险转嫁给陌生人，久而久之便陷入人情的旋涡难以自拔。因此，从根本上说现实中人情的滥用很大程度上是源于个人或团体复杂利益的驱动。

三是操作手段的便利。首先，执行者拥有执行过程中的自由裁量权。制度是原则性的，不可能涵盖现实生活的方方面面，必然赋予执行者相应的自由裁量权，司法实践中法官所具有的自由裁量权就是例证。在这一权限范围内，执行者所受到的约束，一方面来自于公众的监督，另一方面来自于自己良心的制约。从公众的监督来看，没有利害关系的公众由于事不关己加上知情的范围有限，不愿意也不可能有效地实施监督；有利害关系的那部分公众由于考虑到将来"合作"的可能性，会选择尽可能将冲突保持在一个可回旋的限度内，其监督的力度自然是相当有限的。因此，只要执行者的行为尚未达到不能容忍的程度，这种来自外界的制约与风险是可控的，剩下的就只有良心了。在没有涉及特殊人情关系时，听从良心的指挥，做到不偏不倚并不难。但面对亲友甚至可能是师长或上司时，良心的作用也是很微弱的。其次，执行者拥有制度的解释权。这种解释权大至国家的法律，小至一个单位内评优评先条件。有多少个规章制度，就有多少个相应的解释，而解释的方法可以是多样的，如果需要也可以是因人而异的。日常生活中这种由于不同解释而产生不同后果的现象随处存在。这种解释权为执行者的人情操作提供了相应的空间。

3. 超越人情障碍的道德理想追求

人情本是人类生活中的自然感情，即一种期待自己所爱或亲近之人获得幸福的欲念，并不必然地影响社会公正。只有当这种欲念与个人不良动机即私欲和邪念结合时才导致不公正。倘若这种自然感情与人类正义感与同情心等相结合，则不仅能确保公正执行制度，还能在一定程度上克服由于制度本身不完善而导致的不公正。法律赋予法官的司法裁量权就是希望法官的良心与智慧能适当矫正法律的刚性可能带来的实质上的不公正，中国传统社会的清官更是将法的公正演绎得充满人情味。因此，要克服人情在社会公正中障碍，必须强化培养公务员道德情感中最重要的正义感与同情心。

正义感直观地说是基于对社会公正与公平的追求而产生的，是对阻碍这种目标实现的行为与现象的痛恨而萌发的意欲消除这种现象与行为的心理倾向与情感冲动。这种心理倾向与情感冲动可以外化为现实中的主持公道，在中国传统社会备受推崇的义薄云天与舍生取义行为就源于行为者内在的正义感。

"同情心是对他人的不幸遭遇产生共鸣及对其行动的关心、赞成、支持的感情。它不仅是对弱者的同情，也包括对强者、正义者的支持。不仅是一种感情上的共鸣，也包括助人为乐、伸张正义的动机和行动。它要求人们善于理解他人的处境，随时准备从道义上支持他人，从行动上帮助他人。"[1] 同情心在现实中外化为对正义者的崇敬、感佩和对弱者的扶助与关怀。富有同情心的人能够体验感受到他人包括陌生人的忧伤与悲痛，能够把别人的痛苦当做自己的痛苦，于是只要可能就努力使处在痛苦中的人解除痛苦，即便没有能力也给予道义上的支持。

同情心与正义感在现实中具有强大的感化力量，能够促进社会正气与良好舆论氛围的形成，优化社会道德环境。同情心与正义感是紧密相连的，都是人类最珍贵的道德情感。"人类的同情心会使人们跳出自我狭小的圈子，对别人甚至与我们自己的利益不相关的人的快乐与痛苦产生关切。正义或非义行为对人类社会和行为相对人所带来的利益或损害使我们感觉到一种特殊的快乐或不快乐，这种特殊的快乐或不快乐，就是我们对正义与非义行为产生的道德感。"[2] 对公务员道德感的培养与渗透是超越人情障碍必不可少的，道德感潜在于人类的原始情感中，需要挖掘培育而且也是可以培育的。休谟认为由于教育的力量和政治家们的人为促进，道德感会和荣誉感紧密地联系起来，在我们幼小的心灵中生根发芽，成为"与我们天性中最根深蒂固的那些原则可以等量齐观"的情感；人们对名誉的关切更巩固了这种联系。传统中国社会道德教化系统对各级官员一以贯之的"内圣外王"教化及其清官的深入人心，是仍值得今天借鉴的。

需要强调的是，对社会公正的追求、对公务员道德感及其在推进社会公

---

① 骆艳萍：《试论同情心教育的价值与途径》，《湖南师范大学教育科学学报》2009 年第 7 期。
② 黄济鳌：《对休谟正义理论的一种解读》，《江汉论坛》2004 年第 9 期。

正中的作用，都需要一种乌托邦的精神与情怀，一种永不放弃的信心。要努力消除现实中人们囿于人情现象的"习以为常"而产生的无可奈何乃至放弃对公正追求的妥协情绪，即"纵容"人情泛滥的情绪。要坚信人情对社会公正的负面作用固然根深蒂固，却可以消除。因为从社会发展的终极目标来说，公正是人类共同的追求，也是人类共同的福祉，虽然享受了人情关爱的人们获得了眼前的短暂利益，但其行为所产生的不公正及由此带来不和谐的社会环境，最终将作用于每一个体。每一个希望走向未来的人都不能无视生存环境的恶化，这是超越人情障碍可能性的理论前提。

（二）超越功利主义的诚信境界追求

诚信是和谐社会的重要特征。中国实行市场经济以来，诚信缺失一度由经济领域逐渐蔓延到政治、文化、日常生活领域，严重干扰了正常的经济秩序和社会道德秩序，引发了全社会对现实道德水平的深度忧虑，同时也严峻地挑战了现实中的人际和谐。打造诚信成了各级政府、企业、事业单位和广大民众的共同呼声。与此同时，诚信的功利意义也被不断强调：企业将诚信作为重要的道德资本；政府将诚信作为树立威信、改善干群关系的润滑剂；个人将诚信作为赢得人际关怀的重要条件。这些积极的导向有效地改善了社会的诚信状况，但同时也引发了相应的负面效应，即将诚信作为实现其他目的的手段，而忽视了将诚信作为一种品质来塑造。而我们建设和谐社会，需要的是超越功利主义的真正意义上的诚信。因此，对超越功利主义诚信境界的追求，就成了我们建设社会主义和谐社会的道德诉求之一。

1. 功利主义诚信及其理论与实践反思

功利主义的基本原则是"最大多数人的最大幸福原则"，即将行为的道德评价建立在行为的后果上，以后果是否最大限度地促进了行为所涉及者快乐的增加或是痛苦的免除来判断行为正当与否，也称效果论或目的论。站在功利主义的视野下来看待与评价现实中个人或法人是否该诚信，就是要看该诚信行为是否最大限度地增进了行为所涉及者的幸福，如果是，那么选择诚信就是正当的，是必需的；否则就是不正当，不应该选择的。用时下的话来说，就是讲诚信是为了追求"双赢"或"多赢"的结果。

很显然，在此，"诚信"本身并不是追求的目标，也不是不证自明必须遵守的行为准则，其之所以被强调、倡导完全是由于它导致的结果是可欲的——诚信成了获取幸福（快乐的增加或痛苦的免除）的工具。因此，诚信的动力必须且只能是其结果给行为者带来的幸福——快乐的增加与痛苦的免除。反观现实，当今社会对诚信的呼吁和强调确实大部分源于诚信之外的目的，很大程度上并没有突破功利主义的范围。功利主义诚信有其存在的现实合理性，首先，它能够为行为主体的诚信行为提供动力支持，尤其是当社会的运行机制包括分配机制健全公正的情况下，这种支持还是很有力的。其次，行为主体有可能在持续为追求其合法利益而约束自己行为的过程中形成诚信的良好习惯进而拥有诚信的德行。正如亚里士多德所说："对于德性，乃是因为我们先运用了它们而后才获得它们，即通过做公正的事而成为公正的人，通过节制而成为节制的人，通过做事勇敢而成为勇敢的人……"① 再次，这种诚信行为能为社会带来客观的效益，可以保证行为的结果在一般情况下有利于社会和他人。

功利主义诚信即作为手段的诚信的弊端及其危害性也是明显存在的。在功利主义诚信的视野下，诚信的动力必须且只能是来自诚信之外的目的，如果行为主体通过其他手段也能达到相同的结果，那么诚信便是随时可替代的。诚信既是手段，那么其行为的自觉程度将直接受制于行为的预期后果——行为可能产生的直接利弊和可能遭受的赏罚、褒贬。倘若行为主体确信该行为能带来预期的利益——使其快乐或免除痛苦就会坚持诚信，如果预期不能获得相应的利益或是找到另一种能够获得更大利益的手段，就可能选择放弃诚信；如果诚信没有获得奖赏和褒扬，不讲诚信可以逃避惩罚和贬抑，行为者也会在功利思想的指导下选择不诚信。可见对这种基于过多精明理性考虑而导致的诚信强调过多，久而久之会使全社会忽视了对"诚信"这一道德品质自身价值的重视，进而放弃或是减损了人们对诚信的道德价值的认可。再者作为手段的诚信其实现机制主要是外在制度或舆论的约束，一旦约束失效或是约束不力或是约束无法涉及则诚信难以保障，现实中的种种失信行为正是源于此。因此，这种只重结果不重过程、忽视了诚信本身目的性意义而成为纯粹手段的诚信，虽由于具备存在的现实土壤，但却不应该被继续强调、倡导和肯定，而应该且必须被超越。超越的途径是追求作为纯粹义务的诚信境界和作为德性主义的诚信境界。

2. 作为纯粹义务的诚信境界

义务就是应当的行为，"应当"在义务论代表康德看来就是"绝对命

---

① ［古希腊］亚里士多德：《尼各马可伦理学》，廖申白译，商务印书馆 2003 年版，第 36 页。

令"，是人们无法使自己解脱而只能遵从它们的命令，也就是在任何时候、任何地方都适用和有效的可普遍化的行为准则。那么如何确定一项行为准则是属于普遍法则呢？康德认为，一项行为准则只有当每个人永远服从它在逻辑上是可能的和每个人总是不服从它在逻辑上是不可能的时候，才可以被接受为普遍法则。按照这一逻辑，只要证明诚信是属于可普遍化的行为准则，就能确定它是属于义务范围，同时也就证明任何人在任何情况下都应当遵守诚信的行为准则。而诚信正是这样一种可普遍化的行为准则。

作为义务的诚信是将诚信作为一种义务去履行、去遵守，即将诚信看做是超越功利的，不管对行为者及其相关人员有利与否，也不管行为主体愿意与否都必须履行的道德责任。将诚信作为一种义务来强调，有其现实的必要性。现实中诚信缺失很大程度上是源于义务感的缺失或责任意识的淡化，因此有必要在全社会普遍树立尊重义务、敬畏义务的观念。长期以来，由于计划经济时代只强调义务而不讲权利的单向性思维和主张所导致的逆反心理，以及改革开放后长期被压抑的主体意识与权利意识的释放而导致的矫枉过正，本应伴随着权利意识的觉醒而同步生长的义务感并没有得到很好的培育与发展，反而日渐被忽视与淡化，因此义务感的培育已成为打造诚信的迫切要求。作为义务的诚信，不仅可以保证人们在有外界约束的情况下履行诚信义务，还能确保在缺乏外界约束的情况下筑起失信的防线。在当前法制还不够健全、尚不足以规制全社会人们一切行为的背景下，在舆论监督相对乏力的情况下，这种来自主体内心义务感而形成的防线尤其重要且可贵。当然我们强调义务感的重要并不排除对法律与制度的诉求，只是认为现实和理论都提出了这一无法回避的课题。

诚信必须作为一种义务被强调，那么作为义务的诚信即超越行为效果的诚信是否可能？一般情况下，行为的结果既可能给行为者带来利益也可能给行为者带来损失，可能使行为者体验快乐也可能使之感受痛苦。作为义务的诚信即超越行为结果的诚信意味着行为者不能考虑个人情绪感受、计较行为得失，只要没有更迫切更重要的义务就必须选择诚信。那么当人们清楚地知道诚信并没有给自己带来利益或好处，且如果自己不诚信他人并不知道不可能有遭受舆论或任何其他人指责的风险时，人们是否可能选择诚信？或者进一步说，如果不诚信还可能给自己带来好处也就意味着如果诚信会给自己带来损失时，是否还可能坚守内心的义务感而做到矢志不移呢？从人的自然本性来说，这是不可能做到的，但人的社会性决定了这种可能。

　　首先，义务必须被履行是在社会发展和交往不断扩大中逐步形成的共识。在漫长的历史进程中，人们在饱受自然状态下适者生存的无助与社会无序状态下的苦难后产生了对秩序的要求，从而形成了制度与法律，同样在历经蒙昧时代的野蛮后形成了习俗与道德。有了习俗与道德、制度和法律，义务概念便应运而生，履行义务也就成了社会文明与秩序的要求，成了个体无法逃脱的责任。只要人类不想回到文明前的野蛮状态中去，义务就必须被履行。现代社会"义务必须被履行"已是人类的共识。这里的共识有两层含义：一是特定时代人们的义务是客观存在的，不以当事人意识到与否为条件，即使义务主体实际上以自己的意志选择了违背义务的行为，这也不能改变义务的存在，即义务并不因义务人的实际行为与义务相悖而消失，如某人不赡养父母并不能改变他必须赡养父母的义务，不说真话也并不因为他不说真话就没有了说真话的义务。二是不论人们在观念上接受与否，都必须在行动上履行被社会普遍认可的义务，正如英国学者米尔恩指出："义务在道德和法律中都是一个关键性概念。它的中心思想是，因为做某事是正确的而必须去做它。说某人有义务做某事，就是说不管愿意与否，他都必须做，因为这事在道德和法律上是正当的。"①

　　其次，诚信是被不同的道德体系所一致认同的义务。凯尔森认为，义务源于义务规则——对义务产生条件的规定。这种规定在于指明，在什么主体范围内、在什么时间条件下、在什么地点条件下、在什么事件条件下、在什么关系状态下，该范围内的主体应当做出什么样的行为。根据义务规则，一旦一个人处在该规则所规定的主体范围内，处于该规则所规定的时间、地点、事件、状态的条件中，这个人就有了具体的义务，或者说就应当做出该义务规则所要求的行为。如警察在工作时间里必须维持社会秩序，面对社会突发事件必须挺身而出；医生遇到危急病人必须无条件施救等。但在人类社会中的某些最基本的义务规则中，没有关于主体的规定和其他条件的规定，如不得杀人，不得盗窃，要诚实，应当爱邻如己，等等。② 这些最基本的规则独立地构成了道德规则。它们同时又是每个人的义务。也就是说这些规则对所有的人、在任何时候、任何状态下都适用，以致可以省略对主语及其他

---

　　① ［英］A. J. M. 米尔恩：《人的权利与人的多样性》，夏勇、张志铭译，中国大百科全书出版社 1995 年版，第 34 页。

　　② 参见张恒山《义务先定论》，山东人民出版社 1999 年版，第 62 页。

条件的语言表述。这种省略使得这种义务规则本身与义务几乎没有区别。这些义务规则被看成是普遍性的规则，诚信就是属于这样的普遍性规则。正因为如此，在人类文明史上，几乎所有的道德体系都将"诚信"或"诚"列入义务的范畴。

既然义务必须被履行，而诚信又确定无疑是义务且是作为普遍准则的义务，这就至少保证了在观念上诚信的永恒性、神圣性。这种永恒性和神圣性将使对义务主体履行诚信义务的强制要求和对义务主体违背诚信义务的惩处，由于获得社会的普遍认可而拥有不容置疑的正当性与合法性，从而使诚信义务的履行具备了观念上的保障机制。当然观念上的永恒性、神圣性与外在约束的正当性与合法性，并不一定能够保证实践中诚信始终被个体所持守，关键的是要在个体内心树立起对诚信的敬畏与尊重，以个体内在的义务感来确保诚信。

3. 德性主义的诚信境界追求

作为德性的诚信即将诚信作为一种可欲可求的优秀品质来追求和实践。个体实践诚信的过程也就是诚信品德生成的过程，是个体自我道德境界完善与升华的过程。这个过程淡化了对"信"这一行为表象的要求，而着重于内心对"诚"的感悟与体认，追求的是主体发自内心的"诚意"。这种意义上的诚信要求道德主体一是要有追求诚信、作一个诚信的人的强烈愿望；二是主体将这种愿望化为一种实际的行为，终身追求；三是追求诚信的过程使其感受到无比的快乐。

德性主义（或德性论）的基本观点是道德的基本问题是应当做一个什么样的人，把道德落实于人的内在品质。主要评价人的品质，对人的行为的评价是根据对人的品质的评价派生出来的。其观念基础是道德之为道德，主要在于一个人的内在品质，只有具备了某种内在品质，才是一个道德的人，只有道德的人才有道德的行为。将德性主义的基本观点落实到诚信这一具体问题上，就是着重于内心对"诚"的感悟与体认，追求的是主体发自内心的"诚意"，"'说谎之所以是错的'，在德性论者看来不是因为说谎侵犯了别人'知道真相'的权利，也不是因为它违反了'他人要受到尊敬对待'的规则，而是因为'说谎是不诚实的'，而'不诚实'是一种坏品质，是恶的"。[①] 相反，之所以应该诚实，是因为"诚"是一种好品质，是善的，其

---

① 高国希：《当代西方的德性伦理学运动》，《哲学动态》2004年第5期。

本身就是可欲可求的，是一种合目的性的存在。个体获得"诚"的过程，实际上也就是实践体验其自身美好生活的过程。麦金太尔把实践分为具有内在利益的实践和只具有外在利益的实践，实践的内在利益是指一种实践本身所内在具有的利益，它必然蕴涵于此种实践的过程本身，而无法通过其他方式获得，用彼彻姆的话说是"由于其自身的缘故而不是因其会导致某物而为我们希望占有和享受的价值。这些价值自身就是善的，而不仅仅是作为借以达到其他事物的手段才是善的"。① 而外在利益是指通过任何一种实践所带来的外在于其自身的占有物，如金钱、地位、权力等。显然前者注重的是实践的过程，后者追求的是实践的结果。"诚"正是使实践具有"内在利益"的品质，这可从中国传统文化"诚"的概念中得到最有力的说明。中国传统文化中的"诚"，通常被理解为是本体论意义上的诚，"天人合一"境界上的诚，"诚"既指天道运行的自然过程，也指天道运行过程延展出来的真与善的品性。天道运行过程即大自然化育万物的过程，这个过程是生生不息、真实无妄的，如四季更迭、万物生长，无声无息，自然而然。这个过程是天道"真"与"善"本性自然而然的延展，也是天道对人性的示范与引领。天道运行无声无息，不居功、不张扬，化育万物但不宰制万物，使万物各按其本性自然而然地生长，这便是天道之诚。人类作为大自然的产物，秉承了与天道相符的良善本性，可通过自己的主观努力——坚持不懈的自我修炼去发扬这种本性即"尽其性"，最后达到"赞天地之化育"、"与天参"的"天人合一"境界，这是人性向天道的接近与回归，也是实现与展示人性之诚的过程，是"尽其性"—"尽人之性"—"尽物之性"的修炼过程。个体的这一修炼过程便是"诚"的体现过程，蒙培元先生认为，这样的"诚"既是存在意义上的"真实"，也是道德意义上的"诚实"，包含着目的性的善。② 德性主义诚信的社会价值在于：一是超越了功利主义的患得患失，使诚由手段上升为目的。诚或诚信不再是主体获取金钱、权力、地位、名誉的手段，而是主体自我内在的需要——追求自我完善的需要。主体的行为不再为行为的结果——实践的"外在利益"——所左右，而孜孜不倦于至善的内在追求，从而赢得了高度的自由。二是超越了为义务而义务的外在规范要求，赢

---

① ［英］汤姆·L.彼彻姆：《哲学的伦理学》，雷克勤、郭夏娟、李兰芬、沈珏译，中国社会科学出版社 1990 年版，第 120 页。
② 参见蒙培元《〈中庸〉的"参赞化育说"》，《泉州师范学院学报》2002 年第 5 期。

得了自我心理的和谐。个体一旦经过努力，获得了"诚"的品质与境界，即可随心所欲不逾"天道"，其所欲所望完全与天道之"诚"相统一、相融合，即达到朱熹所说的"知之无不明而处之无不当"①的境界，个体无须经历痛苦的自我克制去使行为符合天道，没有为尽"诚"之性而有内心之"失"，只有"得"。这样的人是与天地合一、与自然高度融合的人，是率性自洽、人格和谐的人，是快乐、幸福的人。三是预设了一个人性可至诚的道德乌托邦，张扬了人的主体性。虽然这一预设是以"人性本善"为前提的，但在对"诚"的追求进路上，中国传统文化更注重个体主体性的发挥，强调的是个体"成己、成人、成物"的意志与能力。具备了这种意志与能力，个体不仅能发挥与天道相符的本性做到"尽性达天"，亦能涤除人性中恶的成分而"化性起伪"，或是在本无善恶的人性中生成与天道接近或相符的善果来，这就为道德主体去除内心的虚妄、走向至诚提供了终极的保障。这种带有乌托邦倾向的诚信境界追求，虽然难以在现实中被普遍奉行，但作为一种超越境界追求，在当前功利主义盛行的时代却具有特殊的意义。

（三）超越人类中心主义与非人类中心主义的乌托邦构想

人与自然和谐与否，直接关系人类的生活质量和整个自然生态系统的可持续发展。由于受人类中心主义观念的影响，长期以来人类无节制地开发利用自然，导致严重的环境问题和资源枯竭，造成了人与自然之间的紧张与对立。人们在反思人类中心主义理论缺陷与现实危害性的基础上，提出以生态中心主义取代人类中心主义的思维主张。但生态中心主义同样有着自身无法克服的理论缺陷。因此要真正协调人与自然之间的关系，实现真正的和谐，必须超越人类中心主义与生态中心主义的理论局限，站在更高的层次上来思考人与自然的关系。

1. 人类中心主义的基本主张及其反思

人类中心主义的核心思想是一切以人类的利益和价值为中心，把人类的利益作为价值原点和道德评价的依据，坚持只有人才是价值判断的主体。古希腊智者普罗泰戈拉从哲学的角度提出"人是万物的尺度"的思想，蕴涵着人类中心主义思想的启蒙；基督教从上帝创世说出发，赋予了人类统治与操纵自然的特权，为人类中心主义提供了宗教思想支持。托勒密的地心学说，

---

① （宋）朱熹：《四书章句集注》，中华书局1983年版，第33页。

则是从科学的层面肯定了地球和人类在宇宙中不可代替的地位。文艺复兴后，启蒙运动对人道主义和理性的张扬，又进一步强化了人类中心主义。笛卡尔宣称："借助实践哲学，我们就可以使自己成为自然的主人和统治者。"① 笛卡尔的主客二分思维，最终确立了人的主体性地位，成为人类中心主义的理论基础和出发点。

人类中心主义坚持以人类的利益和价值为中心，来处理人与自然的关系，将价值评价的尺度掌握在人的手中，使人成为宇宙的中心和仲裁。在现代科技与工业文明的支持下，人类开始随心所欲地控制和主宰自然，最终在毫无反思的情况下走向了与自然的对抗。人们的生存环境日益遭到破坏，人类面临着由于自然的无情报复而频繁爆发的环境灾难。"历史的列车，在知识加速度的推动下将要脱轨。人类越来越无法解决它与日俱增的问题，因为变化步伐中的加速度正把我们推进能量的极限，我们将无法对未来的挑战做出创造性的反应。这样，在技术世界里，我们从进步开始，而以停滞结束。"② 在这样的背景下，人类开始痛苦反思自己的行为。1972 年罗马俱乐部发表了其研究报告《增长的极限》，批判了人与自然关系的人类中心主义心态，揭示了人类基于人的自我中心化而建立起来的独尊地位的虚幻性，以及由于人类中心主义的佞妄而产生的严重后果。这标志着人类极限意识觉醒，人类开始意识到自身能力的有限性和大量无法超越的外在限制。人类中心主义开始受到来自各方面的批判。人们开始意识到，生态问题绝不只是一个环境保护问题，而首先是一个价值观念问题，是一个哲学态度问题。时代呼唤现代人"无论如何要从自己生命的内部改变对待自然的态度"③，现代人类中心主义者也开始对自身的理论进行了修正。认为人类必须对自己的利益与需要进行理性的把握和权衡，并采取切实有效的措施如制定相应的法律法规和道德规范等，对自然与环境进行保护，只有这样才能实现人类社会的可持续发展。这种观念上的自我反思与修正，一定程度上抑制了人类对自然的继续掠夺，使人类面对自然时能采取一种更加审慎与理性的态度，同时也促成了一系列保护自然环境的法律法规的出台。但现代人类中心主义者的理论落脚点和归宿点仍是人类的生存和发展的需要，自然存在物的价值仍只在

---

① ［法］笛卡尔：《探求真理的指导原则》，管震湖译，商务印书馆 1991 年版，第 36 页。
② ［美］丹尼尔·贝尔：《资本主义文化矛盾》，三联书店 1989 年版，第 20 页。
③ ［英］汤因比：《展望 21 世纪》，荀春生等译，国际文化出版公司 1983 年版，第 39 页。

于它们能够满足人的利益，丰富人的精神世界。在对待自然的态度上，仍然是居高临下地以主体的身份表示对自然的关心，而不是站在一个平等的立场上来关心与尊重自然。因此，其理论的局限性仍然是存在的，蔡永海将其概括为三个方面：第一，它只关心人类及其环境，不顾其他生物的生态环境，因而本质上仍然是一种传统伦理观，没有跳出人类中心主义的樊篱。第二，它只把自然界看成人类资源，关注人类利用的合理与不合理，而没有考虑到自然界不只是人类的资源，也是一切生命体的资源，是作为包括人类在内的一切物种的共同家园。第三，它从人类功利性的角度考虑人与自然的关系，是以局部利益为尺度衡量全局，仍然会造成人类为一己的暂时的局部利益而损害长远的整体的利益的结果。①

非人类中心主义及其主张。非人类中心主义，是在人类中心主义因导致对自然的严重破坏而遭到普遍质疑与批判的前提下应运而生的生态伦理思想。非人类中心主义认为，人类中心主义是造成人类贪欲产生和人类无节制地向自然界掠夺的理论依据和思想前提。为了抑制人类对自然的暴行，就必须在观念上改变只有人类是主体、只有人类才有独立的价值的错误认识，承认人以外的存在物（包括有生命的动物、植物，也包括无生命的自然物）的价值和权利，即承认自然界具有不依赖于人类而独立存在的价值，和人一样也是道德主体、价值主体。人类应当像尊重同类一样而不是为了自身的目的而尊重自然的权利，同时还对自然负有客观的义务。非人类中心主义又可以分为动物权利论或动物解放论、生物中心论和生态中心论等流派。动物权利论或动物解放论的理论基础是功利主义，它将功利主义的最大幸福原则从人类扩展应用到非人类存在物身上，认为一切能感受痛苦和快乐的生物体都应列入道德共同体的范围。

澳大利亚伦理学家辛格，继承边沁的功利主义伦理学思想，把感受苦乐视为一个存在物获得道德权利的根据，认为动物也具有感受痛苦和愉快的能力，因此动物应从人那里获得"平等的关心"的道德权利。美国的雷根则认为，人作为"生命的主体"的各种特征，如"期望"、"愿望"、"感觉"、"记忆"、"未来意识"、"感情生活"等，动物也都具有，所以动物也是生命的主体，也具有道德权利。生物中心论比动物权利论更进一步，将道德共同体的

---

① 参见蔡永海《以人为本与生命多样化——漫谈环境与自然生态哲学》，黑龙江人民出版社2002年版，第327页。

范围由动物扩展到一切生命有机体。认为自然界是一个相互依赖的系统，人只是其中的一个成员，因此人并非天生比其他生物优越，所有有机个体都是生命的目的中心。施韦泽强调要敬畏生命，他认为至今为止的所有伦理学的最大缺陷，就是相信只需处理人与人之间的关系。他说："一个人，只有当他把植物和动物的生命看得与人的生命同样神圣的时候，他才是有道德的。"

他认为杀死其他生命的唯一合理性是这样做必须是为了促进另一个生命，并且要对"被牺牲的生命怀着一种责任感和怜悯心"。他主张把道德共同体扩展到所有的生物，认为人类在自然共同体中所享有的举足轻重的特殊地位所赋予他的不是掠夺的权利，而是保护的责任。他认为要让人们明白这一点，需要进行一场"巨大的伦理学革命"。生态中心主义或自然中心主义，是一种整体主义或系统主义的观点。其理论先驱斯宾诺莎最早关注生态问题，坚持一种泛神论思想，认为所有的存在物或客体都是由上帝创造的同一种物质存在的暂时表现。奥尔多·利奥波德站在生态中心主义的立场上，提出他的"大地伦理"，其著作《沙乡年鉴》被誉为"现代环境主义运动的一本新圣经"。他认为，"地球——它的土壤、高山、河流、森林、气候、植物以及动物——的不可分割性"就是它应受到尊重的充足理由。他主张客观地、以整体主义方式思考，而不是只从人的立场思考。19世纪的亨利·大卫·梭罗，被誉为现代生态学的先驱，他的生态学思想根植于其超验的整体主义思想之中。他相信存在一种"超灵"或神圣的道德力，它渗透于大自然的每一事物中。他说："我脚下的地球不是僵死的、无活力的物质，而是一种拥有某种精神的身体；它是有机的，流变的，受其精神的影响。"他主张亲近自然、保护自然，认为"如果那些虐待儿童的人应该被起诉，那么，那些毁坏了大自然的面容的人也应被起诉"。卡逊则通过她的作品《寂静的春天》告诉人们，人类统治与控制自然的日益增长的能力是一柄双刃剑，认为人类需要一种"谦卑意识"和一种强调"与其他生物共享地球"的伦理思想。生态中心主义是对动物权利论与生物中心论的发展与超越，一定程度上也是对人类中心主义的摒弃。它主张生态系统本身就是主体，有维持自身的稳定、完整、有序和自我进化的目标和选择，具有自身的内在价值。它强调"生态系统的内在价值是由生态系统自身决定的，是生态自然自成目的性的一种表征，它遵循的是生态系统的整体尺度，而不是服从于生态系统中的某一物种（如人类）的特殊需要。……生态系统是人类和其他一切存在物的共同利益之所在，如果生态系统遭到破坏，实际上就是对系统内一切存在物的共同利益的损害"。①

非人类中心主义的一些观点涉及观念上的变革，而且操作上也有难度，因此它的理论与一些具体主张也受到很多质疑。如动物权利论者所主张的素食生活方式就被指责为是对自然界食物链的破坏，并认为即使人类可以通过强制手段禁止食肉，那么又如何能保证动物之间也遵循这一做法。生态中心论则被指责为是为了生物共同体的完整、稳定和美丽而牺牲生物个体的环境法西斯主义。在这样一种"可恰当地称之为环境法西斯主义的论点中，我们很难为个体权利的观念找到一个恰当的位置……整体主义给我们提供的是对环境的一种法西斯主义式的理解"。②

生态中心主义也就是狭义上的非人类中心主义，常被用来指称非人类中心主义。因此，对生态中心主义或自然中心主义的批判也就是对非人类中心主义的批判。李连科认为，自然中心主义的主张没有实质意义，所有环境问题实际上都是人类问题，解决环境问题的办法最终也必须依靠人类自身。他说："保护环境，可持续发展，本身并不是以自然环境为中心，恰恰是以人类为中心。保护好自然环境，正是为了人类的生态幸福。破坏生态为的是人类眼前的幸福而牺牲了长远的幸福。"他认为"破坏生态环境和治理生态环境都得依靠人，而不是依靠自然。自然界的生态环境之所以遭到破坏，在于人们盲目地索取。自然界不能自动地满足人们的生活需要，靠人类的主动的创造精神，自然界才会被人类所利用"，"人类的问题在于能源开发的技术落后于能源消费的技术；废料处理的技术落后于资源摄取技术"。因此，"问题不是出在自然本身，而是出在人身上，只有人的问题解决了，自然界的生态平衡问题才会解决"。他认为人类虽然干了蠢事，污染了自己赖以生存和发展的自然环境。但是只要人类能够从整体、长远利益出发，努力调整人类内部的相互关系，终究可以靠自己也只能靠自己来解决这些问题。③

傅静认为，自然中心主义排斥了人的利益尺度和人的主体性，忽视了作为自然成员之一的人的权利与利益，限制了人的主观能动性的发挥；混淆了"价值论"与"存在论"的关系，导向了"存在的就是合理的"错误。认为

①　朱遂斌、施祖美：《可持续发展与经济法》，河南人民出版社 2002 年版，第 42—43 页。

②　杨涌进：《整合与超越——走向非人类中心主义的环境伦理学》，载徐嵩龄主编《环境伦理学进展：评论与阐释》，社会科学文献出版社 1999 年版，第 47 页。

③　参见李连科《价值哲学引论》，商务印书馆 1999 年版，第 214—215 页。

自然中心主义提出的保护生态系统"完整、稳定和美丽"的目标，是一种善良的自然主义的"乌托邦"式的道德理念，这种道德理念虽然克服传统哲学价值观在对人与自然关系上的片面理解，具有积极意义，但它也与传统价值观一样，片面地强调了另一方面。因此，都没有在人与自然之间寻找到一个合适的平衡点。①

2. 超越人类中心主义与非人类中心主义的思考

可见，无论是人类中心主义还是非人类中心主义都有其理论自身无法克服的问题，在实践操作层面也都不尽如人意。这大概也就是理论界目前尚未获得统一定论的原因。但这两种理论之间的互相批判、质疑、讨论是有意义的，这些讨论至少引发了人类去认真思考人与自然之间的关系，一定程度上克服了人类在自然面前的恣妄与肆无忌惮。在面对自然时，人类也更加理性、审慎与克制，全人类的环境意识正在不断加强，对破坏环境行为的道德谴责与法律惩治力度也不断加强。人类的这些行为不管是出于对自身利益的考虑还是真诚地出于对自然权利的尊重，但客观上都有力地促进了对环境的保护，维护了人类与自然的共同利益。当然，人与自然的关系问题的处理不仅仅是人类行为层面的问题，也不是仅仅依靠说教与惩治就能解决的，必须从价值观层面上着力，才能从根本上杜绝人类继续破坏自然的可能。因此，观念上的变革是必要的，这也就意味着我们必须面对并积极寻求处理人与自然之间关系这个无法回避的问题。

上述西方各思想流派的环境伦理思想，既是对西方人与自然关系发展历史的经验总结，也是面对全球环境问题日益严峻而提出的解决现实问题的方案，对我们有积极的借鉴意义。中国传统天人合一的哲学思想，尤其是《中庸》中所倡导的人在宇宙中参赞化育的积极作用，在一定程度上超越了人类中心主义与自然中心主义的理论缺陷，对我们正确认识人与自然的关系，尤其是正确认识人在自然中的地位、作用与责任，具有积极的启示，是我们可资借鉴的宝贵文化资源。综合古今中外的相关思想资源，结合当前全球环境问题现实，我们可以对人与自然的关系作如下思考：

第一，要在认识和实践中将道德共同体由人类社会扩及整个自然生态系统，承认自然生态系统具有不依赖于人类而独立存在的价值。人类不仅应当尊重自然、敬畏自然，并有责任有义务保护自然环境，维护自然的生态平

---

① 参见傅静《科技伦理学》，西南财经大学出版社 2002 年版，第 160 页。

衡，并且要明确之所以这样做，并不仅因为自然界对人类有用，还因为自然界本身就有内在价值和权利，即它们本身就有不受侵害的权利。

第二，人类要承认自己是作为自然生态系统中的一个成员，理应遵循自然生态系统的运动与进化规律，保持与自然生态系统的统一与和谐，同时又要发挥人作为社会性存在的独特优势与作用，研究、探索、体验自然生态系统的奥秘和运动进化规律，发挥人类在自然生态系统中参赞化育的协助功能，以期实现与自然在更高层次上的融合与统一，实现共存、共荣、共同进化的结果。①

第三，要将上述人类对自然生态系统独立存在价值的认同，以及对人类自身在自然生态系统中的地位与作用的认识，落实到具体的可操作的道德规范与制度政策层面，落实到各国政府乃至国际组织对未来社会发展目标的设定上。要妥善处理好环境保护与经济增长的关系，将经济的增长控制在一个自然生态环境所能承受的范围内——在生产方式上由工业文明生产方式转向生态文明生产方式，在生活方式上须摒弃物质主义和消费主义，提倡有节制的消费，追求道德进步与精神升华。还要妥善处理好环境保护与科学技术发展方向的关系，引导并规范科学技术沿着有利于改善自然生态环境的方向或者至少使科学技术的发展不干扰自然生态系统的正常状态，避免"科学技术的发展到头来竟然只是意味人类已经掌握了毁灭自己的方法"的悲剧性结局的发生。

---

① 现代生物学已提出了比优胜劣汰涵盖更宽广、更具普遍意义的生物协同进化原理。参见刘长林《中国系统思维》，中国社会科学出版社 1990 年版，第 619 页。

附录一

道德需要与制度公正

一　道德需要及其在道德建设中的意义

（一）需要及道德需要

需要，是指主体缺乏某种东西时，所产生的一种"匮乏感"以及为消除这种"匮乏感"而萌发的情感冲动。需要一旦被主体意识到了，就以动机的形式，支配着人的行为，成为推动（或阻碍）社会进步的巨大力量。由于人们所处生活环境的复杂多样性，决定了人的需要也是复杂的、多层次的。越是高层次的需要越是倾向于精神性的需要。而在每一层次的需要中又可根据具体情况分为合理需要与不合理需要。合理的、高层次的需要及其所引发的行为有利于推进社会的进步和人际和谐，不合理的需要则可能引发越轨行为，造成社会秩序的紊乱，阻碍社会文明的进步。因此，纠正人们各种不合理的需要，激发人们的合理需要，并将这种需要不断引向更高层次，理应是一个社会追求的永恒目标。

本文所指的道德需要是蕴涵在人的社会性需要、精神性需要和发展性需要之中的一种较高层次的合理的需要，是一种能将个体的行为导向文明与进步的精神力量。个体的道德需要与其他需要一样也是可以分为不同层次的，低层次的道德需要满足于利己不害人的境界，其行为方式常表现为为了自己和他人的共同利益，愿意接受社会道德规范的约束，其目的指向是"为己"，"利他"是手段，这一阶段的道德行为通常更多地受外在风俗习惯的影响，也就是我们通常所说的道德他律阶段；高层次的道德需要则表现为一种高度的自律，个人能够按照自己内心认同的善恶标准，按照自己坚持的道德原则进行选择，而超越了外在风俗习惯的约束和限制，处在这个自律的阶段上，个人的道德需要就成为一种目的，即成为个人自我实现的一种理想境界。

（二）道德需要在道德建设中的意义

道德需要之于道德建设的意义主要表现在道德需要是道德行为的原动力。如前所述，需要表现为一种"匮乏感"，需要之所以能成为行为的原动力，主要是因为满足需要即消除"匮乏感"能给人带来快乐，进而成为行为动力。譬如人对衣食的需要，是源于衣服能满足人们免于受冻和给人体面的需要，食物能满足人免于挨饿和带给人口福之乐的需要。因此，我们说，需要任何时候都是人的行为的内在动因，没有需要就没有"匮乏感"，而没有"匮乏感"就没有了为消除这种"匮乏感"而产生的情感要求和行为冲动。正如马克思曾说过的任何人如果不同时为了自己的某种需要和为了这种需要的器官而做事，他就什么也不能做。① 道德需要主要表现为一种精神的"匮乏感"，当人们这种需要得不到满足时，就会产生精神上的失落感和对自己生存价值的怀疑甚至否认。这种精神上的"匮乏感"与"失落感"的强烈程度往往与个人道德需要的强烈程度成正比，个体道德需要越强烈，当这种需要得不到满足时，其精神上的"匮乏感"与"失落感"也就越强烈，为满足这种需要而产生的情感冲动也就越强烈，就越能激发个体求贤向善的行为。同时，需要的层次不一样，其满足需要的行为方式也是不一样，当个体的道德需要停留在一般性他律阶段时，这种需要产生的行为动力主要源于个体希望得到社会和他人认可、赢得尊重的愿望，在这样一种需要的支配下，个体就能自觉地按照社会的公序良俗、人际交往的基本原则来行事，从而达到与周围环境的和谐统一，但这一阶段个体的行为还不是完全自觉的，还需外在的约束与监督。当个体的道德需要提升到道德自律阶段时，这种需要产生的行为动力主要源自个体内在的价值观和道德意志，在这种需要的支配下，个体就会努力使自己的行为符合内在的价值观，一旦自己的行为违背了内在的价值要求，就会产生内疚、自责，甚至强烈的焦虑感，这时的行为动力已不再是获得外界的肯定与褒奖，而是源于对自我精神家园和人生终极价

---

① 《马克思恩格斯全集》第 3 卷，人民出版社 1960 年版，第 286 页。

值的追求，是一种完全自觉的行为。

正因为如此，我们说，道德需要是个体求贤向善的原动力，是个体想成为"好人"的情感要求和行为冲动。这种需要在道德建设中具有重要的意义，是一个社会能有效实施道德教育的前提与基础，也是实现道德教育主体化的保证。我们要加强道德教育，增强教育的实效，就必须通过各种有效的途径，培养和激发社会成员的道德需要并使个体的道德需要实现由低层次向高层次的升华。

那么个体的这种需要是如何被激发和提升的？通常情况下，我们寄希望于社会实施的道德教育，即通过教育（各种渠道的灌输），培养个人正确的道德意识、丰富的道德情感、坚强的道德意志，由此激励个人履行自己的道德义务。客观地说，道德教育在激发个人的道德需要从而提升个人的道德素质方面确实发挥了不可替代的作用。但同时也应看到现实中知行脱节现象仍比比皆是，个体虽然接受了正面的教育，具有正确的道德意识和是非观念，却不去履行相应的道德责任和义务，甚至反其道而行之，明知不对而为之，究其原因，主要是缺乏应有的社会机制来激发受教育者的道德需要。可见，个体道德需要的培养、激发和提升单靠教育是永远不够的，最根本的还是要靠社会提供的制度保证，特别是当大部分社会成员的道德素质还停留在道德他律阶段的情况下，道德建设对制度的依赖性表现得更为明显。就当前全社会成员的道德素质来看，通过加强制度建设，努力形成公正合理的社会运行机制和道德回报机制，以此来激发人们的道德需要，势在必行。

二　制度公正及其对激发个体道德需要的意义

（一）制度及制度公正

所谓制度，概括地说，就是一种以规定个体权利义务关系为核心的规范体系。这种规范体系是带有强制性的。这种强制性突出表现在由各种制度所构成的现实客观环境对人的作用上，正如东南大学博士生导师高兆明教授所说："在日常生活中，一个人事实上能（该）做什么，不能（该）做什么，拥有什么权利，承担什么责任，做了某事、做出了某种行为就会得到什么或失去什么，这都是由他/她所生活于其中的那个制度体系所先在地规定了的。"① 可以说，制度一旦形成，就对生活于那个时代的个体产生一种普遍的约束力和影响力。个体的生活状况、价值观念、道德意识和行为方式等无法不受制度的作用与影响。因此，制度不仅仅是社会的一种整合机制，同时事实上还是社会的一种行为引导机制。制度的这种特点正是它对个体道德需要发挥作用的客观基础。当然这种作用既可以是积极的也可以是消极的，关键取决于制度本身是否公正。

那么什么是"制度公正"呢？北京大学哲学系王海明教授认为，公正"是等利（害）交换的善行"②，即除基本权利与义务的平等外，社会对每个人按照贡献分配权利，按照权利分配义务。由此，我们可以说，制度公正就是以权利义务关系为核心的人们相互关系的合理状态。这种"合理状态"通常表现为：一是社会成员的基本权利能得到切实有效的保障，其应当履行的基本义务无法或不能不履行；二是个人权利与义务对等，个人的能力、智慧及努力程度与其获得的机会相对等；三是赏罚分明，遵纪守法、无私奉献者能得到应有的奖赏，违法乱纪、假公济私者必受惩处等。在这样一种制度环境下，社会成员能各司其职、各尽其责，能保持愉快平衡的心态，其道德需要得以形成并不断提升。

（二）制度公正对激发个体道德需要的意义

1. 提供环境熏陶作用

"人们自觉地或不自觉地，归根到底总是从他们阶级地位所依赖的实际关系中——从他们进行生产和交换的经济关系中，获得自己的伦理观念的。"③ 马克思主义认为，人的思想、观念，包括道德意识、价值取向等是由人们所处的社会客观环境所决定的。自然，由人的道德意识和价值观念等构成的道德需要也是由环境所决定的特别是由环境中的制度因素所决定的。从人的本质属性来说，人是应该有道德需要的，但这种需要不是从来就有的，而是在社会生活中形成的。一个不谙世事的孩子，本没有善恶是非观念，其最初的道德"需要"源于想做个"好孩子"，而做"好孩子"的目的是为了

---

① 高兆明：《制度公正论》，上海文艺出版社 2001 年版，第 29 页。
② 王海明：《新伦理学》，商务印书馆 2001 年版，第 303 页。
③ 《马克思恩格斯选集》第 3 卷，人民出版社 1995 年版，第 434 页。

得到家长或是老师的表扬，或者为了得到"小红花"。可这种善行得到不断的激励，慢慢地就有了道德意识，这种意识如能得到社会制度环境的支持和保证，就会在个体的心灵深处扎根，最后内化为个体自觉的需要，且这种需要会随着年龄与智慧的增长而不断升华。更重要的是，生活在这样一种制度环境下的人们由于长期享受到制度提供的社会普遍关爱和人际关怀，会对社会和他人心存感激进而习惯于在考虑他人和社会共同利益的前提下来实现自己的理想和愿望，同时还会出于对这样一种良序社会的充分认可而自觉地以一种守法精神来维护现存的制度。这些行为本身就是一个人拥有道德需要的表现，从中可见制度公正在激发个人道德需要中的意义。相反，如果人们长期生活在不公正的制度环境下，就可能彼此攻讦、互相为敌，舍善趋恶。生活是最好的老师，长期生活在缺乏公正、舆论监督无力的社会里的人们是难以产生道德需要的。

制度公正的这种环境熏陶作用还表现在它可以通过提供一种良序状态，来平衡社会成员的心理。而心理平衡恰恰是个体产生道德需要的前提，也是一个社会保持稳定的前提。通常情况下，当人们发现自己或他人的合法权益受到不法侵害或是生活中明显存在不公正现象时，首先会期待制度的干预，如果制度提供了这种帮助，那么个体就会因为感觉"正义"得到伸张而获得一种心理平衡，就会因为对现有制度的信任而产生"做一个好人、做一个守法公民"的愿望。相反，如果制度无法提供这种帮助，大部分原本善良但缺乏坚强道德意志的人们就可能因为心理不平衡而动摇原有的正确价值观和道德需要，于是要么采取一些非正当的途径来解决问题，如个人复仇或是为他人打抱不平，最终导致社会的混乱；要么怨天尤人，选择消极逃避，从此"两耳不闻窗外事"；更有甚者选择同流合污，走向道德的反面。当然，从道德的角度来说，个人应当有自觉不利用制度缺陷的义务，但将社会成员道德素质的提高完全寄托在个体的道德意志上，毕竟风险太大，正如邓小平所说："制度好可以使坏人无法任意横行，制度不好可以使好人无法充分做好事，甚至会走向反面。"①

2. 提供行为激励作用

制度激励作用主要是"通过社会结构的制度性安排，按设定的标准与程序将社会资源分配给社会成员或集团，以引导社会成员或集团的行为方式与

---

① 《邓小平文选》第 2 卷，人民出版社 1983 年版，第 333 页。

价值观念向设定的价值标准方向发展"。① 显然这里的激励既包括奖励，也包括惩罚。

　　我们可以将制度的这种激励分为事先激励和事后激励。事先激励是指一个社会的制度安排对其成员行为后果能起到一种预设作用，使每个成员能清楚地知道在现有的制度安排下，自己的行为可能产生的后果，并根据这种可能的后果按照趋利避害的原则来选择自己的行为。比如社会倡导经营者要对消费者讲诚信，生产的产品要货真价实，并通过制定消费者权益保护法等法规予以保证，那么那些原本就讲究信用的商家就会更加坚定自己的做法，义无反顾地选择合法生产，诚信经营。而那些一心想着通过制造假冒伪劣产品获取暴利的商家也可能迫于法律的威严或是通过成本测算而放弃冒险，并逐步调整自己的价值观，形成道德需要。

　　事后激励是指一个社会现有的制度安排能对其成员的行为后果做出公正合理的评价，并能根据行为的实际效果实施相应的奖惩。道德高尚者应获得与其贡献相当的回报（虽然行为者实施某种行为时可能只是出自内心的道德意志，并不期望获得某种回报），或者至少不因其善行而遭受自己意愿外的损失与伤害，如见义勇为者即便得不到奖赏和舆论的赞许，至少也不要因其见义勇为反遭他人误解、讹诈；不合理的行为能得到矫正，不道德的行为能受到应有的惩罚，或至少不因其而恶行大行其道。只有这样才能在全社会产生扬善抑恶的良好风气，善良的人们才会从中体会到做一个好人的价值与意义，从而促使其进一步地完善自己，提升其道德需要。

　　当然制度公正与道德需要是互动的，制度公正能激发和提升个体的道德需要，而个体的道德需要反过来又能成为促进制度公正的一种强大精神力量。因为制度是由人制定并由人来执行的，个体内在的道德需要和道德素质直接关系由其制定的制度的公正与否，关系到公正的制度是否能够在实践中得到有效的贯彻执行。因此，我们一方面要加强制度建设，充分发挥制度在激发和提升个体道德需要方面的积极功能，同时又要通过个体道德需要的激发和提升来促进制度的进一步完善，使道德需要与制度建设之间形成一种良性互动。

　　——原载《福建农林大学学报》（哲学社会科学版）2003 年第 4 期。

---

　　① 高兆明：《制度公正论》，上海文艺出版社 2001 年版，第 107 页。

附录二

美德:和谐社会的重要竞争力

社会主义和谐社会不同于中国古代先贤所倡导和追求的"小国寡民"与"世外桃源",也不同于西方空想社会主义者所构想的"乌托邦",它是民主法治、公平正义、诚信友爱、充满活力、安定有序,人与自然和谐相处的社会。它所要求的和谐是在经济、社会、政治、文化协调发展基础上的和谐,是以经济繁荣和政治文明为前提的和谐。而经济的繁荣与政治文明离不开社会的良性竞争——既能为社会带来活力,又使社会安定有序,充满公平正义、诚信友爱的竞争。社会的良性竞争需要法律制度等为之提供竞争机制保障,更需要每一个参与社会竞争的个体以美德来统率自己的思想和行为,使各自能力的培养和实力的发挥符合和谐社会发展的客观要求,增强自己的良性竞争力。

一 竞争力的内涵及其形成条件

个人竞争力是指个体实际拥有的(既有先天的但主要是后天形成的)适应社会、满足他人和社会需要的能力以及这种能力在比照其他个体时所彰显的优势。这里的能力包括外显的如技艺性的操作能力、知识性的言说读写能力,内潜的人格素质如个人的意志、信心、定力等以及作为内潜与外显各种能力相互融通而形成的综合影响力,在现代社会主要体现为合作能力、交往能力、应对挫折能力、创造能力等。

个人竞争力的激发、形成与提升,主要源于社会竞争的需要。只要社会还存在竞争,个人就必须努力形成和提升各自的竞争力。竞争的存在又主要源于以下社会条件：一是社会资源尤其是人类所能利用和掌握的资源相对匮乏，只要人类还没有实现"按需分配"，这种"相对匮乏"就必然存在，如当今社会提供的就业岗位无法满足所有求职者的需要，就必然在求职者之间形成竞争，而竞争的存在就必定促使个人设法提高自己的竞争力；二是人类欲望或说进取心的不断升级，人人都希望过好日子，都希望往"金字塔"的更高一级攀升，直至尽可能接近塔尖，而越是靠近塔尖能容纳的人就越少，对参与竞争者的素质要求也越高，由此刺激参与者调动自己全部的能量，提升自己的竞争力；三是相对公正的游戏规则的形成，即社会提供的机会一般能公平地向每个人开放，个人拥有的竞争力与其获得机遇的概率成正比，这是形成良性竞争的前提，也是激发个人竞争力最根本的因素。

由于人类的需求是无止境的，而社会所能提供的资源总是有限的，因此竞争就成了人类最基本的实践方式，可以说自从有人类社会，就存在竞争，只是不同时代、不同社会，竞争的手段方式、争夺资源的激烈程度不同，而人类对提高自身竞争力的努力也从未停止过，只是努力的方向不同。

个人竞争力是一个历史的范围，组成竞争力的各要素会随着不同时代不同社会的不同价值导向而此消彼长。如春秋战国时代，国与国之间的竞争主要是军事力量和外交能力的竞争，适应这种社会竞争的需要产生了一大批扬名后世的军事家、纵横家。汉唐盛世经济的繁荣激发了社会对高层次文化的追求，个人的文化素养与才华成了跻身上流社会的重要条件，于是造就一代代才华横溢的诗人、艺术家。再如封建社会长期以来形成的"万般皆下品，唯有读书高"的社会价值取向成就了一代代学者，形成了中国高峰迭起的文化传统，却也产生了无数脱离实际"百无一用"的书生；"文化大革命"时期"知识越多越反动"的论调曾使一代青年远离书本，并由此导致了中国知识界的青黄不接；20 世纪 70 年代末 80 年代初"学好数理化，走遍全天下"的"宏论"也一度使莘莘学子将各自的人文理想束之高阁；而时下中国随着越来越激烈的市场竞争对人的全面素质提出越来越高的要求，由于社会倡导个人素质的全面协调发展，于是便出现了"百花齐放"的盛况；等等。可见，个人竞争力的形成固然与一个人的潜能有关，但这些潜能能否发挥以及发挥的程度如何却取决于社会的价值导向和竞争机制。

二　和谐社会的竞争是良性竞争，需要的是良性竞争力

竞争有良性竞争与恶性竞争，与此相适应个人竞争力也有良性竞争力与恶性竞争力之分。郭延成等认为，良性竞争可分为良性的生存斗争与良性的劳动竞赛，良性的生存斗争是指为求得民族解放、抵御外来入侵等正义的生存斗争；良性的劳动竞赛是指符合社会伦理道德的公平公正的劳动竞争。恶性的竞争也可分为恶性的生存斗争和恶性的劳动竞赛，恶性的生存斗争是指领土扩张、种族消灭等违反人性的生存斗争；恶性的劳动竞赛是违背社会伦理道德的不公平的劳动竞赛。[①]

竞争与竞争力是相辅相成、相互促进的。良性竞争能激发个体良性竞争力的形成，而个体良性竞争力的形成又能为竞争提供道德支持以保证竞争的良性运行。因为为了适应良性竞争对个人竞争力的需要，个人就必须英勇顽强、不畏邪恶，敢于坚持正义，就必须公平公正、诚实守信，富有真才实学。一句话，就必须具备美德，只有这样才能为自己、他人和社会赢得和平，创造和谐的生活，也才能在个人事业中获得成功，成就理想。而个人良性竞争力一旦形成，特别是无数个人将良性竞争力付诸实践就会成为强大的正义力量，引导竞争以良性的方式进行，以此确保社会的秩序与和谐。这种力量越大就越具感召力，越有利于社会的和谐。因此要构建社会主义和谐社会，一方面要通过加强法律和制度建设，建立良性竞争机制；另一方面又必须加强道德建设，通过提升个体的道德修养来提升其良性竞争力。

恶性竞争为个人的恶性竞争力的孳长提供了土壤、创造了条件，而个人恶性竞争力一旦形成也必然加剧和放大恶性竞争。因为为了适应恶性竞争的需要，个人就必须冷酷无情、不讲人性，就可能唯利是图甚至坑蒙拐骗、不择手段，只有这样才能在残酷的生存竞争和不公正的竞赛中维持各自的生存和在竞争中胜出。而个人恶性竞争力的形成与付诸实践也必将给他人和社会造成极大的危害，导致社会严重的不公正直至引发动乱，且这种力量越大，其造成的危害性也越大，越是带来社会的不和谐。因此，采取切实可行的措施消除恶性竞争，努力实现个体竞争力由恶性向良性的转化也是构建社会主义和谐社会的题中之意。

---

① 郭延成、王春年：《和谐社会与竞争》，《求是》2005 年第 7 期。

综上所述,竞争力是中性的,既可造福他人与社会,也可致害他人与社会。个人竞争力只有能够"满足他人和社会需要"即能体现社会发展的目的性要求,才能成为良性竞争力。具体说,在个人竞争力的系统中,任何一种要素的生长发育都可能在某方面提升竞争者本人的力量,但只有当这种力量具有"增进社会利益的趋向"时,才能赢得他人与社会的敬重,才具感化力量,也才能显示其比较优势;任何一种品质的形成也都可能在某一方面增强竞争者本人的实力,但也只有当这种品质对自己或他人有用或令自己和他人愉快时,才能传达给旁观者一种快乐,引起他的敬重,才能成为个体的一种良性竞争力。这种竞争力正是和谐社会所需要的。

由于一定阶段社会制度的不尽完善,更由于人类欲望的无止境,迄今为止,人类社会的竞争总是恶性、良性并行或此消彼长。但消除恶性竞争、建立良性竞争始终是人类追求的永恒目标,尤其是在和平与发展成为主题的当今时代,这种愿望显得更加突出。

中国自改革开放以来,特别是建立社会主义市场经济以来,社会竞争日渐激烈,激烈的竞争为社会创造了无尽的活力,也极大地激发了个人的竞争力。但由于市场运行机制的不尽完善,特别是由于参与竞争者不同程度地受工具理性的影响加上物欲的左右而导致的个人道德品质方面的欠缺,当今市场活动和社会生活中的各种恶性竞争仍不同程度地存在。经济活动中缺乏价值理性和道德支撑的坑蒙拐骗、恃强凌弱,不仅打破了市场运行的良性规则,阻碍了经济的发展,更是导致了社会的不公正引发了不和谐;个人交往与政治生活中不失普遍存在的"强强联手"和权能、权智甚至权钱交易,加剧了社会的两极分化,引发了令人担忧的不和谐。

当前,我国正在构建的社会主义和谐社会,要努力建设一个民主法治、公平正义、诚信友爱、充满活力、安定有序、人与自然和谐相处的社会,仍然需要竞争,但这种竞争决不是你死我活、不择手段的恶性竞争,而必须是在法律规制下、在价值理性和道德支持下既能给社会带来活力又能创造和谐的良性竞争。因此个人竞争力的培养与提升也只有以此为目的、在美德的统率下进行,朝着有利于他人和社会的方向发展,朝着构建和谐社会的方向发展,才能彰显其比较优势。正是在这个意义上,美德作为一种重要的竞争力,其作用与力量才得以凸显。

三　美德是一种良性竞争力

（一）美德的内涵及其特性

美德（virtue），也称"德性"，源自拉丁语 virtus（美德），来自 vis（力量），本义是 fortitudo（气力）。可见美德首先表现为一种力。古今中外关于美德的论述很多，择其要者归纳如下：

美德存在于人类的潜质中，可以通过教育、实践而获得。苏格拉底认为"美德即知识"，比如，知道什么是正义并选择做正义的事，知道什么是不正义并避免做不正义的事，就能够成为正义的人。① 亚里士多德也认为，自然赋予了我们接受德性的能力，而这种能力是通过习惯而完善的，即一种德性的获得是由于我们运用了它们，如通过做公正的事成为一个拥有公正的人，通过节制而成为节制的人。他进而指出德性是在好的活动中养成的品性，所以也会毁灭于同样的但是坏的活动。② 美德具有有利于社会的性质。近代法国哲学家爱尔维修认为，美德具有"有益于社会的性质……当这一类的性质为大多数公民共同具有时，一个国家内部就是幸福的，对外就是可畏的，就可以得到后世景仰。美德永远对人们有益，因此永远受尊敬"。③ 美德是对自己和他人有利、令自己和他人愉快的品质。英国哲学家休谟认为，"心灵的每一种对自己或他人有用的或令自己或他人愉快的品质都传达给旁观者一种快乐，引起他敬重"，这种品质就是美德，包括正义、忠实、正直、诚实、忠诚、贞洁，人道、仁爱、慈悲、慷慨、感恩、中庸、温柔、友善、省俭、保守秘密、有条理、坚毅、深谋远虑等。④ 美德是个人成功的条件。当代美国伦理学家麦金太尔认为：美德不仅使人在一定的场合获得成功，成为一个好孩子、好学生、好员工、好经理等等，而且使人在不同的场合充分运用精湛的职业技艺，都获得成功，成为一个整体上、连续性上都成功的人。他还说，美德"将不仅维持实践，使我们获得实践的内在利益，而且也将使我们

---

① ［古希腊］色诺芬：《回忆苏格拉底》，吴永泉译，商务印书馆 1984 年版，第 117 页。

② 参见［古希腊］亚里士多德《尼各马可伦理学》，廖申白译，商务印书馆 2003 年版，第 35—39 页。

③ 周辅成：《西方伦理学名著选辑》（下），商务印书馆 1987 年版，第 60 页。

④ 参见［英］休谟《道德原则研究》，曾晓平译，商务印书馆 2001 年版，第 130 页。

能克服我们所遭遇的伤害、危险、诱惑和涣散,从而在对相关类型的善的追求中支持我们,并且还将把不断增长的自我认识和对善的认识充实我们"。一个缺乏美德的人,"不仅仅是在实践的许多方面在与卓越有关的方面失败了……也不仅是在为维持这种卓越所需的人的关系方面失败了,而是作为一个整体来评价他的生活是有缺陷的"。①

中国古代虽没有明确提出"美德"的概念,但儒家的道德体系在相当程度上也是关于个人美德、美德的形成以及个人美德对个人和社会秩序的意义的学说。孔子"仁"(仁包括诸德)的思想实际上就是对"美德"内涵全面深刻的揭示;孟子"人之初,性本善"(这里的"善"可以理解为是美德)的假设及其对作为"善"之本原的"恻隐之心"、"羞恶之心"、"辞让之心"、"是非之心"的论述,则不仅表达了古人对人人都具有可开发的"善"的潜质的自信,且预示着这些潜质是人类可普遍化的道德情感基础;而中国伦理思想史上对"内圣外王"境界一以贯之的执著追求,则彰显着人们对"善"(美德)能"成己成人"的力量的充分肯定。

综合各家关于美德的要义,本文以为美德是个人在实践中获得的可普遍化的卓越品质(如智慧、勇敢、诚信、善良、节制、宽容、同情等)和内在精神状态,这种卓越品质与精神状态不仅具有利己利他的社会性质且有成己成人的力量。

(二) 美德作为良性竞争力的表现形式

美德是个人通过社会实践获得的人类可普遍化的卓越品质与内在精神状态,虽具有时代性,但更表现为其永恒性,这些永恒的品质可包括公正、诚信、仁爱(表现为宽厚、同情等)、礼让(敬长、爱幼、尊重等)、廉洁、坚毅、勇敢等。个人一旦获得并拥有美德,便拥有了一种永恒的精神力量——个人的核心竞争力。这种竞争力集中表现为成己与成人两个方面。

第一,表现在成己方面,即美德是引导支持个人走向成功实现理想的力量。个人形成并拥有美德的过程是在理性指导下不断思考、认识、选择人生终极价值,并根据这种价值要求不断调整修正个人情感欲望使之趋向人类的普遍化要求的过程。在这一过程中,个人的灵魂得以净化,人格的美与力量

---

① 〔美〕麦金太尔:《德性之后》,龚群等译,中国社会科学出版社 1995 年版,第 254、277页。

得到充分的展示。个人一旦通过艰难的努力获得并拥有了美德后，就拥有了由这一过程和结果（追求美德的过程和获得美德的结果）所赋予的对人生意义的把握和理解以及在生活中"克服所遭受的伤害、危险、诱惑和涣散"的坚强意志力。对生活意义的理解和把握使个人的生活具有明确的目标和努力的方向，从而能最大限度地激发和调动其潜能为实现其理想而奋斗，以此彰显其力量；而坚强的意志力则足以使个人从容面对生活中的挫折和失败，并最终在克服挫折与失败中走向成功（个人的生命历程如同人类社会的发展进程，总是风雨相伴、跌宕起伏，谁能从容面对风雨、战胜困难，谁就是最后的成功者）。正因为如此，我们说美德本身就是可欲可求的，是个人实现其人生价值的重要体现，获得并拥有美德本身就是最大的成功，就是个人竞争力的真实展示。或许正是基于这种认识，在中国传统"太上有立德，其次有立功，其次有立言"① 的"三不朽"中，立德（在道德上有建树）被作为一种最重要的成功标志置于"不朽"的首位。其实，综观中外文化历史不难看出，"立德"不仅本身代表着一种人生价值的实现，同时还是立功、立言的价值支撑。尤其在中国历史上，不仅在文化领域，先贤留下的诗、词、歌、赋，经、史、子、集无不内涵着道德的追求，其中许多作品本身就是道德经典，许多天才的思想家、文学家、历史学家同时也是道德的典范，而且在整个社会历史领域，凡是在各自领域里为祖国和民族做出不朽建树的志士仁人，也无不在美德上闪烁着永恒的魅力。可以说是美德成就他们的事业，而他们的事业也彰显着美德。

第二，表现在成人方面，即美德是感化并促使其他个人弃恶向善的力量。如上文所述，美德是个人通过社会实践获得的人类可普遍化的优秀品质，这里的"可普遍化"，并不是康德意义上纯粹理性存在者自己为自己立法而获得的可普遍化，而是指作为社会关系总和存在者的人在长期实践中形成的对美德的普遍认同，这种基于人类实践基础上的认同，正是美德拥有感化力量的前提。这也正是美德始终为人类普遍肯定、赞美和倡导的原因所在。也正因为如此，在中国传统的士大夫阶层中，通过道德修养塑造个人的美德进而实现其"治国平天下"的人生理想，就成为始终不渝的追求。概括地说，美德的感化力量主要指个人在追求并获得美德的实践中所展示的人格力量对其他个人所产生的积极影响，表现在扬善与抑恶两个方面。

---

① （清）阮元校刻：《十三经注疏》，中华书局 1980 年版，第 1979 页。

就扬善而言,是指主体获得并拥有美德过程中所展示的人格力量对其他向善者所产生的思想认同、情感共鸣和行为导向,即个人通过自身的美德去影响他人,使之更加坚定向善的信念、行善的意志,并积极以这种信念和意志来指导自己的实践。这实际上就是榜样的力量。

就抑恶而言,是指主体获得并拥有美德过程中所展示的人格力量对行恶者所产生的思想的震撼、情感的陶冶和行为的抑制,即个人通过自身的美德及作为这种美德体现的行为,去感化教育其他个人,使之自觉放弃恶念,弃恶从善。个人一旦拥有了这种人格力量,就不仅能战胜人生旅程上的种种困难,而且还能因此在人际关系的脉络中赢得他人的尊敬、爱戴,最大限度地获得和提高自己的竞争力。如果一个社会、一个民族能有效地聚合个人美德所彰显的这种人格力量,那将会是一个不可战胜的社会、一个最具竞争力的民族。

因此,美德作为一种竞争力,展示的是不战而胜的魅力,就如同一朵盛开的鲜花,不仅自身是美的令人向往的,而且还以其美来装点生活,使人备感生活的意义和美好。这就是美德的力量。特别是在当前充满竞争的社会中,美德的在场既能激发个人的内在潜能,使社会因竞争而充满活力,同时又能有效克服竞争中由于个人欲望的膨胀而导致的行为失范及由此引发的诸多不和谐,把竞争与和谐统一起来。从这个角度上说,美德的意义已远远超出竞争力的范围。

——原载《福建师范大学学报》(哲学社会科学版) 2007 年第 6 期。

参考书目

1. 《马克思恩格斯全集》，人民出版社 1960 年版。

2. 《马克思恩格斯选集》，人民出版社 1995 年版。

3. 《列宁全集》，人民出版社 1987 年版。

4. 《毛泽东选集》，人民出版社 1991 年版。

5. 《毛泽东选集》（合订本），人民出版社 1964 年版。

6. 《邓小平文选》第 3 卷，人民出版社 1993 年版。

7. 《刘少奇选集》上卷，人民出版社 1985 年版。

8. ［古希腊］柏拉图：《理想国》，郭斌和、张竹明译，商务印书馆 1986 年版。

9. ［古希腊］亚里士多德：《尼各马可伦理学》，廖申白译，商务印书馆 2003 年版。

10. ［美］乔·奥·赫茨勒：《乌托邦思想史》，张兆麟等译，商务印书馆 1990 年版。

11. ［美］柯岚安：《中国视野下的世界秩序：天下、帝国和世界》，《世界经济与政治》2008 年第 10 期。

12. ［美］拉塞尔·雅各比：《乌托邦之死——冷漠时代的政治与文化》，姚建彬译，新星出版社 2007 年版。

13. ［美］拉塞尔·雅各比：《不完美的图像——反乌托邦时代的乌托邦思想》，姚建彬译，新星出版社 2007 年版。

14. ［美］丹尼尔·贝尔：《资本主义文化矛盾》，赵一凡、蒲隆、任晓晋译，三联书店 1989 年版。

15. ［美］狄特富尔特等编：《人与自然》，周美琪译，三联书店 1993 年版。

16. ［德］黑格尔：《哲学史讲演录》，贺麟、王太庆译，商务印书馆 1983 年版。

17. ［德］卡尔·曼海姆：《意识形态与乌托邦》，姚仁权译，九州出版社 2007 年版。

18. ［德］卡尔·雅斯贝斯：《历史的起源与目标》，魏楚雄、俞新天译，华夏出版社 1989 年版。

19. ［德］马克斯·韦伯：《世界经济通史》，姚曾廙译，上海人民出版社 1981 年版。

20. ［德］兰德曼：《哲学人类学》，彭富春译，工人出版社 1988 年版。

21. ［英］汤姆·L. 彼彻姆：《哲学的伦理学》，雷克勤、郭夏娟、李兰芬、沈珏译，中国社会科学出版社 1990 年版。

22. ［英］A. J. M. 米尔恩：《人的权利与人的多样性》，夏勇、张志铭译，中国大百科全书出版社 1995 年版。

23. ［英］伯特兰·罗素：《伦理学与政治学中的人类社会》，肖巍译，中国社会科学出版社 1992 年版。

24. ［英］汤因比、［日］池田大作：《展望二十一世纪——汤因比与池田大作对话录》，荀春生等译，国际文化出版公司 1985 年版。

25. ［英］安东尼·吉登斯：《现代性的后果》，田禾译，译林出版社 2000 年版。

26. ［法］笛卡尔：《探求真理的指导原则》，管震湖译，商务印书馆 1991 年版。

27. ［法］卢梭：《论人类不平等的起源与基础》，李常山译，商务印书馆 1997 年版。

28. ［日］川本芳昭：《4—5 世纪中国政治思想在东亚的传播与世界秩序——以倭国"天下"意识的形成为线索》，载《中华文史论》总第 87 辑。

29. （晋）阮籍：《阮籍集》，李志钧等校点，上海古籍出版社 1978 年版。

30. （晋）葛洪：《诸子集成》第 8 册，《抱朴子》，中华书局 1954 年版。

31. （南朝宋）刘义庆：《世说新语全文注释本》，曹瑛、金川注释，华夏出版社 2000 年版。

32.（唐）房玄龄等撰：《晋书》卷四九，吉林人民出版社 1995 年版，第 806 页。

33.（宋）朱熹：《四书章句集注》，中华书局 1983 年版。

34.（宋）洪迈：《容斋随笔》，上海古籍出版社 1996 年版。

35.（元）脱脱：《宋史》，中华书局 1985 年版。

36.（明）徐光启：《刻同文算指序》，载《徐光启集》，上海古籍出版社 1984 年版。

37.（明）罗钦顺：《困知记》，中华书局 1990 年版。

38.（清）黄宗羲：《明儒学案》，中华书局 1985 年版。

39.（清）顾炎武：《顾亭林诗文集》，中华书局 1983 年版。

40.（清）顾炎武：《日知录集释》，黄汝成集释，岳麓书社 1994 年版。

41.（清）魏源：《海国图志》，李巨澜评注，中州古籍出版社 1999 年版。

42. 严复：《严复集》第 1 册，中华书局 1986 年版。

43. 康有为著，罗炳良主编：《大同书》，华夏出版社 2002 年版。

44. 梁启超：《清代学术概论·儒家哲学》，天津古籍出版社 2003 年版。

45. 梁启超：《论中国学术思想变迁之大势》，上海古籍出版社 2006 年版。

46. 梁启超：《梁启超讲国学》，中国传媒大学出版社 2008 年版。

47. 梁启超：《清代学术概论》，上海古籍出版社 1998 年版。

48. 梁启超：《新民说》，中州古籍出版社 1998 年版。

49. 梁启超：《梁启超全集》第一册，北京出版社 1999 年版。

50. 谭嗣同：《谭嗣同全集》，中华书局 1981 年版。

51. 范文澜：《中国近代史》上册，人民出版社 1978 年版。

52. 汤志钧编：《康有为政论集》上册，中华书局 1981 年版。

53. 马洪林：《康有为大传》，辽宁人民出版社 1988 年版。

54. 萧公权：《近代中国与新世界——康有为变法与大同思想研究》，江苏人民出版社 2007 年版。

55. 杜维明、东方朔：《杜维明学术专题访谈录——宗周哲学之精神与儒家文化之未来》，复旦大学出版社 2001 年版。

56. 张灏：《危机中的中国知识分子》，新星出版社 2006 年版。

57. 张灏：《梁启超与中国思想的过渡（1890—1907）》，新星出版社2006年版。

58. 舒衡哲：《中国启蒙运动——知识分子与五四遗产》，新星出版社2007年版。

59. 余英时：《士与中国文化》，上海人民出版社2003年版。

60. 余英时：《朱熹的历史世界》上、下，三联书店2004年版。

61. 许倬云：《许倬云自选集》，上海教育出版社2002年版。

62. 许倬云：《求古编》，新星出版社2006年版。

63. 许倬云：《风雨江山》，台北天下文化出版公司1991年版。

64. 许倬云：《历史分光镜》，上海文艺出版社1998年版。

65. 刘师培：《刘师培学术文化随笔》，中国青年出版社1999年版。

66. 宗白华：《美学与境界》，人民出版社1987年版。

67. 李泽厚：《美的历程》，中国社会科学出版社1989年版。

68. 冯友兰：《中国哲学史新编》第1册，人民出版社1982年版。

69. 冯友兰：《中国哲学简史》，新世界出版社2004年版。

70. 侯外庐主编：《中国历代大同理想》，科学出版社1959年版。

71. 闻一多：《闻一多作品精编》，凡尼、郁苇编，漓江出版社2004年版。

72. 陈寅恪：《金明馆丛稿初编》，三联书店2001年版。

73. 冯天瑜：《冯天瑜文集》，武汉大学出版社2009年版。

74. 徐复观：《徐复观文集》第1—2卷，湖北人民出版社2002年版。

75. 李大钊：《李大钊文集》，人民出版社1984年版。

76. 朱伯康、施正康：《中国经济通史》，复旦大学出版社1995年版。

77. 吴晗、费孝通等：《皇权与绅权》，天津人民出版社1988年版。

78. 阎步克：《士大夫政治演生史稿》，北京大学出版社1996年版。

79. 朱维铮：《音调未定的传统》，辽宁教育出版社1995年版。

80. 朱维铮等编：《万国公报文选》，三联书店1998年版。

81. 孙中山：《建国方略》，罗炳良主编，华夏出版社2002年版。

82. 朱执信：《朱执信集》上集，中华书局1979年版。

83. 张永义：《墨子——苦行与救世》，广东人民出版社1996年版。

84. 萧鲁阳、李玉凯主编：《中原墨学研究》，中州古籍出版社2001年版。

85. 贺来：《现实生活——乌托邦精神的真实根基》，吉林教育出版社1998年版。

86. 龚群：《道德乌托邦的重构——哈贝马斯交往伦理思想研究》，商务印书馆2005年版。

87. 赵汀阳：《天下体系：世界制度哲学导论》，江苏教育出版社2005年版。

88. 万俊人：《现代性的伦理话语》，黑龙江人民出版社2002年版。

89. 万俊人：《寻求普世伦理》，北京大学出版社2009年版。

90. 雷龙乾：《中国社会转型的哲学阐释》，人民出版社2004年版。

91. 高原：《极高明而道中庸——陶渊明论析》，甘肃人民出版社2006年版。

92. 李青春：《乌托邦与诗——中国古代士人文化与文学价值观》，北京师范大学出版社1995年版。

93. 李存山注译：《老子》，中州古籍出版社2004年版。

94. 邵汉明：《儒家人生哲学》，吉林教育出版社1992年版。

95. 陈鼓应：《老子注译及评价》，中华书局1984年版。

96. 公木、邵汉明：《道家哲学》，长春出版社2007年版。

97. 景蜀慧、孔毅：《中国古代思想史·魏晋南北朝卷》，朱大渭主编，广西人民出版社2006年版。

98. 高俊林：《现代文人与"魏晋风度"：以章太炎、周氏兄弟为个案研究》，河南人民出版社2007年版。

99. 陈少明：《汉代学术与现代思想》，广东人民出版社1998年版。

100. 杜景华：《陶渊明传》，百花文艺出版社2005年版。

101. 孙静：《陶渊明的心灵世界与艺术天地》，河南教育出版社2009年版。

102. 刘大杰：《中国文学发展史》（上），中华书局1941年版。

103. 郭学信：《宋代士大夫文化品格与心态》，天津人民出版社1997年版

104. 孟昭华、王明寰：《中国民政史稿》，黑龙江人民出版社1986年版。

105. 王永熙：《宋代文学通论》，河南大学出版社1997年版。

106. 黄书光主编：《中国社会教化的传统与变革》，山东教育出版社

2005 年版。

107. 陈来：《宋明理学》，华东师范大学出版社 2003 年第二版。

108. 蒙培元：《理学范畴系统》，人民出版社 1989 年版。

109. 黎靖德编：《朱子语类》，中华书局 1994 年版。

110. 王国强：《明代目录学研究》，中州古籍出版社 2000 年版。

111. 钱理群、金宏达选编：《鲁迅文集精读本》杂文，中国华侨出版社 2004 年版。

112. 沈善洪、王凤贤：《中国伦理思想史》上、中、下，人民出版社 2005 年版。

113. 于语和、庾良辰主编：《近代中西文化交流史论》，山西教育出版社 1997 年版。

114. 董四代：《传统理想与社会主义现代化》，安徽人民出版社 2005 年版。

115. 魏晓东：《契合与奇迹——中西文化碰撞中的马克思主义中国化》，开明出版社 2000 年版。

116. 高瑞泉：《中国近代社会思潮》，华东师范大学出版社 1996 年版。

117. 彭继红：《传播与选择：马克思主义中国化的历程 1899—1921》，湖南师范大学出版社 2001 年版。

118. 张允侯等：《留法勤工俭学运动》，上海人民出版社 1980 年版。

119. 何中华：《哲学：走向本体澄明之境》，山东人民出版社 2002 年版。

120. 李小娟主编：《文化的反思与重建——跨世纪的文化哲学思考》，黑龙江人民出版社 2000 年版。

121. 徐俊忠：《道德理想的解构与重建》，广东人民出版社 1996 年版。

122. 漆玲：《和谐社会思想的由来》，天津人民出版社 2006 年版。

123. 王伦光：《价值追求与和谐社会构建》，浙江大学出版社 2006 年版。

124. 何怀宏：《公平的正义——何怀宏解读罗尔斯的〈正义论〉》，山东人民出版社 2002 年版。

125. 周辅成编：《西方伦理学名著选辑》下卷，商务印书馆 1987 年版。

126. 张恒山：《义务先定论》，山东人民出版社 1999 年版。

127. 蔡永海：《以人为本与生命多样化——漫谈环境与自然生态哲学》，

黑龙江人民出版社 2002 年版。

128. 朱遂斌、施祖美：《可持续发展与经济法》，河南人民出版社 2002 年版。

129. 徐嵩龄主编：《环境伦理学进展：评论与阐释》，社会科学文献出版社 1999 年版。

130. 李连科：《价值哲学引论》，商务印书馆 1999 年版。

131. 傅静：《科技伦理学》，西南财经大学出版社 2002 年版。

132. 刘长林：《中国系统思维》，中国社会科学出版社 1990 年版。

133. 徐海波：《中国社会转型与意识形态问题》，中国社会科学出版社 2003 年版。

134. 王小锡：《道德资本论》，人民出版社 2005 年版。

135. 汪民安等主编：《现代性基本读本》，河南大学出版社 2005 年版。

136. 陶东风：《社会转型与当代知识分子》，上海三联书店 1999 年版。

137. 肖滨：《现代政治与传统资源》，中央编译出版社 2004 年版。

138. 萧夏林主编：《愤怒的归途》，华艺出版社 1995 年版。

139. 萧夏林主编：《无援的思想》，华艺出版社 1995 年版。

140. 陈慰中：《中庸辩证法》，学苑出版社 1989 年版。

141. 陈刚：《大众文化与当代乌托邦》，作家出版社 1996 年版。

142. 罗国杰等主编：《西方伦理思想史》上卷，中国人民大学出版社 1988 年版。

143. 赵景来：《90 年代哲学前沿问题研究述要》，天津社会科学院出版社 2002 年版。

144. 叶南客：《中国人的现代化》，南京出版社 1998 年版。

145. 许纪霖：《另一种启蒙》，花城出版社 1999 年版。

146. 刘大杰：《中国文学发展史》（上），中华书局 1941 年版。

147. 凸凹：《游思无轨》，中国广播电视出版社 1997 年版。

148. 雷龙乾：《中国社会转型的哲学阐释》，人民出版社 2004 年版。

149. 张颐武主编：《现代性中国》，河南大学出版社 2005 年版。

150. 杨春时：《现代性与中国文化》，国际文化出版公司 2002 年版。

151. 陈赟：《现时代的精神生活》，新星出版社 2008 年版。

152. 摩罗：《耻辱者手记——一个民间思想者的生命体验》，内蒙古教育出版社 1998 年版。

153. 何西来、杜书瀛主编：《新时期文学与道德》，山东教育出版社1999年版。

154. 王晓明主编：《人文精神寻思录》，上海文汇出版社1996年版。

155. 中国科学院哲学研究所中国哲学史组编：《中国大同思想资料》，中华书局1959年版。

156. 北京大学哲学系编译：《古希腊罗马哲学》，三联书店1957年版。

157. 中山大学哲学系编：《马克思主义哲学史稿》，人民出版社1981年版。

158. 北京大学哲学系、日本大阪经济法科大学主编：《世纪之交的哲学思考：中日哲学研讨会论文集》，国际文化出版公司1999年版。

后　记

在为本书画上句号的瞬间，我如释重负并真切地感受到艰辛劳动后的快慰与满足。年初学校批准我半年时间的学术假，使我得以在毫无干扰的情况下专心于本书的写作。怀着一种感恩的心情我给自己定下必须在四个月内完成初稿的承诺，于是在一种几近"与世隔绝"的状态下与时间赛跑。伴随着绵绵细雨、花开花落，一个完整的南国春天在我的窗外飞速滑过，我则以眼前的这叠书稿，兑现了自己的承诺。翻阅着它，欣慰之余却油然而生缺憾，我明白这缺憾源于自己现有的积累还不足以支持表达的渴望，于是不得不承受着"言犹未尽"甚至是"辞不达意"的无奈与痛苦。但我相信这种无奈与痛苦不会是毫无意义的，它至少使我更清醒地知道了自己的不足与潜伏的愿望，并在一定程度上燃起了我试图超越自我的冲动与意向。

感谢我所在学校武夷学院给予我的宝贵时间及其提供的良好氛围和为本书出版给予的经费资助。感谢董四代教授，他"毫不留情"的督责，使我始终不敢有丝毫的懈怠，尤其是在写作期间与先生就相关问题所进行的探讨，不仅使我获益匪浅，更使原本略显枯燥、寂寞的写作过程增添了求索的乐趣。感谢中国社会科学院马克思主义研究院副院长张祖英女士长期以来的关心、鼓励与支持。感谢中国社会科学出版社为此书出版付出的辛劳。感谢我的领导、同事、家人给予我的鼓励与支持。

沈慧芳

2010 年 6 月于武夷山下知行学村